牧草科学研究

牧草标准化生产管理技术规范

国家牧草产业技术体系　编

科学出版社

北　京

内 容 简 介

以规范的标准化生产技术指导牧草生产,将对提高我国牧草产量与品质具有极大的促进作用,也从源头上为畜产品质量及食物安全提供重要保障。本书分为4个部分:一是紫花苜蓿、饲用玉米、多花黑麦草、饲用燕麦、饲用小黑麦等及其轮作的标准化栽培生产技术规范,二是主要青贮饲草料的生产制作及青贮过程中重要指标测定的标准化技术规范,三是与紫花苜蓿草地生产管理有关的水肥调控及杂草和病虫害防除的标准化技术规范,四是羊草草地种子生产、草地分级与改良及干草调制的标准化生产技术规范。

本书适合广大农牧户、草地畜牧业基层技术推广人员及草业科研、教学和经营管理者参考。

图书在版编目(CIP)数据

牧草标准化生产管理技术规范/国家牧草产业技术体系编. —北京:科学出版社,2014.9

(牧草科学研究)

ISBN 978-7-03-040882-2

I. ①牧… II. ①国… III. ①牧草-栽培技术-标准化 IV. ①S54-65

中国版本图书馆 CIP 数据核字(2014) 第 119687 号

责任编辑:马 俊 岳漫宇 / 责任校对:李 影
责任印制:赵 博 / 封面设计:耕者设计工作室

科学出版社 出版

北京东黄城根北街 16 号
邮政编码:100717
http://www.sciencep.com

北京市金木堂数码科技有限公司印刷
科学出版社发行 各地新华书店经销

*

2015 年 6 月第 一 版 开本:787×1092 1/16
2025 年 1 月第三次印刷 印张:23 1/4 插页:1
字数:534 000

定价:128.00 元

(如有印装质量问题,我社负责调换)

《牧草标准化生产管理技术规范》编写委员会

主　编

张英俊

副主编

玉　柱　盛亦兵

主要编写人员

（按笔画排序）

丁成龙	万里强	王光辉	王德成	邓　波	玉　柱
石永红	白春生	师尚礼	朱猛蒙	刘贵波	许庆方
许瑞轩	孙启忠	李向林	李志强	李剑峰	杨春华
杨培志	杨富裕	何　峰	沈　月	张　蓉	张月学
张文军	张英俊	张新全	林建海	周青平	项　敏
南志标	段廷玉	姜义宝	袁庆华	耿　慧	格根图
贾玉山	顾洪如	徐安凯	徐春城	盛亦兵	程积民
谢　楠	颜红波	薛祝林	薛艳林		

前　言

目前我国农业正在由传统粗放型向现代化精准型转变，专业化、标准化已成为现代农业的主要特征。畜牧业作为农业的主导产业，所占比例及总产值呈逐年上升趋势，但草地畜牧业尤其是牧草生产与管理水平还亟待提高，在技术层面缺乏相应的规范和标准，不适于当前农业标准化生产管理高效发展的需要。制定适宜于我国实际国情的牧草生产管理技术标准和规范，以普适科学的标准化管理技术指导牧草生产，将对提高我国牧草产量与品质具有极大的促进作用，也从源头上为畜产品质量及食品安全提供了重要保障。

通过标准化生产和管理，在提高牧草产量和品质的同时，还可大幅提高劳动效率并增加农户收入，从而形成集约化经营的高效牧草产业体系。发达国家从20世纪60年代开始就已实施草地与牧草标准化生产和管理，并使其草产品质量和市场竞争力有了大幅提升，这些成功经验值得我们借鉴。

为了进一步提高我国牧草的品质和在国内国际两个市场的竞争力，更好地推进牧草标准化生产，国家牧草产业技术体系组织编写完成了《牧草标准化生产管理技术规范》。本书中介绍的标准化生产管理技术规范，许多来源于生产实践并被证明是切实可行的，但仍然有一部分技术规范在进一步验证中，也希望广大读者给予批评和指正。全书正文共分4个部分，分别介绍了主要牧草标准化栽培生产技术规范、青贮饲草料生产与测定的标准化技术规范、紫花苜蓿草地生产管理的标准化技术规范、羊草草地及干草调制生产的标准化技术规范。为了更全面详尽地总结我国现有的牧草类生产技术规范，本书遴选了部分已列入国家标准、行业标准或地方标准的技术规范，收录成为附录。全书内容注重与生产实际相结合，与牧草产业发展相结合，文字简练、通俗易懂、实用性强并具有可操作性，是一本牧草生产和管理的技术指导读物，也是草业科技和教育工作者很好的参考书籍。

牧草标准化生产技术规范的撰写从2011年起就已经开始，直至今日才完稿，其中8项关于紫花苜蓿生产的标准也已经送审，对撰写过程中各位专家的努力表示感谢。在本书整理和出版过程中，中国农业科学院北京畜牧兽医研究所万里强研究员和体系办公室许瑞轩同志等付出辛勤劳动，在此表示感谢；感谢科学出版社编辑为本书的反复修改表现出的耐心和高质量出版的保障。感谢为本书出版做出贡献的所有人员！

国家牧草产业技术体系　张英俊
首席科学家
2014年9月

目　录

前言
第一部分　主要牧草栽培的标准化技术规范 ……………………………………… 1
　　一、紫花苜蓿草地建植技术规范 …………………………………………………… 3
　　二、青贮玉米栽培技术规范 ………………………………………………………… 7
　　三、饲用燕麦栽培技术规范 ………………………………………………………… 11
　　四、饲用小黑麦栽培技术规范 ……………………………………………………… 14
　　五、多花黑麦草栽培技术规范 ……………………………………………………… 18
　　六、饲用玉米-多花黑麦草轮作生产技术规范 …………………………………… 21
　　七、稻-草轮作技术规范 …………………………………………………………… 25
第二部分　青贮饲草料生产与测定的标准化技术规范 ……………………………… 29
　　一、紫花苜蓿青贮和半干青贮饲料 ………………………………………………… 31
　　二、玉米青贮饲料 …………………………………………………………………… 35
　　三、多花黑麦草青贮饲料 …………………………………………………………… 38
　　四、紫花苜蓿青贮技术规范 ………………………………………………………… 42
　　五、饲用玉米青贮技术规范 ………………………………………………………… 45
　　六、发酵 TMR 饲料调制技术规范 ………………………………………………… 48
　　七、青贮窖设施建设技术规范 ……………………………………………………… 53
　　八、青贮添加剂乳酸菌使用技术规范 ……………………………………………… 55
　　九、青贮添加剂甲酸使用技术规范 ………………………………………………… 57
　　十、青贮饲料 pH 的测定 …………………………………………………………… 59
　　十一、青贮饲料氨态氮测定 ………………………………………………………… 62
　　十二、青贮饲料挥发性脂肪酸测定：高效液相色谱法 …………………………… 67
　　十三、青贮饲料乳酸测定：高效液相色谱法 ……………………………………… 70
第三部分　紫花苜蓿草地生产管理的标准化技术规范 ……………………………… 75
　　一、紫花苜蓿草地喷灌优化技术规范 ……………………………………………… 77
　　二、紫花苜蓿草地测土施肥技术规范 ……………………………………………… 81
　　三、紫花苜蓿草地杂草防除技术规范 ……………………………………………… 86
　　四、紫花苜蓿草地主要病害防治技术规范 ………………………………………… 92
　　五、紫花苜蓿草地主要虫害防治技术规范 ………………………………………… 96
　　六、紫花苜蓿营养品质田间预测技术规范 ………………………………………… 104

目 录

  七、紫花苜蓿干草机械收获技术规范 …………………………………………… 108

  八、紫花苜蓿小型刈割压扁机使用技术规范 …………………………………… 112

  九、紫花苜蓿干草调制技术规范 ………………………………………………… 115

  十、紫花苜蓿干草捆取样技术规范 ……………………………………………… 121

  十一、紫花苜蓿越冬性等级评定 ………………………………………………… 125

  十二、紫花苜蓿根瘤菌接种技术规范 …………………………………………… 128

  十三、紫花苜蓿根瘤菌剂 ………………………………………………………… 131

第四部分　羊草与饲用燕麦生产的标准化技术规范 ……………………………… 139

  一、天然羊草草地种子生产技术规范 …………………………………………… 141

  二、退化羊草草地分级标准 ……………………………………………………… 144

  三、退化羊草草地改良技术规范 ………………………………………………… 147

  四、羊草干草调制技术规范 ……………………………………………………… 151

  五、高品质羊草干草生产技术规范 ……………………………………………… 153

  六、饲用燕麦干草捆质量分级 …………………………………………………… 156

  七、饲用燕麦干草调制技术规范 ………………………………………………… 159

附录一　草种与品种类 ………………………………………………………………… 163

  一、草品种审定技术规范 ………………………………………………………… 165

  二、牧草种质资源田间评价技术规程 …………………………………………… 195

  三、草种引种技术规范 …………………………………………………………… 215

  四、豆科草种子质量分级 ………………………………………………………… 223

  五、禾本科草种子质量分级 ……………………………………………………… 229

  六、牧草种子检验规范：种及品种鉴定 ………………………………………… 235

  七、牧草种子检验规范：水分测定 ……………………………………………… 247

  八、牧草种子检验规范：质量测定 ……………………………………………… 251

  九、牧草种子检验规范：净度分析 ……………………………………………… 253

  十、牧草种子检验规范：健康测定 ……………………………………………… 267

  十一、牧草种子检验规范：发芽试验 …………………………………………… 272

  十二、牧草种子加工成套设备技术条件 ………………………………………… 292

  十三、草种病害检疫技术规范 …………………………………………………… 295

附录二　草产品及其他类 ……………………………………………………………… 309

  一、牧草和青饲料收获机械分类及术语 ………………………………………… 311

二、豆科牧草干草质量分级 …………………………………………………… 318

三、禾本科牧草干草质量分级 ………………………………………………… 324

四、青贮玉米品质分级 ………………………………………………………… 327

五、草颗粒质量检验与分级 …………………………………………………… 329

六、苜蓿干草捆质量 …………………………………………………………… 334

七、饲料用苜蓿草粉 …………………………………………………………… 339

八、饲料用白三叶草粉 ………………………………………………………… 341

九、饲草产品质量安全生产技术规范 ………………………………………… 343

十、饲草产品抽样技术规范 …………………………………………………… 347

十一、草籽包装与标识 ………………………………………………………… 354

主要参考文献 ……………………………………………………………………… 357

第一部分
主要牧草栽培的标准化技术规范

一、紫花苜蓿草地建植技术规范

1 范围

本标准规定了紫花苜蓿（*Medicago sativa* L.）草地建植过程中的环境条件、种子准备、苗床准备、播种及定植、田间管理等技术。

本标准适用于北方地区紫花苜蓿草地建植。

2 规范性引用文件

下列文件对于本文件的应用必不可少。凡是注日期的引用文件，仅注日期的版本适用于本文件。凡是不注日期的引用文件，其最新版本（包括所有的修改单）适用于本文件。

GB 3095　环境空气质量标准
GB 5084　农田灌溉水质标准
GB 6141　豆科草种子质量分级
GB 15618　土壤环境质量标准
GB/T 2930.1~2930.11　牧草种子检验规程
NY/T 148　石灰性土壤有效磷测定方法
NY/T 889　土壤速效钾和缓效钾含量的测定
NY/T 1121　土壤检测系列标准
LY/T 1229　森林土壤水解性氮的测定
LY/T 1230　森林土壤硝态氮的测定
LY/T 1231　森林土壤铵态氮的测定

3 术语和定义

下列术语和定义适用于本文件。

3.1 分枝期 branching stage

50%的植株产生侧枝的时期。

3.2 返青期 turning green period

越冬后50%幼苗出土的时期。

3.3 寒旱区 cold-arid region

年降水量在450 mm以下，最冷月平均气温≤-10℃的地区。

3.4 封冻水 water for protecting cold weather

土地表层结冻之前进行的灌水，宜在秋末或冬季进行。

3.5 返青水 water for sprouting

地表解冻后至返青期进行的灌水，宜在早春进行。

3.6 顶凌播种 advanced planting

宜在2月下旬至3月下旬进行。在5~10 cm表层土壤已解冻,深层土壤未解冻,表层土壤温度为5~7℃时播种。

4 种植环境条件

4.1 气候

适宜种植的气候条件为年平均气温≥5℃,极端最低气温不低于−30℃,有积雪地区极端最低气温不低于−40℃。年降雨量400mm以上的地区可实施旱作。

4.2 土地

土壤排水良好,土层深度达到0.9 m以上,土壤含盐量不超过0.3%,地下水位在1.5 m以下适宜种植;黏土、重盐碱土、酸性土、低洼易积水地、pH≤6.0或pH≥8.2不适于种植;忌连作。

5 种子准备

种子符合GB 6141三级标准及以上,裸种子可进行根瘤菌接种或包衣。

6 苗床准备

6.1 土壤肥力及pH测定

测定0~30 cm土层土壤的有效氮、有效磷、速效钾含量及土壤pH。有效氮测定应符合LY/T 1229、LY/T 1230、LY/T 1231的规定。有效磷测定应符合NY/T 148和NY/T1121第7部分的规定。速效钾测定应符合NY/T 889的规定。pH测定应符合NY/T 1121—2006第2部分的规定。

6.2 整地与施基肥

(1) 整地要深耕细耙,地面细碎平整,下实上虚,并彻底清除杂草和作物残差。深翻深度15~30 cm。

(2) 依据土壤肥力测定结果结合整地施足基肥。施基肥后土壤有效磷含量达到10~15mg/kg,速效钾含量达到100~150 mg/kg。

7 播种

7.1 播种时期

7.1.1 春播

宜在3月下旬至5月下旬进行,也可进行顶凌播种。

7.1.2 夏播

宜在6~7月进行。

7.1.3 秋播

在初霜前 60 天进行，宜在 8~9 月。

7.2 播种方式

条播行距为 10~30 cm；撒播要保证种子均匀。

7.3 播种量

裸种子条播播种量为 15.0~18.0 kg/hm²；撒播播种量在条播播种量基础上增加 10%。包衣种子根据包衣后种子增重量，相应调整播种量。

7.4 播种深度

播种深度 1.0~2.0 cm。

7.5 镇压

播种后及时覆土和镇压。

7.6 保苗数

播种出苗后一个月幼苗数达到 220 株/m² 以上。

8 田间管理

8.1 杂草防除

8.1.1 调整播种期

避开杂草萌发和生长高峰期，延迟或提前播种。

8.1.2 播种前土壤处理

播种前选用灭生性残留期短的除草剂进行杂草防除。

8.1.3 播后土壤处理

出苗前施入适宜除草剂。

8.1.4 苗期处理

在杂草 3~5 片叶期施入选择性除草剂。

8.2 水肥管理

8.2.1 灌溉

苗期 0~15 cm 土层含水量低于田间持水量 50% 时须进行灌溉，灌溉量为 700~900 m³/hm²。在寒旱区，入冬前灌一次封冻水，在早春灌一次返青水，灌溉量为 1000~1200 m³/hm²。水质要符合 GB 5084 要求。

8.2.2 追肥

根据 0~30 cm 土层养分状况确定施肥量。分枝期以施磷肥为主,秋季以施钾肥为主。施肥后土壤有效磷含量达到 10~15 mg/kg,速效钾含量达到 100~150 mg/kg。

(孙启忠、张英俊、孙娟娟、陶雅、李向林、师尚礼、朱进忠)

二、青贮玉米栽培技术规范

1 范围

本规程规定了青贮玉米种植栽培的各项技术规范。

本规程适用于北方地区的青贮玉米栽培利用。

2 规范性引用文件

下列文件对于本文件的应用是必不可少的。凡是注日期的引用文件，仅所注日期的版本适用于本文件。凡是不注日期的引用文件，其最新版本（包括所有的修改单）适用于本文件。

GB 15671 主要农作物包衣种子技术条件

GB 4285 农药安全使用标准

GB 6142 禾本科草种子质量分级

NY/T 1342 人工草地建设技术规程

NY/T 849 玉米产地环境技术条件

3 术语和定义

下列术语和定义适用于本文件。

3.1 青贮玉米 silage corn

专门种植用来全株收获制作青贮的玉米，通常是指在乳熟期至蜡熟期，收获包括果穗在内整株的全株青贮玉米。

3.2 乳熟期 milk stage

玉米灌浆刚刚结束的时期，一般在开花授粉后 15~25 天。胚乳细胞中的绿色汁液转为白色乳汁。此时，植株茎叶中的养分大量转运至籽粒，并转化积累成干物质。乳熟期是粒重增长的关键时期。

3.3 蜡熟期 dough stage

禾谷类作物种子成熟过程中继乳熟期后的一个时期。籽粒脱水，胚乳凝缩呈蜡状，蜡熟末期转入完熟期时收获种子，最为适宜。

4 品种选择

选用国家或省级审定的适宜制作青贮和符合当地生产条件与需求的玉米品种。

4.1 种子质量

种子质量符合 GB 6142 的规定，应达到三级以上标准。

4.2 种子处理

有条件的地方,在播种前选用安全的玉米专用包衣剂,按包衣剂和种子比 1:50 进行包衣。包衣方法参照 GB 15671。

5 地块选择及整地

5.1 地块选择

应选择交通方便、土层深厚、质地较疏松、富含有机质、肥力中等、保水、保肥性强、pH5.5~7.5、排水良好、土壤通气性良好的地块。地势平坦,坡地坡度在12°以下。应符合 NY/T 849—2004 标准要求。

5.2 整地

5.2.1 除杂

清除杂草、石块等杂物。

5.2.2 翻耕

耕翻深度为 15~25 cm,耕后耙平,要求土块细碎、地面平整,无根茬,无坷垃,耕层达到上虚下实。

5.2.3 免耕

在一些土壤水肥条件较好、土质较为松软的地块上,前茬收获后,对地面的残茬处理完后,可进行免耕播种。一般在黄淮海夏播区采取免耕。

5.2.4 基肥

基肥应以有机肥为主,根据当地生产条件,一般施腐熟的农家肥 27 500~45 000 kg/hm²。

6 播种技术

6.1 播期

常规播种当 5~10 cm 地温稳定在 8~10℃后可以播种,选择合适的墒情及时播种;夏播越早越好,但必须能够安全躲过晚霜。我国北方春播区一般4月下旬至5月上旬适时早播。夏播一般在6月上中旬。

6.2 种肥

根据所选地块土壤肥力,播种前施用基肥、种肥,一般种肥施用量 P_2O_5:200~350 kg/hm², N:20~35 kg/hm², K_2O:270~360 kg/hm²。

6.3 播种方式

穴播、条播或精量播种、单播。

6.4 播种密度

播种量 40~55 kg/hm², 行距 45~60 cm, 株距 25~35 cm, 保苗 60 000~75 000 株/hm²。播种深度 5 cm, 覆土 3~4cm。

7 田间管理

7.1 间苗与定苗

7.1.1 间苗

当玉米叶片达到 2~3 片时应及时间苗。拔除病弱苗，留苗数是定苗数的 1.5~2 倍。精量播种可不用间苗。

7.1.2 定苗

在达到 4~5 片叶时，应及时定苗，做到去弱留壮、去小留齐、去病留健、去杂留纯。苗不足的要及时补苗。留苗的原则对多分蘖和多穗型的青贮玉米应 1 穴留 1 株，对耐密植型的青贮玉米应 1 穴留 2~3 株。夏播区条播条件下不留双株或多株。

7.2 中耕培土

一般进行 2~3 次中耕除杂。第一次在间苗后定苗前，深度 3~5 cm；第二次结合定苗进行，第三次结合追肥在拔节时进行，深度均以 10 cm 左右为宜。中耕应做到"早、勤、深"。玉米经过 3 次除草，4~5 次以上浇水后，部分根裸露于地面，并且长出气生根，应进行培土 10~15cm，保证植株吸收足够的养分、水分，并防止倒伏。

7.3 追肥

在施足底肥的基础上，追施尿素 450~600 kg/hm²。一般分两次进行：第一次在拔节期进行，肥量为总追肥量的 30%~40%；第二次在孕穗期，即大喇叭口期进行，肥量为总追肥量的 60%~70%。开沟、追肥、培土一次完成。施肥后无雨应及时浇水以提高肥效。

7.4 灌溉

玉米 4 片叶前期禁止浇水。拔节期、抽穗期等需水关键期应结合当地的降雨墒情适时灌溉。

8 病虫害防治

以预防为主，加强监测。一旦发生要立即采取措施予以控制。农药防控时采用 GB 4285 农药安全使用标准。

9 刈割

9.1 刈割时期

最适收割期为玉米籽粒的乳熟末期至蜡熟前期。刈割不能太迟，在霜冻前应及时收割青贮。具体可通过籽粒乳线位置判断。

9.2 收获时籽粒乳线位置

用籽粒基部到乳线的长度占籽粒基部至顶部全长的百分数表示,如籽粒基部到乳线的长度为 0.5 cm,籽粒基部至顶部全长 1.0 cm,籽粒乳线位置即为 50%。籽粒乳线出现至乳线位置 10%时为刈割期。

9.3 刈割方式

将玉米的茎秆、果穗等地上部分齐地面整株刈割,全株切碎青贮。刈割时注意留茬高度,不能将地面泥土带到饲料中。

(孙启忠、石永红、乌艳红、刘贵波、慈艳华、刘建宁、柳斌辉、游永亮)

三、饲用燕麦栽培技术规范

1 范围

本标准规定了饲用燕麦栽培、田间管理、收获等技术措施。

本标准适用于海拔 3500 m 以下地区饲用燕麦饲草生产。

2 规范性引用文件

下列文件对于本文件的应用是必不可少的。凡是注日期的引用文件，仅所注日期的版本适用于本文件。凡是不注日期的引用文件，其最新版本（包括所有的修改单）适用于本文件。

GB 6142 禾本科草种子质量分级

3 术语和定义

下列术语和定义适用于本文件。

3.1 生育期 growth period

一个生产周期内作物因新器官出现而发生形态变化的时期。

3.2 分蘖期 tillering stage

50%的幼苗在茎的基部茎节上生长出 1 cm 以上侧芽的时期。

3.3 拔节期 elongation stage

50%的植株第一个节露出地面 1~2 cm 的时期。

3.4 孕穗期 booting stage

50%植株出现剑叶的时期。

3.5 抽穗期 heading stage

50%植株的穗顶由上部叶鞘伸出而显露于外的时期。

3.6 开花期 flowering stage

50%植株开花的时期。

3.7 成熟期 maturity stage

共分为三个时期，即乳熟期、蜡熟期和完熟期。乳熟期是指 50%以上植株的籽粒内充满乳汁，并接近正常大小的时期；蜡熟期是指 50%以上植株籽粒的颜色接近正常，内具蜡状物的时期；完熟期是指 80%以上的籽粒坚硬的时期。

4 栽培技术

4.1 整地

播种前施基肥、翻耕 20~30 cm，并配合进行耙、耱、压等播前准备工作。

4.2 播种

4.2.1 种子选用等级标准

按 GB 6142 执行，用 3 级以上种子。

4.2.2 播种方式

饲草田采用条播或撒播，条播行距为 15 cm；播后覆土、耙耱和镇压。

4.2.3 播种量

条播播种量为 165~240 kg/hm^2，撒播播种量为 205~270 kg/hm^2。

4.2.4 播种时期

黄土高原地区、云贵高原地区从 3 月上中旬开始播种，最迟不宜晚于 6 月下旬；青藏高原地区海拔 3000 m 以下地区从 4 月下旬开始播种，最迟不宜晚于 6 月下旬；海拔 3000 m 以上地区从 5 月中旬开始播种，最迟不宜晚于 6 月上旬。

4.2.5 播种深度

播种深度 3~4 cm。

4.3 田间管理

4.3.1 除草、施肥

4.3.1.1 除草

分蘖期人工除杂草或使用除草剂（750 mL/hm^2、72%的 2,4-D 丁乳酯或 225 mL 阔叶净兑水 375 kg 稀释喷雾）清除阔叶杂草。

4.3.1.2 施肥

施有机肥 30~45 m^3/hm^2 作基肥，施磷酸二铵 75~97.5 kg/hm^2 作种肥，拔节期施尿素 75~120 kg/hm^2 作追肥。

4.3.2 病虫害防治

锈病用粉锈宁或 15%氟硅酸液喷雾；黑穗病用 1%福尔马林或 5%皂矾液浸种；蚜虫、黏虫等害虫用 2.5%溴氰菊酯乳油 375 g/hm^2 喷雾。

5 收获

青贮利用在抽穗期至盛花期进行刈割，调制青干草在开花期至乳熟期进行刈割。

6 加工与贮藏

刈割的饲草就地摊平,晾晒 1~2 天,待枝叶萎蔫后即可打捆,也可在田间干燥后运回贮藏或置于农家院落及定居点,摊至墙上、屋顶或晾晒架上自然风干,青干草含水量达 17%以下(判断方法是用手揉折时易于脆断即可),堆垛或粉碎成草粉保存。

(周青平、颜红波、刘文辉、贾志锋、梁国玲、
魏小星、张英俊、拉巴、白史且、薛世明)

四、饲用小黑麦栽培技术规范

1 范围

本规程规定了适宜饲用小黑麦栽培的环境条件、耕作、田间管理、虫害防治及收获方法。本规程适用于饲用小黑麦的种植生产。

2 规范性引用文件

下列文件对于本文件的应用是必不可少的。凡是注日期的引用文件，仅所注日期的版本适用于本文件。凡是不注日期的引用文件，其最新版本（包括所有的修改单）适用于本文件。

GB 15671 主要农作物包衣种子技术条件

GB 4285 农药安全使用标准

GB 6142 禾本科草种子质量分级

GB/T 8321.1-7 农药合理使用准则

NY/T 496 肥料合理使用准则 通则

3 术语和定义

下列术语和定义适用于本文件。

3.1 饲用小黑麦 forage Triticale

饲用小黑麦(Triticale)是六倍体，由硬粒小麦(T. durum) 或波斯小麦(T. persicum) 与黑麦杂交形成，为禾本科一年生越冬性饲料作物，以饲用为目的的小黑麦品种。

3.2 拔节期 jointing stage

50%的植株第一个茎节露出地面 1~2 cm 的时期。

3.3 抽穗期 heading stage

50%植株的穗顶由上部叶鞘伸出而显露于外的时期。

3.4 乳熟期 milk ripe stage

50%以上植株的籽粒内充满乳汁状内含物，并接近正常大小的时期。

4 播种前准备

4.1 种子准备

4.1.1 品种选择

选用国家或省级审定，符合当地的生产条件和需求的饲用小黑麦品种。

4.1.2 种子质量

种子质量符合 GB 6142 的规定，应达到 2 级以上标准。

4.1.3 种子处理

晒种、选种：播前将种子晾晒 1~2 天，每天翻动 2~3 次。地下虫害易发区可采用 20% 甲基辛硫磷 5% 药液拌种防治蛴螬、蝼蛄等地下害虫，或者进行种子包衣处理以防治地下害虫，包衣方法参照 GB 15671。

4.2 整地

4.2.1 整地保墒

精细整地是保证小黑麦播种质量的关键，应达到地面平整、无坷垃。播前检查墒情，足墒下种，缺墒浇水，过湿散墒，播前要求 0~20 cm 土壤含水量：黏土 20%，壤土 18%，沙土 15% 为宜。

4.2.2 施基肥

结合整地施足基肥，提倡施用有机肥。每公顷施腐熟有机肥 45~60 m^3，同时底施化肥，每公顷折纯 N 105~120 kg、P_2O_5 90~135 kg、K_2O 30~38 kg。肥料的使用符合 NY/T496—2010 的规定。有机肥可于上茬作物收获后施入，并及时深耕，无机肥可于饲用小黑麦播种造墒或旋耕前施用。未经腐熟和无害化处理的有机肥，或者其他不符合环保规定的肥料禁止施用。实施秸秆还田地块应每公顷增施尿素 75~120 kg。

5 播种技术

5.1 播期

播期要求严格，黄淮海地区一般 9~10 月播种，长江中下游地区 10 月播种。

5.2 播种方式

以条播为主，行距 18~20 cm。一般采用小黑麦或小麦播种机播种。

5.3 播量

播量随播期调节，黄淮海地区 9 月开始播种的，一般每公顷播种 150 kg，自 10 月初始播期每延后一天，播量每公顷增加 1.5 kg，长江中下游地区播量参照黄淮海地区。

5.4 播种深度

播种深度控制在 3~4 cm，播后及时镇压。

6 田间管理

6.1 查苗补播

出苗后及时对苗情进行检查，发现有缺苗断垄时，应及时补播。

6.2 灌溉

土地整理前浇透水，保墒抢种，确保出苗。

越冬前视墒情灌冻水一次，确保安全越冬，利于翌年早春返青。春季返青期至拔节期之间需灌水 1 次（3 月底至 4 月初），最晚需在 4 月 5 日（清明节）前完成灌溉。

刈割后，结合追肥进行灌溉。如遇干旱天气，根据土壤墒情，及时灌溉。

每次灌水量每公顷 450~750 m^3。视墒情和土壤质地而定。

6.3 追肥时间与数量

追肥：结合春季灌水，每公顷追施尿素 300~375 kg（纯氮 140~170 kg），或在拔节期和每次刈割后，每公顷追施尿素 150~250 kg（纯氮 70~85 kg），施肥后灌溉。肥料使用要符合 NY/T 496 通则。

6.4 除草

苗期或返青后，及时防除杂草。

7 虫害防治

根据虫害发生情况，及时进行虫害防治，农药使用符合 GB 4285 和 GB/T 8321.1-7 的规定，在刈割前 15 天内不得使用药剂。防治时期与方法见表 1。

表 1 虫害防治时期与方法

名称	防治时期	防治方法
蛴螬	种子	20%甲基辛硫磷，5%药液拌种
蝼蛄	种子	20%甲基辛硫磷，5%药液拌种
蚜虫	抽穗期	40%乐果乳油 2000~3000 倍液喷雾或 10%的吡虫啉 20~30 g 兑水 30 kg 喷雾

8 收获

8.1 收割

8.1.1 刈割期

根据利用目的确定小黑麦的刈割期，青饲可在植株拔节后期或株高达 30 cm 左右时刈割，年可刈割 2 次。青贮、调制干草时，在乳熟期一次性刈割。

8.1.2 刈割次数

小黑麦全年可刈割 1~2 次。一般来说，刈割次数越多产量越低。

8.1.3 留茬高度

全年刈割 2 次的，为保证刈割后快速分枝或分蘖再生，第一次刈割应留茬，留茬高度一般为 3~5 cm。

8.1.4 刈割方法

(1) 机械刈割：大面积种植且一次性刈割宜采用小型或大型收割机收割；刈割两次的地块，第一次刈割不宜采用大型收割机收割，否则机械碾压会影响再生。作青贮刈割采用玉米青贮收割机。调制干草采用紫花苜蓿收获机械。

(2) 人工刈割：小面积种植宜采用人工收割，随割随饲用，不宜大堆堆放，堆放时间一般不超过 24 h。

（刘贵波、谢楠、孙娟、王成章、石永红、顾洪如、刘洋、盛亦兵、刘忠宽、刘洪庆、刘建宁、赵海明、李源、游永亮）

五、多花黑麦草栽培技术规范

1 范围

本标准规定了多花黑麦草(*Lolium multiflorum*)的适应区域、栽培技术、田间管理和刈割利用技术规程。

本标准适用于多花黑麦草牧草生产。

2 规范性应用文件

下列文件对于本文件的应用是必不可少的。凡是注日期的引用文件，仅注日期的版本适用于本文件。凡是不注日期的引用文件，其最新版本（包括所有的修改单）适用于本文件。

GB 4285 农药安全使用标准

GB 6142 禾本科草种子质量分级

GB/T 1.1 标准化工作导则第 1 部分：标准的结构和编写

GB/T 2930.1~2930.11 牧草种子检验规程

GB/T 8321 农药合理使用准则

GB 14928.7 食品卫生标准

3 术语和定义

下列术语和定义适用于本文件。

3.1 一年生牧草 annual forage

生长期限只有 1 个生活周期，一般春季、秋季播种，当年秋季或翌年夏季开花结实，随后枯死。

3.2 分蘖 tiller

禾本科等植物自叶鞘基部萌生在地表或地下的茎节、根茎、根蘖上形成分枝的现象。

3.3 条播 drilling

每隔一定距离，成行播种的播种方法。

3.4 撒播 broadcast sowing

将种子均匀地撒在土壤表面的一种播种方法。

3.5 套种 relay intercropping

按一定的株距、行距比例种植两种或两种以上作物的种植方式。

3.6 轮作 crop rotation

在同一块土地上，有计划地按季节的不同而依次轮流种植不同的牧草或作物的种植制度。

3.7 种子用价 sowing value

种子用价也称为种子利用率,是指真正有利用价值的种子数占种子总数的百分比。计算公式如下:种子用价=净度×发芽率×100%。

4 生长条件

4.1 温度

多花黑麦草种子适宜发芽温度13℃以上,最适生长温度20~25℃,耐-10℃左右的低温,35℃以上生长受阻。

4.2 降雨量

最适宜于在年降雨量800~1500 mm的地区生长。

4.3 土壤

多花黑麦草对土壤要求不高,在排水较好的肥沃壤土或黏土上生长较好,可在pH5~8的土壤中生长,最适土壤pH为6~7。

5 栽培技术

5.1 整地

播种前喷施灭生性除草剂,除去种植地中的所有杂草。一周后,深翻土地,不小于20 cm。精细整地,使土地平整,土壤细碎。为保持良好的土壤墒情,在降雨量过多的地区,应根据当地降雨量开设适宜大小的排水沟,便于雨后排水。

5.2 播种

5.2.1 草种来源

播种的多花黑麦草种子质量应满足GB 6142中划定的2级以上(含2级)种子质量要求。

5.2.2 播种期

多花黑麦草可春播、秋播,其最适发芽温度为20~25℃。因此,在北方和高海拔地区宜春播,时间在5月中旬至6月中旬,长江流域及以南地区宜秋播,播种时间为9月中旬至11月中下旬。

5.2.3 播种方法

通常采用条播方式,行距20~30 cm,深2.0 cm。也可撒播,撒播则要求播种均匀。播种后用细土覆盖,覆土厚度一般以1~2 cm为宜。适当镇压,使种子与土壤紧密结合。

5.2.4 播种量

播种前检查测定种子的纯度、净度、发芽率,确定适宜的播种量。当种子用价为100%

时，理论条播播种量为 10~15 kg/hm^2，撒播播种量为 18~22 kg/hm^2。种子用价不足 100%时，则实际播种量=理论播种量（100%种子用价）/纯净度×发芽率。

6 田间管理

6.1 杂草防除

多花黑麦草分蘖期至拔节期阔叶杂草生长较快，此时，可使用 20%使它隆乳油 50 mL 与 30~40 kg 水混匀物进行喷雾。

6.2 灌溉

干旱季节保证必要的灌溉，在分蘖期、拔节期、抽穗期，视干旱程度适量补充水分，雨水较多的季节应开设排水沟，便于排水。

6.3 施肥

基肥在播种前根据土壤肥力条件，施腐熟的农家肥 22 500~30 000 kg/hm^2，或每公顷施 N 105~120 kg、P$_2$O$_5$ 90~135 kg、K$_2$O 30~38 kg。有机肥于前茬作物收获后施入，并及时深耕，化肥可于多花黑麦草播种前施用。第一次刈割前追肥分为苗肥和拔节肥。苗肥在出苗后 3 叶 1 心时施尿素 75~150 kg/hm^2，促进分蘖。拔节肥在开始拔节时施氯化钾 75~150 kg/hm^2，促进拔节，防止倒伏。每次刈割后 2~3 天，及时追施尿素 105~225 kg/hm^2。

6.4 病虫害防治

多花黑麦草易感染锈病和黑穗病，可用三唑酮可湿性粉剂 1000~2500 倍液、12.5%特普唑可湿性粉剂 2000 倍液等防治锈病，用三唑酮、多菌灵等杀菌剂防治黑穗病。苗期要注意地老虎和蝼蛄危害，可用氯虫苯甲酰胺、锐劲特、安绿宝等农药防治。农药使用应符合 GB 4285、GB/T 8321 和 GB 14928.7 的规定。

7 刈割利用

多花黑麦草刈割时期，因饲喂的对象而异。饲喂牛羊，一般在初穗期刈割；饲喂兔、鹅、鱼、猪，通常在拔节期至孕穗期株高 30~60 cm 时刈割。刈割时，应注意留茬 5~10 cm。除直接鲜喂外，也可晒制成干草或青贮。

（张新全、杨春华、闫艳红、刘洋、黄琳凯、薛世明、莫本田、顾洪如、林超文、马啸、彭燕、吴佳海）

六、饲用玉米-多花黑麦草轮作生产技术规范

1 范围

本标准规定了饲用玉米-多花黑麦草轮作中的术语和定义、种植方法、栽培管理、收获利用的技术规范。

本标准适用于南方地区饲用玉米-多花黑麦草集约化饲草生产。

2 规范性引用文件

下列文件对于本文件的应用是必不可少的。凡是注日期的引用文件，仅注日期的版本适用于本文件。凡是不注日期的引用文件，其最新版本（包括所有的修改单）适用于本文件。

GB 4285 农药安全使用标准

GB 4404.1 粮食作物种子第1部分：禾谷类

GB 6142 禾本科草种子质量分级

GB/T 1.1 标准化工作导则 第1部分：标准的结构和编写

GB/T 8321 农药合理使用准则

NY/T 1342 人工草地建设技术规程

NY/T 1749 南方地区耕地土壤肥力诊断与评价

3 术语和定义

下列术语和定义适用于本文件。

3.1 饲用玉米 fodder corn

经选育专门用于全株刈割青贮或青饲的玉米品种。

3.2 饲用玉米-多花黑麦草轮作 corn-ryegrass rotation

在同一块土地上按一定的季节顺序轮换种植饲用玉米和多花黑麦草的一种方式。南方地区通常在春末夏初种植饲用玉米，玉米收获后紧接着秋播种植多花黑麦草，一直生长到翌年春末夏初。

3.3 拔节期 jointing stage

禾本科植物基部第一环状突起露出地面约1 cm时的时期，即禾本科植物茎的节间迅速伸长、节数增加的时期。

3.4 大喇叭口期 flare opening stage/bell stage

玉米从拔节到抽雄所经历的时期，为营养生长和生殖生长并进阶段。

3.5 乳熟期 milk ripe stage

植株籽实由绿色液汁转为白色乳汁，并接近正常籽粒大小的时期。

3.6 蜡熟期　dough stage

植株果穗中部籽粒干重接近最大值，其胚乳呈蜡状的时期。

4 地块和土壤要求

用于饲用玉米-多花黑麦草轮作的土地，要求地势较为平坦，坡度≤15º，土层深度 30 cm 以上，土壤耕性良好、排水顺畅，土壤 pH 以 6~7 为宜，土壤肥力达到 NY/T 1749 中的中等要求以上。

5 品种选择

5.1 饲用玉米

饲用玉米一般要求生育期 100~150 天，植株高大、叶量丰富、叶片肥厚、茎秆粗壮、籽粒饱满，收获期全株干物质中粗蛋白含量达 8%以上，病虫害少、抗倒伏性强的品种。

5.2 多花黑麦草

多花黑麦草应选择出苗整齐、早熟、冬春生长迅速、分蘖能力强，再生性好、不易倒伏，茎叶柔嫩、适口性好的品种，要求抗病虫能力强，年刈割至少 3~5 次。

6 饲用玉米种植

6.1 播前耕作及基肥施用

6.1.1 土壤耕作

精细整地，耙平地面，犁翻、耙碎、整平，耕翻深度 20~30 cm，做到土层深厚、土壤疏松、地平土碎、无残根苗茬。

6.1.2 基肥施用

每公顷施磷酸二铵 150~250 kg、尿素 150 kg、硫酸钾 80~120 kg 作为基肥，结合整地施入。

6.2 播种

6.2.1 种子要求

采用经法定质量检验机构检验合格的种子，要求籽粒饱满整齐且发芽率 95%以上。标准参见 GB 4404.1。

6.2.2 播种期

南方地区在 4 月中下旬播种为宜。

6.2.3 种植密度和播种量

种植密度可为 60 000~75 000 株/hm^2，按种植密度确定播种量。

6.2.4 播种方法

点播或穴播,开穴点播 2~3 粒新鲜饱满的饲用玉米种子,行距 40~50 cm,株距 20~30 cm。播种深度 5~6 cm,播后均匀覆土 3~5 cm 并及时镇压。

6.3 田间管理

6.3.1 间苗与定苗

3~4 叶期间苗,5~6 叶期定苗。按照去弱留壮、去小留齐、去病留健的原则,每穴至少留生长健壮、整齐一致的幼苗 1 株,缺苗断垄处可及时补种或补苗。

6.3.2 中耕除草

采用化学除草和人工除草相结合的方式。6~7 叶期结合追肥进行中耕除草。

6.3.3 追肥

追肥以拔节期为主,占追肥总量的 75%,每公顷施碳酸氢铵 750 kg;其余在大喇叭口期施入,每公顷施碳酸氢铵 250 kg。

6.3.4 病虫害防治

以预防为主,加强监测。病虫害一旦发生要立即采取措施予以控制。2~3 叶期可用杀灭菊酯类农药喷施防治地下害虫危害幼苗;播后苗前及时用玉米专用除草剂喷雾防治杂草。农药防控时采用 GB 4285 农药安全使用标准。

6.4 刈割利用

在乳熟末期至蜡熟初期可进行刈割,采用茎基部距地面 2~3 cm 处刈割方式。如果用于青贮则在整株刈割后及时切碎入窖青贮。

7 多花黑麦草种植

7.1 播前耕作及基肥施用

7.1.1 土壤耕作

饲用玉米收获后,对地面秸秆、残茬进行处理后,再行播种多花黑麦草,耕深不少于 20 cm。在降雨量过多的地区,应根据当地降雨量开设适宜大小的排水沟,便于雨后排水。

7.1.2 基肥施用

播种前每公顷施 450 kg 复合肥作为基肥。

7.2 播种

7.2.1 种子要求

采用经法定质量检验机构检验合格的种子,种子质量应满足 GB 6142—2008 中划定的

2级（含2级）以上种子质量要求。

7.2.2 播种期

在秋季饲用玉米收获后即可播种，播种期可在9月中旬至10月中下旬之间。

7.2.3 播种量

播种量为15~30 kg/hm²。

7.2.4 播种方法

播种方式以条播为宜，行距20~30 cm，播种深度2 cm，也可撒播，撒播则要求播种均匀。播种后覆土厚度以2 cm为宜。播后镇压，使种子与土壤充分结合。

7.3 田间管理

7.3.1 杂草防除

在分蘖期至拔节期阔叶杂草生长较快，可用2,4-D钠盐除草剂进行除杂，苗期喷洒1~2次即可。

7.3.2 追肥

每次刈割之后可进行追肥，每次每公顷可施尿素150 kg。

7.3.3 病虫害防治

多花黑麦草易遭黏虫、蟓虫等危害，可及时喷洒"敌杀死"、"速灭杀丁"等进行防治。多花黑麦草也易感染锈病和黑穗病，可用三唑酮可湿性粉剂1000~2500倍液、12.5%特普唑可湿性粉剂2000倍液等防治锈病，用三唑酮、多菌灵等杀菌剂防治黑穗病。苗期要注意地老虎和蝼蛄危害，可用氯虫苯甲酰胺、锐劲特、安绿宝等农药防治。农药使用应符合GB 4285—1989、GB/T 8321的规定。

7.4 刈割利用

首次刈割利用应在抽穗前，以保证饲草的较高品质和一定的再生性能。作为饲草刈割时，刈割高度为30~60 cm，留茬高度5 cm。

（李向林、万里强、何峰、袁庆华、张新全、刘洋、林超文）

七、稻-草轮作技术规范

1 范围

本标准规定了多花黑麦草（*Lolium multiflorum* L.）或紫云英（*Astragalus sinicus* L.）与水稻（*Oryza sativa* L.）轮作栽培中牧草种植的术语定义、种子处理、播种、田间管理、病虫害防治和刈割等各项技术。

本标准适用于水稻与牧草轮作栽培过程中的多花黑麦草或紫云英的牧草生产。

2 术语和定义

下列术语和定义适用于本文件。

轮作（rotation）：在同一田地上有顺序地在季节间或年间轮换种植不同作物或不同复种配置的种植方式。

3 种子处理

3.1 多花黑麦草种子

播种前，用清水浸泡 10~12 h，使其吸足水分，再以细砂（土）拌种。

3.2 紫云英种子

3.2.1 选种

采用相对密度 1.09 的盐水去除菌核病病源的菌核，用盐水选过的种子要洗净盐分，以免影响发芽。也可用过磷酸钙溶液选种。

3.2.2 硬实种子处理

将种子和细砂按 2:1 的比例拌匀，放在碾米机中碾两遍，注意碾米机要先去掉刀片，碾后立即摊开。

3.2.3 浸种

种子处理后以清水浸种 12~24 h，使其吸足水分。

3.2.4 接种根瘤菌

用紫云英专用根瘤菌拌种、接种。

4 播种

4.1 播种期

（1）前茬为早稻时，收获后播种，最迟至 10 月下旬。

（2）前茬为晚稻时，在稻田搁田后，收获前 10~15 天，提前寄（套）种在稻行间。

4.2 基肥

（1）前茬为早稻、中稻时，多花黑麦草播种前施基肥 450 kg/hm² 的（N:P_2O_5:K_2O=8:8:9）复合肥；紫云英施磷-钾肥为主，适当搭配氮肥，施 300 kg/hm² 左右的过磷酸钙、150 kg/hm² 左右的硫酸钾。

（2）前茬为晚稻时，在水稻收获后开沟施肥，多花黑麦草施基肥 450 kg/hm² 的复合肥；紫云英施磷-钾肥为主，适当搭配氮肥，施 300 kg/hm² 左右的过磷酸钙、150 kg/hm² 左右的硫酸钾。

4.3 播种方式

人工撒播。

4.4 播种量

4.4.1 多花黑麦草

前茬为早中稻时，播种量为 22.5~37.5 kg/hm²；前茬为晚稻时播种量为 30~45 kg/hm²。

4.4.2 紫云英

长江以南地区播种量为 30~45 kg/hm²，前茬为早中稻时，播种量 30 kg/hm² 左右；前茬为晚稻时，播种量增加至 45 kg/hm² 左右。长江以北的淮南地区播种量适当增加。

5 田间管理

5.1 开挖田间排水沟

根据田间排水方向，每隔 4 m 左右，开挖 30 cm 宽、30 cm 深的田间排水沟，开沟碎土作幼苗盖土，以利于紫云英、多花黑麦草越冬。

5.2 追肥

5.2.1 多花黑麦草

2 月追施返青肥尿素 150 kg/hm²，每次刈割后及时追施尿素 150 kg/hm²。

5.2.2 紫云英

12 月 20 日（"冬至"）前后，施 45~60 kg/hm² 钾肥，提高幼苗抗寒能力；在春后紫云英迅速生长时的 2 月中旬至 3 月上旬施 45~75 kg/hm² 尿素。平常追肥视苗情而定。

5.3 灌溉

每次追肥后及时灌溉，平常视墒情适时灌溉。

6 病虫害防治

多花黑麦草和紫云英作为牧草利用，生育期间无明显的病虫害发生；如有发生，在农药安全控制停药期内使用。

7 刈割

紫云英作饲料用一般在盛花期前后刈割；多花黑麦草作饲草用宜在抽穗期前后刈割，留茬高度 5~10 cm。

附录 A　紫云英主要病虫害

菌核病

症状：主要为害茎叶，在茎基一侧开始发生，病斑初呈紫红色，随后迅速扩展，呈水浸状腐烂，病部以上茎叶凋萎塌伏，同时菌丝向周围植株逐渐蔓延为害。叶片受害，初为渍状，后变灰褐色。

发病规律：病菌主要依靠菌核混在种子或落在地面越夏或越冬，至晚秋或早春湿度适宜时，即萌发出菌丝和子囊盘。

防治：（1）种子处理：盐水选种。

（2）发病后可用多菌灵或托布津 1000 倍液喷雾。

白粉病

症状：主要为害叶片，也为害嫩茎及花荚。最初在叶片上零星发生白色粉状小点，继而向周围放射状发展，使叶面及叶背蒙上一层白粉，以后逐渐卷缩至枯萎而死。

发病规律：白粉病寄主广泛，互为菌源，以粉孢子借风传播。本病在过于干旱或低洼积水的田块较多。

防治：（1）可用多菌灵或托布津 1000 倍液喷雾，做好田间开沟排水工作。

（2）有条件的地区，水旱轮作是最有效的防治办法。

轮纹斑病

症状：多发生在中部、下部叶片，病斑从叶片的尖端或边缘开始，初起为针头大小的深褐色小点，以后扩大成近圆形或不规则形，中央淡褐色，病、健分界明显。

发病规律：从第一真叶出现后即可发病，一般以开花结荚期为害严重。

防治：可用 0.05% 的多菌灵喷雾，做好田间开沟排水工作。

蚜虫

发病规律：高峰期两次，第一次在 10~11 月干旱季节，第二次出现在翌年 3~5 月。

防治：50% 马拉硫磷乳剂稀释 1000 倍液喷雾。

（顾洪如、丁成龙、张霞、张新全、许能祥、程云辉）

第二部分
青贮饲草料生产与测定的标准化技术规范

一、紫花苜蓿青贮和半干青贮饲料

1 范围

本标准规定了紫花苜蓿青贮和半干青贮饲料的质量标准、检测方法以及质量分级判定规则。

本标准适用于以紫花苜蓿为原料调制的青贮饲料和半干青贮饲料。

2 规范性引用文件

下列文件对于本文件的应用是必不可少的。凡是注日期的引用文件，仅注日期的版本适用于本文件。凡是不注日期的引用文件，其最新版本（包括所有的修改单）适用于本文件。

GB 10468 水果和蔬菜产品 pH 的测定方法
GB/T 6432 饲料中粗蛋白测定方法
GB/T 6435 饲料中水分和其他挥发性物质含量的测定
GB/T 14699.1 饲料 采样
GB/T 20195 动物饲料 试样的制备
GB/T 20806 饲料中中性洗涤纤维（NDF）的测定
NY/T 1459 饲料中酸性洗涤纤维的测定
NY/T 2129 饲草产品抽样技术规程
中华人民共和国农业部公告第 318 号 饲料添加剂品种目录

3 术语和定义

下列术语和定义适用于本标准。

3.1 紫花苜蓿青贮饲料 alfalfa silage

新鲜的紫花苜蓿在密闭条件下利用其表面附着的乳酸菌的发酵作用，或者在外来添加剂的作用下，使紫花苜蓿原料 pH 下降而保存的饲料。

3.2 紫花苜蓿半干青贮饲料 wilted alfalfa silage

通过降低紫花苜蓿水分限制不良微生物的繁殖和丁酸发酵，从而获得稳定品质的青贮饲料。

3.3 感官指标 sensory index

对青贮饲料颜色、气味、质地等所作的规定。

3.4 pH

青贮饲料试样浸提液所含氢离子浓度的常用对数的负值，用于表示试样浸提液酸碱程度的数值。

3.5 青贮添加剂 silage additives

用于改善青贮发酵品质，提高养分保存效率，平衡养分，提高青贮饲料质量安全而添加的物质。

4 技术要求

4.1 感官质量指标及分级

紫花苜蓿青贮饲料和半干青贮饲料的感官质量指标应符合表1的要求。

表1 紫花苜蓿青贮饲料和半干青贮饲料的感官指标及质量分级

指标	等级		
	一级	二级	三级
颜色	亮黄绿色或黄绿色	黄绿色带褐色或黄褐色	褐色或黑色
气味	酸香味	刺激酸味	臭味、氨味或霉味
质地	干净清爽，茎叶结构完整，柔软物质不易脱落	轻微黏性，柔软物质略与纤维分离	黏性，柔软物质与纤维分离；发热或霉变

4.2 发酵指标及分级

紫花苜蓿青贮饲料和半干青贮饲料的化学质量指标应符合表2的要求。

表2 紫花苜蓿青贮饲料和半干青贮饲料的化学指标及质量分级

指标		等级		
		一级	二级	三级
pH	青贮饲料	≤4.2	≤4.8	>4.8
	半干青贮饲料	≤4.8	≤5.2	>5.2

4.3 营养指标及分级

紫花苜蓿青贮饲料和半干青贮饲料的营养指标应符合表3的要求。

表3 紫花苜蓿青贮饲料和半干青贮饲料的营养指标及质量分级

指标	等级		
	一级	二级	三级
粗蛋白/%	≥22	≥20，<22	≥18，<20
中性洗涤纤维/%	<35	≥35，<40	≥40，<45
酸性洗涤纤维/%	<25	≥25，<30	≥30，<35
注：粗蛋白、中性洗涤纤维、酸性洗涤纤维以占干物质的量表示。			

4.4 青贮添加剂

对使用的青贮添加剂做相应说明,标明添加剂的名称、数量等。添加剂必须符合中华人民共和国农业部公告第 318 号的有关规定。

5 检测方法

5.1 抽样

按 NY/T 2129 和 GB/T 14699.1 的规定执行。

5.2 感官指标检测方法

5.2.1 气味

在青贮饲料常态下,贴近鼻尖嗅气味。

5.2.2 颜色

在明亮的自然光条件下,肉眼目测。

5.2.3 质地

用手指搓捻,感受青贮饲料的组织完整性以及是否发生霉变。

5.3 pH 检测方法

5.3.1 试样制备

按照 GB/T 20195 规定的方法分取试样 20 g,加入 180 mL 无二氧化碳蒸馏水,置于搅拌机中搅拌 1 min。青贮搅拌混合物用 4 层医用纱布过滤,滤液再经定性滤纸过滤,得到青贮饲料试样浸提液。

5.3.2 测定步骤

浸提液制备后 10 min 内测定 pH,按照 GB 10468 规定的方法测定。

5.3.3 精密度和偏差

每一个青贮饲料样品平行测定两次,两次测定结果差值不得大于 0.02,取其算术平均值为测定结果,小数点后保留两位有效数字。

5.4 干物质含量

参照 GB/T 6435 的规定执行。

5.5 粗蛋白含量

按照 GB/T 6432 的规定执行。

5.6 中性洗涤纤维含量

按照 GB/T 20806 的规定执行。

5.7 酸性洗涤纤维含量

按照 NY/T 1459 的规定执行。

6 质量评价

抽检样品的各项指标均同时符合某一等级时，则判定所代表的该青贮饲料产品为该等级；当有任意一项指标低于该等级时，则按单项指标最低值所在等级定级。

（玉柱、白春生、杨富裕、张英俊、刘忠宽）

二、玉米青贮饲料

1 范围

本标准规定了玉米青贮饲料质量指标、质量分级及测定方法。

本标准适用于玉米青贮饲料质量的评价与分级。

2 规范性引用文件

下列文件对于本文件的应用是必不可少的。凡是注日期的引用文件，仅注日期的版本适用于本文件。凡是不注日期的引用文件，其最新版本（包括所有的修改单）适用于本文件。

GB 10468 水果和蔬菜产品 pH 的测定方法

GB/T 6432 饲料中粗蛋白测定方法

GB/T 6435 饲料中水分和其他挥发性物质含量的测定

GB/T 20195 动物饲料 试样的制备

GB/T 20806 饲料中中性洗涤纤维（NDF）的测定

NY/T 1459 饲料中酸性洗涤纤维的测定

NY/T 2129 饲草产品抽样技术规程

3 术语和定义

下列术语和定义适用于本文件。

3.1 全株玉米青贮饲料　whole crop corn silage

带穗饲用玉米植株，通过青贮的方法保存，经切碎、压实、密封发酵形成的饲用发酵产品。

3.2 pH

青贮饲料试样浸提液所含氢离子浓度的常用对数的负值，用于表示试样浸提液酸碱程度的数值。

3.3 干物质含量　dry matter content

试样经过 60 ℃烘干预处理 48 h，再于 103 ℃烘至恒重，称得质量占试样原质量的百分比。

4 技术要求

4.1 感官要求

4.1.1 颜色

黄绿色、青绿色、黄褐色或暗绿色，无褐色或黑褐色，无明显霉斑。

4.1.2 气味

酸味弱、弱醇味或水果味,或者乙酸、丙酸弱刺激味,无腐臭味。

4.1.3 质地

质地疏松、柔软,不成团,无结块。

4.2 发酵品质指标及质量分级

玉米青贮饲料发酵品质以其pH判定,pH质量分级应符合表1的规定。

表1 玉米青贮饲料pH的质量分级

pH	等级
≤4.00	一级
4.01~4.40	二级
4.41~4.80	三级
≥4.81	等外

4.3 营养化学指标及质量分级

玉米青贮饲料营养化学指标及质量分级应符合表2的规定。

表2 玉米青贮饲料营养化学指标及质量分级

指标	等级			
	一级	二级	三级	等外
粗蛋白/%	≥8	≥8	≥8	<8
中性洗涤纤维/%	<55	<55	≤60	>60
酸性洗涤纤维/%	<28	<30	≤32	>32

注:粗蛋白、中性洗涤纤维、酸性洗涤纤维以占干物质的百分比表示。

5 测定方法

5.1 取样方法

玉米青贮饲料分析样品的取样,按照NY/T 2129的规定执行。

5.2 试样制备

玉米青贮饲料化学指标分析样品制备,按照GB/T 20195的规定执行。发酵品质指标分析样品的制备,分取玉米青贮饲料试样20 g,加入180 mL蒸馏水,搅拌1 min,用粗纱布和滤纸过滤,得到试样浸提液。

5.3 干物质含量

参照GB/T 6435的规定执行。

5.4 粗蛋白含量

按照 GB/T 6432 的规定执行。

5.5 中性洗涤纤维含量

按照 GB/T 20806 的规定执行。

5.6 酸性洗涤纤维含量

按照 NY/T 1459 的规定执行。

5.7 pH

测定 5.2 制备的玉米青贮饲料试样浸提液，测定方法按照 GB 10468 规定执行。

6 品质综合判定

玉米青贮饲料感官要求符合规定，玉米青贮饲料样品的发酵品质指标与化学指标均同时符合某一等级时，则判定所代表的批次产品为该等级；当有任意一项指标低于该等级指标时，则按单项指标最低值所在等级定级。

（玉柱、许庆方、杨富裕、张英俊、李存福、刘贵波、白春生）

三、多花黑麦草青贮饲料

1 范围

本规程规定了多花黑麦草青贮饲料质量分级及测定方法。

本规程适用于多花黑麦草和其他黑麦草类青贮饲料质量的评价与分级。

2 规范性引用文件

下列文件对于本文件的应用是必不可少的。凡是标注日期的引用文件，仅标注日期的版本适用于本文件。凡是不标注日期的引用文件，其最新版本（包括所有的修改单）适用于本文件。

GB/T 6432 饲料中粗蛋白测定方法

GB/T 6435 饲料中水分和其他挥发性物质含量的测定

GB/T 20195 动物饲料 试样的制备

GB/T 20806 饲料中中性洗涤纤维（NDF）的测定

NY/T 1459 饲料中酸性洗涤纤维的测定

NY/T 2129 饲草产品抽样技术规程

3 术语和定义

下列术语和定义适用于本标准。

3.1 青贮饲料 silage

以新鲜的天然植物饲料为原料，在厌氧条件下，经过以乳酸菌为主的微生物发酵后调制成的饲料。

3.2 原料草 raw grass

即青贮原料（silage raw material），包括专门作青贮种植的青贮作物、人工种植的禾本科和豆科牧草，以及各种农作物秸秆。本标准专指刈割后用于做青贮饲料的多花黑麦草。

3.3 pH

试样浸提液的酸碱度，是评价青贮饲料发酵品质指标质量分级的重要指标之一。

3.4 氨态氮 ammonia nitrogen，AN

以占总氮的百分比表示，是衡量青贮过程中蛋白质降解程度的指标。

3.5 水分 moisture

试样经过60℃烘干预处理，再在105℃烘至恒重所失去的质量占试样原质量的百分比。

3.6 中性洗涤纤维 neutral detergent fiber，NDF

植物性饲料经中性洗涤剂煮沸处理，不溶解的残渣为中性洗涤纤维，主要为细胞壁成分，其中包括纤维素、半纤维素、木质素和硅酸盐。

3.7 酸性洗涤纤维 acid detergent fiber，ADF

中性洗涤纤维经酸性洗涤剂处理，剩余的残渣为酸性洗涤纤维，其中包括纤维素、木质素和硅酸盐。

4 多花黑麦草青贮饲料质量分级

4.1 现场分级

4.1.1 原料草

多花黑麦草的收获时期直接影响青贮饲料的品质。

4.1.2 感观分级

青贮完成启用时，从青贮饲料的气味、颜色、质地等进行感观分级。

4.1.3 pH

优质青贮饲料：pH 在 4.1 以下，良好青贮饲料：pH 在 4.1~4.3，一般青贮饲料：pH 在 4.4~5.0，劣质青贮饲料：pH 在 5.0 以上。

一般来说，pH 超过 4.4(低水分青贮除外)说明青贮发酵过程中，腐败菌、酪酸菌、真菌等活动较为强烈。

多花黑麦草青贮饲料品质分级应符合表1、图1及表2的规定。

表1 牧草青贮饲料质量评分标准

鉴定项目		分值	分项得分				
			A	B	C	D	E
原料草	刈割时期	40	头茬草始穗期(40)	头茬草抽穗期，再生草抽穗期(30)	头茬草齐穗期(20)	头茬草开花期(10)	头茬草结实期(0)
发酵品质	水分	15	65%~70%(15)	71%~75%(12)	76%~80%(9)	81%~85%(5)	86%以上(0)
	pH	20	4.1以下(20)	4.2(18) 4.3(16) 4.4(14)	4.5(12) 4.6(10) 4.7(8)	4.8(6) 4.9(4) 5.0(2)	5.1以上(0)
	色泽	10	明黄绿色(10)	黄绿色(8)	黄绿色稍带褐色(6)	黄褐色(4)	褐色(0)
	香味	10	甜酸、清香(10)	甜酸味(8)	甜酸中带不爽酸味(6)	稍有氨、霉味(4)	有氨、霉味(0)
	触感	5	清爽(5)	中间(4)	稍黏(3)	中间(2)	黏、发热有霉(0)

注：( ) 内数字代表各项所得分值。

4.2 实验室营养化学指标及质量分级

营养化学指标分级应符合表3的规定，如果氨态氮/总氮含量较本等级的含量高，则评价等级降一级。

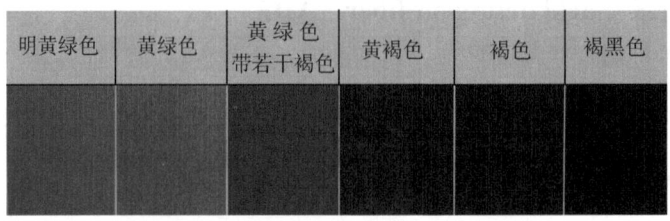

图 1 青贮饲料色泽对比图（见文后彩图）

表 2 多花黑麦草青贮饲料品质分级

分级	一级	二级	三级	等外
总得分	76~100	51~75	26~50	<25

注：总得分=刈割时期得分+水分得分+pH 得分+色泽得分+香味得分+触感得分。

表 3 多花黑麦草青贮饲料化学指标及质量分级

指标	等级			
	一级	二级	三级	等外
水分/% FM	63~67	>67	>73	>80
粗蛋白/% DM	>8	>8	>8	<8
中性洗涤纤维/% DM	<65	<65	>65	>65
酸性洗涤纤维/% DM	<30	<30	<30	>30
氨态氮/总氮/%	<11	11~13	<15	>15

注：FM，鲜物质；DM，干物质。

5 测定方法

5.1 取样方法

多花黑麦草青贮饲料分析样品的取样，按照 NY/T 2129 的规定执行。

5.2 试样制备

多花黑麦草青贮饲料化学指标分析样品制备，按照 GB/T 20195 的规定执行。发酵品质指标分析样品的制备，分取试样 20 g，加入 180 mL 蒸馏水，搅拌 1 min，用粗纱布和滤纸过滤，得到多花黑麦草青贮饲料试样浸提液。

5.3 水分含量

按照 GB/T 6435 的规定执行。

5.4 粗蛋白含量

按照 GB/T 6432 的规定执行。

5.5 中性洗涤纤维含量

按照 GB/T 20806 的规定执行。

5.6 酸性洗涤纤维含量

按照 NY/T 1459 的规定执行。

5.7 pH

将制备的多花黑麦草青贮饲料试样浸提液,用 pH 计测定。

(顾洪如、丁成龙、张霞、董臣飞、许能祥、程云辉)

四、紫花苜蓿青贮技术规范

1 范围

本标准规定了紫花苜蓿的青贮方式、贮前准备、原料、切碎、添加剂使用、打捆或装填、裹包或密封、贮后管理等技术要求。

本标准适用于紫花苜蓿青贮饲料的生产。

2 规范性引用文件

下列文件对于本文件的应用是必不可少的。凡是注日期的引用文件，仅注日期的版本适用于本文件。凡是不注日期的引用文件，其最新版本（包括所有的修改单）适用于本文件。

GB/T 22141　饲料添加剂：复合酸化剂通用要求

GB/T 22142　饲料添加剂：有机酸通用要求

GB/T 22143　饲料添加剂：无机酸通用要求

NY/T 1444　微生物饲料添加剂技术通则

3 术语和定义

下列术语和定义适用于本文件。

3.1 饲草 forage

具有饲用价值的草本植物及可饲用的半灌木和灌木。

3.2 紫花苜蓿 alfalfa/lucerne(*Medicago sativa*)

豆科苜蓿属多年生草本植物。

3.3 青贮 ensiling

将青绿饲草置于密封的青贮设施设备中，在厌氧环境下进行的以乳酸菌为主导的发酵过程，导致酸度下降抑制微生物的存活，使青绿饲料得以长期保存的饲草加工方法。

3.4 青贮饲料 silage

经青贮加工后的饲草产品。

3.5 青贮添加剂 silage additives

用于改善青贮饲料发酵品质，减少养分损失的添加剂。

3.6 现蕾期 bud stage

50%的植株出现花蕾的时期。

3.7 初花期 early-flower stage

10%的植株开花的时期。

4 青贮方式

主要可采用如下青贮方式。

（1）裹包青贮：将紫花苜蓿刈割、切短、打捆后，使用具有拉伸和黏着性能的薄膜将其缠绕裹包后形成密封厌氧环境进行青贮的方式。

（2）窖贮：利用壕式青贮窖进行青贮的方式。

5 贮前准备

（1）根据饲养规模和设施条件选择青贮容量和青贮方式。青贮前，清理青贮设施内的杂物，检查青贮设施的质量，如有损坏及时修复。

（2）检修各类青贮用机械设备，使其运行良好。

（3）准备青贮加工必需的材料。

6 原料

（1）原料的适宜收获期为现蕾期至初花期，留茬高度为 4~6 cm。

（2）青贮原料刈割后进行晾晒，晾晒至叶片卷缩，由鲜绿色变成深绿色，叶柄易折断，茎秆下半部叶片开始脱落；茎秆颜色基本未变，压迫茎时，能挤出水分，茎的表皮可用指甲刮下。含水量应为 45%~65%。

7 切碎

裹包青贮原料切碎长度不应超过 7 cm；窖贮原料切碎长度不应超过 5 cm。

8 添加剂使用

（1）可选择性加入促进乳酸菌发酵、保证青贮成功的各种添加剂，宜在捡拾切碎时喷洒。

（2）添加剂的使用符合 GB/T 22141、GB/T 22142、GB/T 22143、NY/T 1444 的规定。

9 打捆或装填

（1）使用青贮打捆机对紫花苜蓿原料进行切碎打捆，草捆密度达到 550 kg/m^3 以上。

（2）窖贮装填时，原料装填要迅速、均一，与压实作业交替进行。青贮原料由内到外呈楔形分层装填。原料每装填一层压实一次，装填厚度不得超过 30 cm，宜采用压窖机或其他大中型轮式机械压实。原料压实后，体积缩小 50% 以上，密度达到 650 kg/m^3 以上。原料装填压实后，宜高出窖口 30 cm。装填压实作业中，不得带入外源性异物。

10 裹包或密封

（1）裹包青贮时，打捆后应迅速用 6 层以上的拉伸膜完成裹包。

（2）窖贮时，装填压实作业之后，立即密封。从原料装填至密封不应超过 3 天，或需采用分段密封的作业措施，每段密封时间不超过 3 天。宜采用塑料薄膜覆盖，塑料薄膜应无毒无害，塑料薄膜外面放置重物镇压。

11　贮后管理

（1）裹包青贮存放在地面平整、排水良好、没有杂物和其他尖利物的地方，经常检查裹包膜或塑料薄膜，如有破损及时修补。

（2）窖贮应经常检查青贮设施密封性，及时补漏。顶部出现积水及时排除。

（玉柱、杨富裕、张英俊、薛艳林、李存福、白春生、许庆方）

五、饲用玉米青贮技术规范

1 范围

本标准规定了玉米的贮前准备、原料、切碎、装填与压实、密封、贮后管理、取饲等技术要求。

本标准适用于全株玉米青贮饲料的生产。

2 规范性引用文件

下列文件对于本文件的应用是必不可少的。凡是注日期的引用文件，仅注日期的版本适用于本文件。凡是不注日期的引用文件，其最新版本（包括所有的修改单）适用于本文件。

GB/T 22141　饲料添加剂：复合酸化剂通用要求
GB/T 22142　饲料添加剂：有机酸通用要求
GB/T 22143　饲料添加剂：无机酸通用要求
GB/T 25882　青贮玉米品质分级
NY/T 1444　微生物饲料添加剂技术通则

3 术语和定义

下列术语和定义适用于本文件。

3.1　饲草　forage

具有饲用价值的草本植物及可饲用的半灌木和灌木。

3.2　青贮　ensiling

将青绿饲草置于密封的青贮设施设备中，在厌氧环境下进行的以乳酸菌为主导的发酵过程，导致酸度下降抑制微生物的存活，使青绿饲料得以长期保存的饲草加工方法。

3.3　青贮饲料　silage

经青贮加工后的饲草产品。

3.4　全株玉米　whole crop corn

包括果穗在内的地上部植株，作为青贮原料的玉米。

3.5　青贮设施　silo

饲草原料青贮时，为形成密封环境，有利于乳酸菌发酵，使用的各种设施设备。

3.6　青贮添加剂　silage additives

用于改善青贮饲料发酵品质，减少养分损失的添加剂。

3.7 开窖有氧变质 aerobic deterioration after opening silo

青贮饲料开窖取用过程中，暴露在空气中发生变质的现象。

4 贮前准备

（1）宜选用青贮窖进行青贮。根据饲养规模确定青贮设施的容量。青贮前，清理青贮设施内的杂物，检查青贮设施的质量，如有损坏及时修复。

（2）检修各类青贮用机械设备，使其运行良好。

（3）准备青贮加工必需的材料。

5 原料

（1）玉米原料的品质宜符合 GB/T 25882 的规定。

（2）适宜收获期为蜡熟期，原料收获作业不早于乳熟末期，不晚于蜡熟末期，适宜的含水量为 65%~70%。

（3）玉米收获时，留茬高度不低于 15 cm，不得带入泥土等杂物。

6 切碎

（1）收获的原料应及时切碎，从原料收获到入窖，时间不得超过 8 h。

（2）切碎长度为 1~2cm，宜将玉米籽粒破碎。

（3）切碎作业不得带入泥土等杂物。

7 装填与压实

（1）原料装填时，要迅速、均一，与压实作业交替进行。

（2）青贮原料由内到外呈楔形分段装填。原料每装填一层压实一次，每层的装填压实厚度不得超过 30 cm，宜采用压窖机或其他大中型轮式机械压实。

（3）原料压实后，体积缩小 50% 以上，密度达到 650 kg/m^3 以上。

（4）原料装填压实后，宜高出窖口 30 cm。

（5）装填压实作业中，不得带入外源性异物。

（6）可以选择性使用抑制开窖有氧变质的添加剂，添加剂的使用符合 GB/T 22141、GB/T 22142、GB/T 22143、NY/T 1444 的规定。

8 密封

（1）装填压实作业之后，立即密封。从原料装填至密封不应超过 3 天，或需采用分段密封的作业措施，每段密封时间不超过 3 天。

（2）宜采用塑料薄膜覆盖，塑料薄膜应无毒无害，塑料薄膜外面放置重物镇压。

9　贮后管理

经常检查青贮设施密封性，及时补漏。顶部出现积水及时排除。

10　取饲

（1）青贮饲料密封贮藏成熟后，可开启取用，贮藏时间宜在30天以上。

（2）根据饲喂量取用，保持取用面的平整。

（3）每天取用厚度不能少于30 cm。

（4）取料时防止暴晒、雨淋。

（玉柱、许庆方、杨富裕、张英俊、李存福、刘贵波、白春生）

六、发酵 TMR 饲料调制技术规范

1 范围

本标准规定了发酵 TMR 饲料的原料、加工设备、调制加工、贮藏方式、运输、贮藏管理等技术要求。

本标准适用于以玉米、豆粕等精饲料,牧草、全株玉米青贮、玉米秸秆等粗饲料,豆腐渣、果渣等糟渣类饲料,维生素和矿物质等补充料为原料,在厌氧条件下经乳酸发酵生产的发酵 TMR 饲料。

2 规范性引用文件

下列文件中的条款通过本标准的引用而成为本标准的条款。凡是注日期的引用文件,其随后所有的修改单(不包括勘误的内容)或修订版均不适用于本标准,然而,鼓励根据本标准达成协议的各方研究是否可使用这些文件的最新版本。凡是不注日期的引用文件,其最新版本适用于本标准。

GB 13078 饲料卫生标准
GB/T 6432 饲料中粗蛋白测定方法
GB/T 6435 饲料中水分和其他挥发性物质含量的测定
GB/T 6436 饲料中钙的测定方法
GB/T 6437 饲料中总磷量的测定方法 分光光度法
GB/T 6438 饲料中粗灰分的测定方法
GB/T 14699.1 饲料 采样
GB/T 20788 饲草揉碎机
GB/T 20806 饲料中中性洗涤纤维(NDF)的测定方法
NY/T 1444 微生物饲料添加剂技术通则
NY/T 1459 饲料中酸性洗涤纤维(ADF)的测定方法
JB/T 7144 青饲料切碎机
JB/T 9707.1 铡草机技术条件
JB/T 9822.1 锤片式饲料粉碎机技术条件
EN13207 青贮饲料热塑性膜

3 术语和定义

下列术语和定义适用于本标准。

3.1 饲料 feed, feedstuffs

能提供饲养动物所需养分,保证健康,促进生长和生产,且在合理使用下不发生有害作用的可饲物质。

3.2 饲料原料（单一饲料） feedstuff (single feed)
以一种动物、植物、微生物或矿物质为来源的饲料。反刍动物禁用动物性饲料原料。

3.3 粗饲料 roughage
干物质中粗纤维含量等于或高于18%的饲料。

3.4 精饲料 concentrate
单位体积或单位重量内含营养成分丰富，粗纤维含量低、消化率高的一类饲料。

3.5 日粮 ration
个体饲养动物在一昼夜（24 h）内所采食的各种饲料组分的总量。

3.6 全混合日粮 total mixed ration, TMR
根据家畜的营养配方，将含有所需营养成分的干草、青贮饲料或其他农副产品等粗饲料、精饲料、矿物质以及维生素等均匀混合而成的一种营养平衡日粮。

3.7 发酵TMR饲料 TMR silage
把加工调制好的TMR饲料进行一段时间的密封贮藏，经过乳酸发酵而调制成的全价发酵饲料。

3.8 添加剂 additives
为改善发酵TMR饲料品质或抗好氧变质的能力而添加的物质，包括生物添加剂和化学添加剂等。

3.9 加工设备 processing machine
发酵TMR饲料原料粉碎、切短、混合、打捆、密封、裹膜等加工环节、运输环节、取饲环节所利用的各种专用型或兼用型机械。

4 饲料原料

4.1 原料品种及卫生质量
用于调制发酵TMR饲料的原料，包括精饲料、粗饲料（干草、青贮饲料、青绿饲料等）、糟渣类饲料及维生素、矿物质等补充料。饲料品种应多样化，在保证营养安全的前提下，尽量使用地域性的非粮型饲料。原料卫生质量符合GB 13078饲料卫生标准。添加剂的使用应符合NY/T 1444的规定。

4.2 饲料原料营养成分测定

4.2.1 采样
按GB/T 14699.1—2005的规定执行。对新购入原料均行采样；购入的精饲料，每月抽样一次。对于青贮饲料、糟渣类等高水分原料需要每周测定一次水分含量。

4.2.2 检测项目

水分、粗蛋白、粗脂肪、酸性洗涤纤维（ADF）、中性洗涤纤维（NDF）、钙、总磷、粗灰分。

4.2.3 检测方法

（1）水分：按 GB/T 6435—2006 的规定执行。
（2）粗蛋白：按 GB/T 6432—1994 的规定执行。
（3）酸性洗涤纤维（ADF）：按 NY/T 1459—2007 的规定执行。
（4）中性洗涤纤维（NDF）：按 GB/T 20806—2006 的规定执行。
（5）钙：按 GB/T 6436—2002 的规定执行。
（6）总磷：按 GB/T 6437—2002 的规定执行。
（7）粗灰分：按 GB/T 6438—2007 的规定执行。

5 加工设备

5.1 原料加工设备

5.1.1 粉碎机

玉米、豆粕、棉粕等籽实类饲料原料粉碎时选用的锤片式饲料粉碎机应符合 JB/T 9822.1 的要求。

5.1.2 铡草机

牧草、全株玉米、玉米秸秆等粗饲料原料铡短时选用的铡草机应符合 JB/T 9707.1 的要求；块根、块茎类饲料切碎时选用的青饲料切碎机应符合 JB/T 7144.1 的要求。

5.2 混合设备

调制加工设备可选用立式或卧式 TMR 搅拌机（车），容积为 7~17 m³。

5.3 打捆设备

打捆设备可选用专用的打捆机。

5.4 裹膜设备

裹膜设备可选用专用裹膜机，保证发酵 TMR 饲料的密封，防止漏气。

6 调制加工

6.1 原料管理

（1）饲料原料贮存过程中应防止雨淋发酵、霉变、污染和鼠(虫)害。
（2）饲料原料按先进先出的原则进行配料，并做出入库、用料和库存记录。

6.2 原料预加工

（1）清除原料中金属、石块、塑料、包装绳等异物。

（2）为了防止豆腐渣、果渣等糟渣类饲料变质，从工厂生产线排出后迅速运回饲料加工厂并尽快使用，必要时进行青贮处理。

（3）牧草、全株玉米、玉米秸秆等粗饲料原料用铡草机切短或揉碎机揉碎。

（4）精饲料粉碎(或压扁)加工。

6.3 混合加工

（1）准确称量，记录并审核每批原料的投放量。

（2）原料的投放顺序与混合时间。卧式TMR搅拌机的原料投放顺序为：精饲料、维生素和矿物质等补充料、干草、青贮、糟渣类；立式TMR搅拌机原料的投放顺序为：干草、青贮、糟渣类、精料、维生素和矿物质等补充料。

（3）搅拌混合时间以确保搅拌后TMR中有20%的粗饲料长度大于3.5 cm为宜。一般情况下，最后一种饲料加入后搅拌5~8 min。

（4）生物添加剂等应按照产品使用说明，在原料投放过半后喷洒添加剂。

6.4 打捆

将充分混合均匀的TMR饲料，用打捆机高密度压实制成方捆或圆捆，保证发酵TMR饲料密度均匀，达到500 kg/m^{3}以上。

6.5 密封

6.5.1 袋装发酵TMR饲料

6.5.1.1 包装袋准备

包装袋为双层，外包装袋为复合塑料编织袋，该包装袋应耐磨损、严密、洁净；内包装袋为无毒无味的塑料袋，厚度不低于0.03 mm，颜色选用白色或绿色。

6.5.1.2 装袋

将高密度方捆或圆捆装入双层包装袋的塑料内袋中，用真空泵抽真空，封口机密封。

6.5.2 裹包发酵TMR饲料

青贮专用拉伸膜符合EN 13207—2001的规定。采用专用裹膜机，将专用拉伸膜裹覆在发酵TMR草捆外面，长期保存保证在4层以上。裹膜作业在打捆之后迅速进行。

7 运输

运输工具必须清洁、干净，严禁产品与有害、有毒、有异味和其他易污染物品混运、混贮。运输时应注意保持塑料内袋的完整，防止运输过程中发生破裂或透气从而导致发酵TMR饲料好氧腐败。另外，为了防止疫病传播，应加强对运输车辆及容器的彻底消毒。

8 贮藏管理

贮藏场所应保持清洁、干燥，避免日光直射，堆放高度不超过 3 层。严防践踏、老鼠和鸟的侵害，及时修补漏洞，以防透气，防雨水浸泡，冬季注意防冻。

（徐春城、杨富裕、玉柱、孙启忠、王晓力）

七、青贮窖设施建设技术规范

1 范围

本标准规定了青贮窖建设的基本要求、建设规模、施工设计、材料选择及施工技术要点等。

本标准适用于青贮窖建设。

2 规范性引用文件

下列文件对本文件的应用是必不可少的。凡是注日期的引用文件，仅注日期的版本适用于本文件。凡是不注日期的引用文件，其最新版本（包括所有的修改单）适用于本文件。

GB 50203 砌体结构工程施工质量验收规范

GB 50209 建筑地面工程施工质量验收规范

3 术语和定义

下列术语和定义适用于本文件。

3.1 青贮 ensiling

将青绿饲草置于密封的青贮设施设备中，在厌氧环境下进行的以乳酸菌为主导的发酵过程，导致酸度下降抑制微生物的存活，使青绿饲料得以长期保存的饲草加工方法。

3.2 青贮窖 silo

以砌体结构或钢筋混凝土结构建成的青贮设施。

4 基本要求

（1）窖址选在地势高燥、地下水水位低、远离水源和污染源、取料方便的地方。

（2）青贮窖要坚固耐用、不透气、不漏水。

（3）采用砌体结构或钢筋混凝土结构建造。

5 设计与建设

5.1 青贮窖容积

青贮饲料年需要量按公式（1）计算：

$$G = A \times B \times C \tag{1}$$

式中，G 为青贮饲料年需要量，单位为 kg；A 为成年家畜日需要量，单位为 kg/（d·头）；B

为家畜数量,单位为头;C 为饲喂天数,单位为天。

青贮窖容积按公式(2)计算:

$$V=G/D \tag{2}$$

式中,V 为青贮窖容积,单位为 m³;G 为青贮饲料年需要量,单位为 kg;D 为青贮饲料密度,单位为 kg/m³。

5.2 青贮窖规格

(1)青贮窖高度不宜超过 4.0 m,宽度以不少于 6 m 为宜,满足机械作业要求,长度 40 m 以内为宜;日取料厚度不少于 30 cm。

(2)可根据青贮饲料的实际需要量建设数个连体青贮窖或将长青贮窖进行分隔处理。

5.3 青贮窖设计

(1)青贮窖分为地下式、半地下式和地上式三种形式。

(2)青贮窖墙体呈梯形,高度每增加 1 m,上口向外倾斜 5~7 cm,窖纵剖面呈倒梯形。

(3)青贮窖底部要有一定坡度,坡比为 1:0.02~1:0.05,在坡底设计渗出液收集池。

(4)青贮窖的墙体应采用钢筋混凝土结构,墙体顶端厚度 60~100 cm;如果采用砖混结构,墙体顶端厚度 80~120 cm,每隔 3 m 添加与墙体厚度一致的构造柱,墙体上下部分别建圈梁加固。窖底用混凝土结构,厚度不低于 30 cm。

5.4 施工技术要点

(1)用砖混结构或混凝土结构建造墙体,按照 GB 50203 的规定执行。

(2)混凝土地面,按照 GB 50209 的规定执行。

(玉柱、薛艳林、刘继军、杨富裕、张英俊、李存福、刘贵波、刘忠宽)

八、青贮添加剂乳酸菌使用技术规范

1 范围

本标准规定了乳酸菌青贮添加剂基本要求、使用原则、使用要点和贮存运输。

本标准适用于乳酸菌青贮添加剂，不适用于转基因乳酸菌青贮添加剂。

2 规范性引用文件

下列文件中的条款通过本标准的引用而成为本标准的条款。凡是注日期的引用文件，其随后所有的修改单（不包括勘误的内容）或修订版均不适用于本标准。凡是不注日期的引用文件，其最新版本适用于本标准。

GB 13078 饲料卫生标准

GB/T 23181 微生物饲料添加剂通用要求

NY/T 1444 微生物饲料添加剂技术通则

3 术语和定义

3.1 青贮原料　silage materials

通过青贮技术处理的饲料，如青贮玉米、青贮牧草、青贮农作物秸秆等。

3.2 杂菌　otter microorganism

乳酸菌青贮添加剂中除了乳酸菌以外的微生物（含细菌和真菌）。

3.3 杂菌率　otter microorganism rate

杂菌数占总菌数的百分比。

3.4 乳酸菌　lactic acid bacteria

一类可发酵糖主要产生大量乳酸的细菌的通称。

4 基本要求

（1）固体型应符合产品固有形态特征、混合均匀、色泽一致、无发霉变质、结块及异味异嗅；液体型色泽均匀和具有特定气味，无异味。

（2）乳酸菌添加剂企业应有生产许可证或中试生产许可证，并具有产品批准文号和质量标准，进口产品应具有进口产品许可证和进出口检验检疫合格证。

（3）产品卫生符合 NY/T 1444 标准要求，杂菌率小于 1%，致病菌不允许检出。

（4）产品安全性符合 GB/T 23181。

（5）乳酸菌要求厌氧条件下生长旺盛，耐酸性强，在环境温度为 40℃和低水分原料中仍可生长繁殖。

（6）不得使用经检验不合格的乳酸菌青贮添加剂。

（7）严禁使用转基因乳酸菌青贮饲料添加剂。

5　使用原则

（1）青贮原料应具有一定的新鲜度，具有该品种应有的色、嗅、味和组织形态特征，无发霉、变质、结块、异味及异嗅。原料中有害物质允许量应符合GB13078的要求，青贮原料刈割时期、水分符合青贮技术要求，干物质含量不低于20%。

（2）避免不良环境对乳酸菌的影响，创造有利于乳酸菌生长和繁殖的有利环境条件。

（3）避免跟与益生菌有拮抗作用的物质共同添加。

6　使用要点

（1）乳酸菌青贮添加剂使用剂量为活性菌 1×10^6 cfu/g 以上，优先选择青贮料专用添加剂，或多菌种乳酸菌青贮添加剂。

（2）菌液配制方法，按照说明书进行，用水要清洁纯净，在常温下，放置1~2 h使菌液复活，添加水量，要根据青贮原料的含水量而定，含水量高的青贮料，稀释用水应减少添加量。剩余稀释菌液可在冷藏（2~6℃）环境中存放24 h。乳酸菌制剂使用后，要及时密封好，减少和空气接触，开封后7天内使用完，避免污染。

（3）乳酸菌用前要摇匀，均匀喷洒在正在收割、打捆的青贮原料上，或者在青贮装料时，每隔20~30 cm均匀喷洒一次。

（4）喷洒乳酸菌的青贮饲料及时压实、密封，要经常对青贮窖检查，防止破损和雨水流入窖内。

7　贮存和运输

应低温、密封、防冻、避光保存，不得与有毒有害及其他污染物品混贮混运。运输工具必须清洁，防雨淋和烈日暴晒。

（玉柱、姜义宝、白春生、许庆方）

九、青贮添加剂甲酸使用技术规范

1 范围

本标准规定了在调制青贮饲料时，使用甲酸作为添加剂的基本要求、使用要点、安全防护和贮存运输。

本标准适用于在青贮饲料调制中使用甲酸作为添加剂的技术要求。

2 规范性引用文件

下列文件对于本文件的应用是必不可少的。凡是注日期的引用文件，仅注日期的版本适用于本文件。凡是不注日期的引用文件，其最新版本（包括所有的修改单）适用于本文件。

NYT 930 饲料级甲酸

3 术语和定义

下列术语和定义适用于本文件。

3.1 青贮 ensilaging/ensiling

将青贮原料装填入密封的青贮设施内，经过乳酸菌为主导的发酵，使原料达到长期良好保存的加工方法。

3.2 青贮添加剂 silage additives

用于改善青贮发酵品质，提高养分保存效率，平衡养分，提高青贮饲料质量安全而添加的物质。

4 基本要求

（1）甲酸感官上为无色透明、无悬浮物的液体。
（2）甲酸含量、杂质、技术要求符合 NYT 930 的规定。
（3）禁止使用检验不合格的甲酸。
（4）使用应遵循安全、有效、不污染环境的原则。

5 使用要点

（1）甲酸配制操作间密闭，有通风系统，操作人员经过专门培训，严格遵守操作规程。
（2）甲酸添加量为新鲜青贮原料的 0.3%~0.5%，最大用量不超过原料干物质的 2.25%，使用前用水稀释 1~2 倍。
（3）将稀释好的甲酸溶液均匀喷洒在青贮原料上,青贮原料的最底层和最顶层在用量范围内多喷洒。

（4）取出的甲酸溶液宜当天用完，剩余溶液放入密闭容器中回收处理，严禁倒回原容器内，稀释的甲酸溶液禁止在太阳下暴晒。

（5）采用专用青贮喷洒设备，设备材料为聚乙烯或具有防腐层，用后及时清洗。

6　安全防护

（1）皮肤接触甲酸限值 8 h 工作时间为 5 ppm (9.4 mg/m^3)，浓度达到 10 ppm (19 mg/m^3) 工作时间不应超过 15 min。

（2）空气中甲酸浓度超过限值，应戴防酸型防毒口罩、化学防溅眼镜、橡胶手套，穿防酸工作服和胶靴；工作场所应设安全淋浴和眼睛冲洗器具；工作现场禁止吸烟、进食和饮水。

（3）甲酸液体泄漏，不要触摸泄漏物，用蛭石、干沙、土或其他不燃材料吸收，并放入密闭容器中回收或运至废物处理场所。

（4）吸入后应及时脱离甲酸工作环境，将患者移至新鲜空气处，有呼吸停止者进行人工呼吸；皮肤接触后应脱去污染衣服，污染部位迅速用大量清水冲洗；眼睛接触后使眼睑张开，用微温的生理盐水或清水缓慢流水冲洗患眼 20 min。

7　贮存

甲酸应存放在无毒无害的塑料桶，贮存于阴凉、通风的库房，远离火种、热源，库温不超过 30℃，相对湿度不超过 85%，与氧化剂、碱类、活性金属粉末分开存放。

8　运输

运输过程中要确保容器不泄漏和损坏，严禁与氧化剂、碱类、活性金属粉末混装、混运。运输车辆应配备消防器材及泄漏应急处理设备，防暴晒、雨淋和高温。

（玉柱、姜义宝、张英俊、李存福、杨富裕、毛培胜、白春生）

十、青贮饲料 pH 的测定

1 范围

本标准规定了青贮饲料 pH 的测定方法。
本标准适用于青贮饲料 pH 的测定。

2 规范性引用文件

下列文件对于本文件的应用是必不可少的。凡是注日期的引用文件，仅注日期的版本适用于本文件。凡是不注日期的引用文件，其最新版本（包括所有的修改单）适用于本文件。

GB/T 6682 分析实验室用水规格和试验方法
GB/T 11165 实验室 pH 计
GB/T 20195 动物饲料 试样的制备
GB/T 27500 pH 测定用复合玻璃电极
GB/T 27501 pH 测定用缓冲溶液制备方法
NY/T 2129 饲草产品抽样技术规程
YY 0331 脱脂棉纱布、脱脂棉黏胶混纺纱布的性能要求和试验方法

3 术语和定义

下列术语和定义适用于本文件。

3.1 青贮饲料 pH pH value of silage

青贮饲料在室温条件下其蒸馏水浸提液的 pH。

4 器材和试剂

所用试剂除另有规定外，均使用分析纯，实验用水符合 GB/T 6682 规定的二级水。

4.1 器材

（1）pH 计：精确度 0.01，仪器满足 GB/T 11165 的要求，配备复合玻璃电极，满足 GB/T 27500 的要求；
（2）搅拌机：配备搅拌刀座、搅拌杯；
（3）分析天平：感量为 0.0001 g；
（4）量筒：250 mL；
（5）锥形瓶：250 mL；
（6）玻璃漏斗：Φ90 mm；
（7）蒸馏水洗瓶：500 mL；
（8）医用纱布：符合 YY 0331 的要求；

（9）定性滤纸：Φ90 mm，中速；

（10）吸水纸。

4.2 试剂

4.2.1 pH 标准缓冲溶液

按照 GB/T 27501 的规定配制，制备方法如下。

20℃时 pH=4.00 的缓冲溶液：称取预先在 125℃烘干至恒重的分析纯邻苯二甲酸氢钾 [$KHC_6H_4(COO)_2$] 10.211 g 溶于无二氧化碳（CO_2）蒸馏水中，稀释至 1000 mL 容量瓶中定容，该溶液的 pH 在 10℃时为 4.00，在 30℃时为 4.01。存放时要防止空气中二氧化碳的进入。

20℃时 pH=5.40 的缓冲溶液：称取预先在 115℃烘干至恒重的分析纯磷酸氢二钠（Na_2HPO_4）15.835 g 和分析纯柠檬酸（$C_6H_8O_7 \cdot H_2O$）9.297 g 溶于无二氧化碳蒸馏水中，稀释至 1000 mL 容量瓶中定容。存放时要防止空气中二氧化碳的进入。

20℃时 pH=6.88 的缓冲溶液：称取预先在 115℃烘干至恒重的分析纯磷酸二氢钾（KH_2PO_4）3.402 g 和磷酸氢二钠（Na_2HPO_4）3.549 g 溶于无二氧化碳蒸馏水中，稀释至 1000 mL 容量瓶中定容，该溶液的 pH 在 10℃时为 6.92，在 30℃时为 6.85。存放时要防止空气中二氧化碳的进入。

20℃时 pH=8.00 的缓冲溶液：称取分析纯硼砂（$Na_2B_4O_7 \cdot 10H_2O$）（预先在盛有蔗糖饱和溶液干燥器中平衡两昼夜）5.721 g 和分析纯硼酸（H_3BO_3）8.659 g 溶于无二氧化碳蒸馏水中，稀释至 1000 mL 容量瓶中定容。存放时要防止空气中二氧化碳的进入。

4.2.2 无二氧化碳蒸馏水

将蒸馏水煮沸 5~10 min，并冷却至室温。

5 测定步骤

5.1 取样方法

青贮饲料分析样品的取样，按照 NY/T 2129 的规定执行。

5.2 试样制备

（1）青贮饲料试样的分取，按照 GB/T 20195 的规定执行。

（2）分取试样 20 g，加入 180 mL 无二氧化碳蒸馏水，置于搅拌机中搅拌 1 min。

（3）青贮搅拌混合物用 4 层医用纱布过滤，滤液再经定性滤纸过滤，得到青贮饲料试样浸提液，浸提液制备后 10 min 内完成 pH 测定。

5.3 测定

（1）pH 计校准：pH 计按其使用说明书校准，校准采用 4.2.1 的标准 pH 缓冲溶液。

（2）测定时电极玻璃泡完全浸入青贮试样浸提液中。每个试样测定前，将电极用无二氧化碳蒸馏水冲洗，并且用吸水纸吸净电极上的残余水珠。

6 精密度和偏差

每一个青贮饲料样品平行测定两次,两次测定结果差值不得大于 0.02,取其算术平均值为测定结果,小数点后保留两位有效数字。

(玉柱、白春生、杨富裕、张英俊、许庆方)

十一、青贮饲料氨态氮测定

1 范围

本标准规定了青贮饲料氨态氮的测定方法，包括水蒸气蒸馏法和比色法。

本标准适用于青贮饲料中氨态氮的测定。

2 规范性引用文件

下列文件对于本文件的应用是必不可少的。凡是注日期的引用文件，仅注日期的版本适用于本文件。凡是不注日期的引用文件，其最新版本（包括所有的修改单）适用于本文件。

GB/T 6432 饲料中粗蛋白测定方法

GB/T 6682 分析实验室用水规格和试验方法

GB/T 20195 动物饲料 试样的制备

NY/T 2129 饲草产品抽样技术规程

YY 0331 脱脂棉纱布、脱脂棉黏胶混纺纱布的性能要求和试验方法

3 术语和定义

下列术语和定义适用于本文件。

3.1 青贮饲料 silage

新鲜的或者是半干的青绿饲料（牧草、饲料作物、多汁饲料及其他新鲜饲料），在密闭条件下利用青贮原料表面上附着的乳酸菌的发酵作用，或者在外来添加剂的作用下促进或抑制微生物发酵，使青贮原料pH下降而保存的饲料。

3.2 氨态氮 ammonia nitrogen

青贮饲料中以游离铵离子形态存在的氮，以其占青贮饲料总氮的百分比表示，是衡量青贮过程中蛋白质降解程度的指标。

3.3 总氮 total nitrogen

青贮饲料中各种含氮物质的总称，包括真蛋白质和其他含氮物。

4 样品制备

4.1 器材

（1）分析天平：感量为 0.0001 g；

（2）搅拌机：配备搅拌刀座、搅拌杯；

（3）量筒：250 mL；

（4）锥形瓶：250 mL；

（5）玻璃漏斗：Φ90 mm；

（6）蒸馏水洗瓶：500 mL；

（7）医用纱布：符合 YY 0331 的要求；

（8）定性滤纸：Φ90 mm，中速；

（9）蒸馏水：GB/T 6682 规定的二级水。

4.2 取样方法

青贮饲料分析样品的取样，按照 NY/T 2129 的规定执行。

4.3 试样制备

（1）青贮饲料试样的分取，按照 GB/T 20195 的规定执行；

（2）分取试样 20 g，加入 180 mL 蒸馏水，置于搅拌机中搅拌 1 min；

（3）青贮混合搅拌物用 4 层医用纱布过滤，滤液再经定性滤纸过滤，得到青贮饲料试样浸提液。

5 水蒸气蒸馏法

5.1 原理

水蒸气蒸馏法采用凯氏蒸馏装置。将青贮浸提液用弱碱蒸馏，产生的氨用弱酸吸收，再通过盐酸滴定来测定。

5.2 试剂

所用试剂除另有规定外，均使用分析纯，实验用水符合 GB/T 6682 规定的二级水。

5.2.1 硼酸缓冲液

在 4 体积的 0.2 mol/L 硼酸钠溶液（硼酸 12.4 g+NaOH 4 g 加水配制成 1 L 溶液）中加入 1 体积的 0.1 mol/L NaOH，调整 pH 到 9.5。

5.2.2 硼酸乙醇溶液

硼酸 40 g、甲基红 0.02 g、溴甲酚绿 0.06 g 溶于 2 L 80%乙醇溶液（体积比）中。

5.2.3 滴定用 0.01 mol/L 盐酸

浓盐酸（HCl 含量为 36%~38%）0.83 mL 定容至 1 L，标定。

5.3 仪器与设备

（1）凯氏蒸馏装置；

（2）移液管：2 mL；

（3）量筒：10 mL；
（4）滴定管：酸式；
（5）玻璃器皿：锥形瓶，所需器皿用稀盐酸浸泡，依次用自来水、蒸馏水洗净。

5.4 测定步骤

5.4.1 蒸馏

取青贮浸提液 2~5 mL 置于凯氏定氮装置中，加 10 mL 硼酸缓冲液蒸馏，以 2%硼酸乙醇溶液 5 mL 作为吸收液，蒸馏约 7 min，蒸馏液量大于 50 mL。

5.4.2 滴定

将蒸馏液用 0.01 mol/L 盐酸滴定，颜色变为紫红色为滴定终点。

5.4.3 总氮的检测

按 GB/T 6432 的规定执行。

5.5 结果计算

氨态氮的含量按式（1）进行计算。

$$X = \frac{(0.014 \times F \times B \times V/V')/M}{N} \times 100 \quad (1)$$

式中，X 为氨态氮含量，单位为占总氮的百分比；0.014 为每毫摩尔氮的克数；F 为滴定用盐酸的标定浓度，单位为 mol/L；B 为滴定所用盐酸的体积，单位为 mL；V 为青贮浸提液总体积，单位为 mL；V' 为测定用浸提液体积，单位为 mL；M 为青贮样品用量，单位为 g；N 为青贮饲料的总氮含量，单位为 mg/g。

5.6 精密度和偏差

每一个青贮饲料样品平行测定两次，两次测定结果相对偏差不得大于 5%，取其算术平均值为测定结果。

6 比色法

6.1 原理

在催化剂硝普钠的存在下，氨与碱性次氯酸和苯酚反应生成蓝色吲哚酚。根据显色程度的不同测定氨的含量。

6.2 试剂

所用试剂除另有规定外，均使用分析纯，水为符合 GB/T 6682 规定的二级水。
（1）硝普钠 $Na_2[Fe(CN)_5 \cdot NO] \cdot 2H_2O$。
（2）结晶苯酚（C_6H_5O）。
（3）氢氧化钠（NaOH）。

（4）磷酸氢二钠（$Na_2HPO_4 \cdot 7H_2O$）。
（5）次氯酸钠（NaClO）：含活性氯 8.5%。
（6）硫酸铵$[(NH_4)_2SO_4]$。
（7）苯酚试剂：将 0.15 g 硝普钠溶解在 1.5 L 蒸馏水中，再加入 29.7 g 结晶苯酚，定容到 3 L 后贮存在棕色玻璃试剂瓶中，低温保存。
（8）次氯酸钠试剂：将 15 g 氢氧化钠溶解在 2 L 蒸馏水中，再加入 113.6 g 磷酸氢二钠，中火加热并不断搅拌至完全溶解。冷却后加入 44.1 mL 含 8.5%活性氯的次氯酸钠溶液并混匀，定容到 3 L，贮藏于棕色试剂瓶中，低温保存。
（9）标准铵储备液：称取 0.6607 g 经 100℃烘干 24 h 的硫酸铵溶于蒸馏水中，并定容至 100 mL，配制成 100 mmol/L 的标准铵储备液。

6.3 仪器与设备

（1）分光光度计：630 nm，1 cm 玻璃比色皿；
（2）水浴锅；
（3）移液器：50 μL；
（4）移液管：2 mL，5 mL；
（5）玻璃器皿：试管，所需器皿用稀盐酸浸泡，依次用自来水、蒸馏水洗净。

6.4 测定步骤

6.4.1 标准曲线的建立

取标准铵储备液稀释配制成 1.0 mmol/L、2.0 mmol/L、3.0 mmol/L、4.0 mmol/L、5.0 mmol/L 五种不同浓度梯度的标准液。向每支试管中加入 50 μL 标准液，空白为 50 μL 蒸馏水；向每支试管中加入 2.5 mL 的苯酚试剂，摇匀；再向每支试管中加入 2 mL 次氯酸钠试剂，并混匀；将混合液在 95℃水浴中加热显色反应 5 min；冷却后，630 nm 波长下比色。

以吸光度和标准液浓度为坐标轴建立标准曲线。

6.4.2 样品的检测

向每支试管中加入 50 μL 经适当倍数稀释的样本液，按 6.4.1 中的检测步骤测定样本液的吸光度。

6.4.3 总氮的检测

按 GB/T 6432 的规定执行。

6.5 结果计算

氨态氮的含量按式（2）进行计算。

$$X = \frac{(0.014 \times \rho \times D \times V)/M}{N} \times 100 \qquad (2)$$

式中，X 为氨态氮含量，单位为占总氮的质量百分比；0.014 为每毫摩尔氮的克数；ρ 为样液的浓度，单位为 mmoL/L；D 为样液的总稀释倍数；V 为青贮浸提液总体积，单位为 mL；

M 为青贮样品用量,单位为 g;N 为青贮饲料的总氮含量,单位为 mg/g。

6.6 精密度和偏差

每一个青贮饲料样品平行测定两次,两次测定结果相对偏差不得大于 5%,取其算术平均值为测定结果。

(玉柱、白春生、杨富裕、张英俊、许庆方)

十二、青贮饲料挥发性脂肪酸测定：高效液相色谱法

1 范围

本标准规定了青贮饲料中乙酸、丙酸和丁酸的高效液相色谱法的操作规范。

本标准适用于各种青贮饲料的测定。

2 规范性引用文件

下列文件对于本文件的应用是必不可少的。凡是注日期的引用文件，仅注日期的版本适用于本文件。凡是不注日期的引用文件，其最新版本（包括所有的修改单）适用于本文件。

GB/T 20195 动物饲料 试样的制备

GB/T 6435 饲料中水分和其他挥发性物质含量的测定

GB/T 6682 分析实验室用水规格和试验方法

NY/T 2129 饲草产品抽样技术规程

3 术语和定义

下列术语和定义适用于本文件。

3.1 青贮饲料 silage

将植物性原料于密闭缺氧条件下贮藏，通过乳酸菌的发酵，抑制各种有害微生物的繁殖，形成的饲用发酵产品。

3.2 挥发性脂肪酸 volatile fatty acid

具有挥发性的低级脂肪酸。在青贮发酵过程中，产生的主要挥发性脂肪酸是乙酸、丙酸和丁酸。

3.3 乙酸 acetic acid，AA

含有 2 个碳原子的饱和羧酸，分子式 $C_2H_4O_2$，酸性弱，有刺激性气味。

3.4 丙酸 propionic acid，PA

含有 3 个碳原子的羧酸，分子式 $C_3H_6O_2$，稍有刺鼻的恶臭气味。

3.5 丁酸 butyric acid，BA

含有 4 个碳原子的羧酸，分子式 $C_4H_8O_2$，具有强烈的臭味，梭菌发酵的产物。

3.6 干物质含量 dry matter content

试样经过 60℃烘干预处理 48 h，再于 103℃烘至恒重，称得质量占试样原质量的百分比。

4 原理

青贮饲料样品制备为浸提液后，利用高效液相色谱仪测定，外标法定量。

5 仪器和试剂

5.1 仪器

（1）高效液相色谱仪，配备有紫外检测器或者二极管阵列检测器。
（2）搅拌机：家用搅拌机，配备搅拌刀座、搅拌杯。
（3）滤器，配备 0.25 μm 微孔滤膜。
（4）常用仪器设备。

5.2 试剂

（1）以下实验用水为符合 GB/T 6682 规定的一级水。
（2）高氯酸，色谱纯。
（3）乙酸标准品，色谱纯，纯度大于 99.5%。
（4）丙酸标准品，色谱纯，纯度大于 99.5%。
（5）丁酸标准品，色谱纯，纯度大于 99.5%。
（6）高氯酸溶液：准确称取适量高氯酸，用水配成浓度为 3 mmol/L 的溶液。
（7）乙酸标准储备液：根据标准品纯度，准确称量适量乙酸标准品，用水定容于 100 mL 容量瓶中，制备 5% 的标准储备液，于 4℃保存，保存期 3 个月。
（8）丙酸标准储备液：根据标准品纯度，准确称量适量丙酸标准品，用水定容于 100 mL 容量瓶中，制备 1% 的标准储备液，于 4℃保存，保存期 3 个月。
（9）丁酸标准储备液：根据标准品纯度，准确称量适量丁酸标准品，用水定容于 100 mL 容量瓶中，制备 5% 的标准储备液，于 4℃保存，保存期 3 个月。
（10）混合酸标准储备液：用移液管准确吸取 10 mL 乙酸标准储备液、10 mL 丙酸标准储备液、10 mL 丁酸标准储备液，定容于 50 mL 容量瓶中，于 4℃保存，保存期 1 个月。
（11）混合酸标准工作液：用移液器准确吸取 0.0125 mL、0.025 mL、0.05 mL、0.1 mL、0.2 mL、0.4 mL、0.8 mL 的混合酸标准储备液，定容于 10 mL 容量瓶中，现配现用。

6 测定步骤

6.1 取样方法

青贮饲料分析样品的取样，按照 NY/T 2129 的规定执行。

6.2 干物质含量测定

参照 GB/T 6435 的规定执行。

6.3 乙酸、丙酸和丁酸测定试样液制备

青贮饲料试样的分取，按照 GB/T 20195 的规定执行。分取试样 20 g，加入 180 mL 一级水，搅拌 1 min，用 4 层粗纱布粗滤，之后经定性滤纸过滤，得到青贮饲料试样浸提液。浸提液用配备 0.25 μm 微孔滤膜的滤器过滤，滤液于 4℃保存待测。

6.4 色谱条件

Shodex KC-811色谱柱，3 mmol/L 高氯酸为流动相，流速1 mL/min，紫外检测器波长210 nm，柱温50℃，进样量20 μL。

6.5 液相色谱测定

参照 SNT 2007 和 GB 23877 规定，根据样液中被测物含量情况，选定浓度相近的混合酸标准工作溶液，对混合酸标准工作溶液与样液等体积参插进样测定，混合酸标准工作溶液和待测样液乙酸、丙酸、丁酸的响应值均应在仪器检测的线性范围内。采用外标法，用混合酸标准液制作标准工作曲线。按照 6.3 色谱条件，乙酸、丙酸和丁酸的保留时间分别约为 9.6 min、11.2 min 和 13.8 min，标准品的液相色谱图参见附录中图1。

6.6 空白试验

除不加样品外，按上述相同条件和步骤进行。

6.7 结果计算和表述

用色谱数据处理机或按式（1）计算试样中被测物的含量，计算结果必须扣除空白值。

$$X = \frac{c \times V \times n}{m \times d} \times 100\% \qquad (1)$$

式中，X 为试样中被测物的含量，单位为%；c 为由标准曲线得出试样液中乙酸、丙酸或丁酸的浓度，单位为%；V 为试样液总体积，单位为 mL；n 为稀释倍数；m 为试样质量，单位为 g；d 为干物质含量，单位为%。

每个试样液测定两次，测定结果用平行测定的算术平均值表示，小数点后保留两位有效数字。

7 重复性

在色谱测定条件完全相同的情况下，完成两个平行测定结果的相对偏差不大于5%。

附录 A
（资料性附录）

乙酸、丙酸和丁酸标准品的色谱图见图1，乙酸、丙酸和丁酸的保留时间分别约为 9.6 min、11.2 min 和 13.8 min。

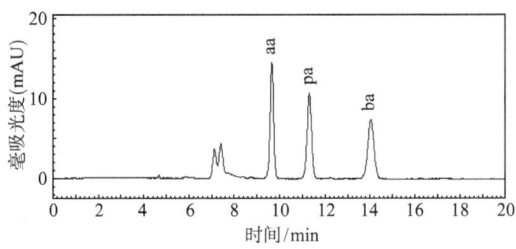

图1 乙酸、丙酸和丁酸标准品色谱图

（玉柱、许庆方、杨富裕、张英俊、毛培胜、白春生、薛艳林）

十三、青贮饲料乳酸测定：高效液相色谱法

1 范围

本标准规定了青贮饲料中乳酸的高效液相色谱法。
本标准适用各种青贮饲料的测定。

2 规范性引用文件

下列文件对于本文件的应用是必不可少的。凡是注日期的引用文件，仅注日期的版本适用于本文件。凡是不注日期的引用文件，其最新版本（包括所有的修改单）适用于本文件。

GB 23877 饲料酸化剂中柠檬酸、富马酸和乳酸的测定 高效液相色谱法
GB/T 12456 食品中总酸的测定方法
GB/T 20195 动物饲料 试样的制备
NY/T 2129 饲草产品抽样技术规程
GB/T 601 化学试剂 标准滴定溶液的制备
GB/T 6435 饲料中水分和其他挥发性物质含量的测定
GB/T 6682 分析实验室用水规格和试验方法
SN/T 2007 进出口果汁中乳酸、柠檬酸、富马酸含量检测方法 高效液相色谱法

3 术语和定义

下列术语和定义适用于本文件。

3.1 青贮饲料 silage

将植物性原料于密闭缺氧条件下贮藏，通过乳酸菌的发酵，抑制各种有害微生物的繁殖，形成的饲用发酵产品。

3.2 乳酸 lactic acid

含有羟基的羧酸，分子式 $C_3H_6O_3$，酸性强，为青贮发酵的主要有机酸。

3.3 干物质含量 dry matter content

试样经过 60℃烘干预处理 48 h，再于 103℃烘至恒重，称得质量占试样原质量的百分比。

4 原理

青贮饲料样品制备为试样液后，利用高效液相色谱仪测定，外标法定量。

5 仪器和试剂

5.1 仪器

（1）高效液相色谱仪，配备有紫外检测器或者二极管阵列检测器。

（2）搅拌机：小型搅拌机，配备搅拌刀座、搅拌杯。
（3）滤器，配备 0.25 μm 微孔滤膜。
（4）常用仪器设备。

5.2 试剂

（1）水为 GB/T 6682 规定的一级水。
（2）高氯酸，色谱纯。
（3）高氯酸溶液：准确称取适量高氯酸，用水配成浓度为 3 mmol/L 的溶液。
（4）乳酸标准品，色谱纯，纯度大于 89%。
（5）乳酸标准储备液：制备和标定方法见附录 A。
（6）乳酸标准工作液：用移液器准确吸取 0.0125 mL、0.025 mL、0.05 mL、0.1 mL、0.2 mL、0.4 mL、0.8 mL 的乳酸标准储备液，定容于 10 mL 容量瓶中，现配现用。

6 测定步骤

6.1 取样方法

青贮饲料分析样品的取样，按照 NY/T 2129 的规定执行。

6.2 干物质含量测定

参照 GB/T 6435 的规定执行。

6.3 乳酸测定试样液制备

青贮饲料试样的分取，按照 GB/T 20195 的规定执行。分取试样 20 g，加入 180 mL 一级水，搅拌 1 min，用 4 层粗纱布粗滤，之后经定性滤纸过滤，得到青贮饲料试样浸提液。浸提液用配备 0.25 μm 微孔滤膜的滤器过滤，滤液于 4℃保存待测。

6.4 色谱条件

Shodex KC-811 色谱柱，3 mmol/L 高氯酸为流动相，流速 1 mL/min，紫外检测器波长 210 nm，柱温 50℃，进样量 20 μL。

6.5 液相色谱测定

参照 SN/T 2007 和 GB 23877 规定，根据样液中被测物含量情况，选定浓度相近的标准工作溶液，对标准工作溶液与样液等体积参插进样测定，标准工作溶液和待测样液乳酸的响应值均应在仪器检测的线性范围内。采用外标法，用乳酸标准液制作标准工作曲线。按照 6.4 色谱条件，乳酸的保留时间约为 8.1 min，标准品的液相色谱图参见附录 B 中图 1。

6.6 空白试验

除不加样品外，按上述相同条件和步骤进行。

6.7 结果计算和表述

用色谱数据处理机或按式（1）计算试样中被测物的含量，标准曲线和试样液计算时必须扣除空白值。

$$X = \frac{c \times V \times n}{m \times d} \times 100\% \quad (1)$$

式中，X 为试样中被测物的含量，单位为%；c 为由标准曲线得出试样液中乳酸的浓度，单位为%；V 为试样液总体积，单位为 mL；n 为稀释倍数；m 为试样质量，单位为 g；d 为试样干物质含量，单位为%。

每个试样液测定两次，测定结果用平行测定的算术平均值表示，小数点后保留两位有效数字。

7　重复性

在色谱测定条件完全相同的情况下，完成两个平行测定结果的相对偏差不大于5%。

附录 A
(规范性附录)
乳酸标准储备溶液的制备和标定

A1　试剂和材料

（1）乳酸：色谱纯，纯度大于89%。

（2）0.1 mol/L 氢氧化钠标准滴定溶液：按 GB/T 601 配制和标定。

A2　仪器和设备

（1）电热套：500 mL。

（2）圆底烧瓶：500 mL。

（3）球形冷凝管：400 mm。

A3　制备和标定

称取乳酸约 3.0 g 于 500 mL 圆底烧瓶中，加 270 mL 水，装上球形冷凝管，接通冷却水，加热回流 15 h，冷却至室温后，移取 20 mL 溶液，用 0.1 mol/L 氢氧化钠标准滴定溶液按 GB/T 12456 规定的方法标定。乳酸标准储备溶液的浓度按式（A1）计算。

$$c_s = \frac{c \times V_1 \times K}{V_2} \times 92.08 \times 1000 \quad (A1)$$

式中，c_s 为乳酸标准储备溶液的浓度，单位为 μg/mL；c 为氢氧化钠标准滴定溶液的浓度，单位为 mol/L；V_1 为滴定乳酸溶液所消耗的氢氧化钠标准滴定溶液的体积，单位为 mL；K 为换算系数，在此为 0.090；V_2 为乳酸溶液的体积，单位为 mL；92.08 为乳酸的摩尔质量。

此标准储备溶液在 4℃下可保存 3 个月。

附录 B
（资料性附录）

乳酸标准品的色谱图见图 1，乳酸保留时间约 8.1 min。

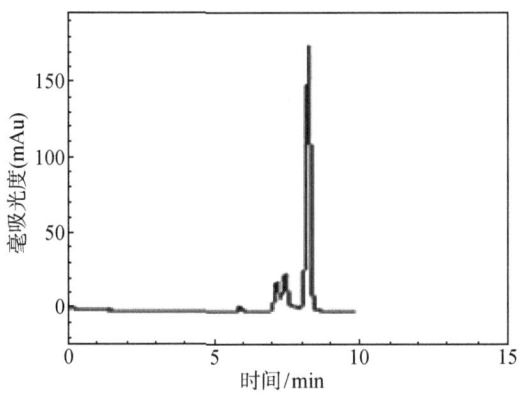

图 B1 乳酸标准品色谱图 mAu

（玉柱、许庆方、杨富裕、张英俊、毛培胜、白春生、薛艳林）

第三部分
紫花苜蓿草地生产管理的标准化技术规范

一、紫花苜蓿草地喷灌优化技术规范

1 范围

本标准规定了紫花苜蓿优化灌溉的有关定义、指标、方法和条件等。
本标准适用于便于收集气象数据和土壤含水量的紫花苜蓿灌溉草地。

2 术语和定义

下列术语和定义适用于本标准。

2.1 蒸腾蒸发量 evapotranspiration, ET

又称蒸散量。农田土壤蒸发和植物蒸腾的总耗水量，单位为毫米，计算公式为

$$ET=ET_0 \times Kc \tag{1}$$

2.2 参考作物蒸散量 reference crop evapotranspiration, ET_0

一种假想参照作物冠层的蒸发速率，非常类似于表面开阔、高度一致、生长旺盛、完全遮盖地面而不缺水的绿色草地的蒸腾蒸发量。ET_0 采用联合国粮食及农业组织提出的最新修改的彭曼-蒙蒂斯（Penman-Monteith）公式计算得到：

$$ET_0 = \frac{0.408\Delta(R_n - G) + \gamma \frac{900}{T+273} u_2(e_s - e_a)}{\Delta + \gamma(1+0.34u_2)} \tag{2}$$

式中，ET_0 为参考作物蒸散量，单位为 mm/d；T 为 2 m 高处日平均气温，单位为℃；e_s 为饱和水汽压，单位为 kPa；e_a 为实际水汽压，单位为 kPa；Δ 为实际饱和水汽压曲线斜率，单位为 kPa/℃；γ 为干湿表常数，单位为 kPa/℃；u_2 为 2 m 高处风速，单位为 m/s；G 为土壤热通量密度，单位为 MJ/(m²·d)；R_n 为作物表面净辐射，单位为 MJ/(m²·d)；

2.3 需水量

植株蒸腾和棵间蒸发水量的总和。

2.4 作物系数 crop coefficient，Kc

需水量与参考作物蒸散量之比。Kc 值在作物生长过程中，前期由小到大，在作物生长旺盛时期达到最大值，后期逐渐减小。但在平时应用中常用其整个生长季内的平均值。

2.5 灌水定额

某一次灌水时单位面积的灌水量，也可表示为水田某一次灌水的水层深度。

2.6 灌溉定额

作物全生育期历次灌水定额之和。

2.7 灌溉周期 irrigation intervals

每一次灌溉作业之间相隔的天数，也称为灌溉周期。

2.8 灌溉上限 upper limit of irrigation

终止灌溉作业时的土壤含水量,即为灌溉周期最高的土壤含水量。

2.9 灌溉下限 lower limit of irrigation

启动灌溉作业时的土壤含水量,即为灌溉周期最低的土壤含水量。

2.10 田间持水量 field capacity,FC

土壤所能稳定保持的最高土壤含水量,也是土壤中所能保持悬着水的最大量。田间持水量被作为一个常数,常用来作为灌溉上限和计算灌水定额的指标。

2.11 土壤有效含水量

土壤中能被植物根系吸收的水分,通常为田间持水量和凋萎含水量之差。

3 节水灌溉时间表的制定

（1）紫花苜蓿的灌溉,最重要的环节是决定灌溉时机和灌水定额。当水分胁迫将对紫花苜蓿的产量产生不利影响的时刻需要进行灌溉。这就需要合理的灌溉频率来保证对土壤水分消耗的及时补充。

（2）确定紫花苜蓿灌溉时间表的标准方法,首先要确定在不影响紫花苜蓿产量的前提下两次灌溉作业之间允许的最大水分消耗量。每次实施灌溉可在紫花苜蓿总的蒸散量（ET）与允许的最大水分消耗量相等时进行。

（3）在西北灌区,第一茬依靠冬灌蓄水,第二茬紫花苜蓿最优的灌溉下限和上限分别为50%FC和70%FC,第三茬紫花苜蓿最优的灌溉下限和上限分别为50%FC和60%FC。此时,紫花苜蓿干草产量和水分利用效率都在较高水平。在不影响紫花苜蓿产量的前提下,允许紫花苜蓿利用的水分为20%FC或10%FC（=70%FC-50%FC或=60%FC-50%FC）。因此灌溉间隔即为总的蒸散量等于20%FC（或10%FC）的天数。

（4）蒸散量因气候、地域及物种的不同而各异。对于紫花苜蓿的灌溉间隔,同一地域不同生长时期也不同,不同的地域更是差异巨大,但得到灌溉间隔的方法是相同的。因此,在不同地域、不同的生长期,只要得到当地的气象数据及当地土壤类型等基本资料,即可得到灌溉间隔,也就知道整个生长季的灌溉时间表,具体方法如下。

①了解紫花苜蓿基地的土壤类型,确定其土壤有效含水量,见附录A表A1。计算得出灌溉期间可供作物利用的水量是20%土壤有效含水量（或10%最大可利用水量）。

②利用当地采集的气象数据计算日均参考作物蒸散量 ET_0,见公式（2）,通常以两周为一个计算周期。

③确定作物系数 Kc,见附录B表B1。

④计算紫花苜蓿日蒸散量 ET,见公式（1）。

⑤计算灌溉间隔：灌溉间隔=20% 土壤有效含水量 /ET;

⑥综合考虑⑤和⑥,整个生长季可按两周为一个计算周期,由此可得出整个生长季的灌溉时间表。

附录 A
(资料性附录)
土壤的田间持水量

表 A1　不同土壤类型的土壤有效含水量

土壤类型	土壤有效含水量/(mm/m)
砂土	58
壤砂土	92
砂壤土	117
壤土	150
粉砂壤土	150
砂质黏壤土	109
砂质黏土	134
黏壤土	142
粉黏壤土	159
粉质黏土	201
黏土	184

附录 B
(资料性附录)
紫花苜蓿的作物系数

表 B1　紫花苜蓿在各气候条件下的作物系数

气候条件	Kc (alfalfa)	
湿润，并伴有轻微的中等强度的风	平均值	0.85
	峰值	1.05
	低值	0.5
干燥，并伴有轻微中等强度的风	平均值	0.95
	峰值	1.15
	低值	0.4
强风	平均值	1.05
	峰值	1.25
	低值	0.3

附录 C
(资料性附录)
土壤水分测定仪的安装深度

定时确定土壤含水量,需要用到土壤水分检测仪。土壤水分检测一般分为直接测定土壤水分含量和间接测定土壤水分张力或土壤电压等。生产中应用最广泛的为间接法,测定仪器有 TDR(土壤墒情检测仪)及土壤张力检测仪等。由于紫花苜蓿的根系主要集中于 50 cm 以上土层,而且在 20~30 cm 处对灌溉最为敏感,因此,水分测定仪安装的深度,一般在 20~30 cm 处。

(张英俊、项敏、刘楠、杨高文、郭艳萍、闫敏)

二、紫花苜蓿草地测土施肥技术规范

1 范围

本标准规定了人工种植的紫花苜蓿（*Medicago sativa* L.）草地土壤养分测试和推荐施肥的方法和指标。

本标准适用于紫花苜蓿草地的土壤养分诊断和推荐施肥。

2 规范性引用文件

下列文件对于本文件的应用是必不可少的。凡是注日期的引用文件，仅注日期的版本适用于本文件。凡是不注日期的引用文件，其最新版本（包括所有的修改单）适用于本文件。

GB 12297 石灰性土壤有效磷测定方法
NY/T 889 土壤速效钾和缓效钾含量的测定
NY/T 890 土壤有效态锌、锰、铁、铜的测定
NY/T 1121.1 土壤检测 土壤样品的采集、处理和贮藏
NY/T 1121.2 土壤 pH 的测定
NY/T 1121.3 土壤机械组成
NY/T 1121.6 土壤有机质的测定
NY/T 1121.8 土壤有效硼的测定
NY/T 1121.9 土壤有效钼的测定
NY/T 1121.14 土壤有效硫的测定
LY/T 1229 森林土壤水解性氮的测定

3 术语和定义

下列术语和定义适用于本文件。

3.1 土壤测试 soil test

用化学分析方法对土壤中养分含量进行测定。

3.2 砂性土壤 sandy soil

黏粒（土壤机械组成中粒径小于 0.002 mm）含量小于 15% 的土壤。

3.3 目标产量 yield goal

推荐施肥计划期望达到的产量。目标产量不应高于当地自然环境和其他管理条件所允许的最高产量。

4 土壤养分诊断

4.1 土壤测试指标

土壤有机质、pH、水解性氮、有效磷、速效钾为必须检测项目；砂性土壤检测有效硫含量；pH≥7.5的土壤需检测有效铁、有效锰、有效铜、有效锌含量。如果土壤有机质含量≤1.5%，尚需测试有效硼、有效钼含量。

4.2 土壤采样时间

种植前的土壤测试应在播前一个月进行。种植后定期进行的土壤测试，取样时间应在秋季停止生长后进行。

4.3 土壤采样频率

土壤水解性氮需每年测试1次，pH、有机质、有效磷和速效钾2~4年测1次，其他元素3~5年测1次。

4.4 土壤采样深度

采取0~30 cm土层的混合样。

4.5 土样测定方法

4.5.1 土壤样品采集、处理和贮藏

按照NY/T 1121.1的规定执行。

4.5.2 土壤pH测定

按照NY/T 1121.2的规定执行。

4.5.3 土壤机械组成测定

按照NY/T 1121.3的规定执行。

4.5.4 土壤有机质的测定

按照NY/T 1121.6的规定执行。

4.5.5 土壤有效硼的测定

按照NY/T 1121.8的规定执行。

4.5.6 土壤有效钼的测定

按照NY/T 1121.9的规定执行。

4.5.7 土壤有效硫的测定

按照NY/T 1121.14的规定执行。

4.5.8 土壤水解性氮的测定

按照 LY/T 1229 的规定执行。

4.5.9 石灰性土壤有效磷测定

按照 GB 12297 的规定执行。

4.5.10 土壤速效钾测定

按照 NY/T 889 的规定执行。

4.5.11 土壤有效态锌、锰、铁、铜的测定

按照 NY/T 890 的规定执行。

4.6 土壤养分诊断

4.6.1 主要土壤养分诊断指标

主要土壤养分诊断指标见表1。

表1 紫花苜蓿草地土壤养分诊断分级

诊断指标	分级指标			
	极缺	缺乏	足够	丰富
有机质/%	<1.0	1.0~2.0	2.0~3.0	≥3.0
水解性氮/(mg/kg)	<15	15~30	30~50	≥50
有效磷/(mg/kg)	0~5	5~10	10~15	≥15
速效钾/(mg/kg)	0~50	50~100	100~150	≥150
有效硫/(mg/kg)	0~5	5~10	10~15	≥15
有效铁/(mg/kg)	<2.0	2.0~4.5	4.5~10	≥10
有效锰/(mg/kg)	<1.0	1.0~5	5~10	≥10
有效铜/(mg/kg)	<0.2	0.2~0.4	0.4~1	≥1
有效锌/(mg/kg)	<0.5	0.5~1	1~2	≥2
有效硼/(mg/kg)	<0.25	0.25~0.5	0.5~1.0	≥1.0
有效钼/(mg/kg)	<0.10	0.10~0.15	0.15~0.2	≥0.2

4.6.2 土壤pH诊断指标

土壤pH诊断指标见表2。

表2 紫花苜蓿草地土壤pH诊断表

诊断指标	过酸	适宜	过碱
pH	<6.0	6.0~8.0	≥8.0

5 推荐施肥量

5.1 pH

土壤 pH 诊断为过酸或者过碱时,需要进行土壤改良。

5.2 有机肥

有机质判断为"缺乏"时,推荐施有机肥 10.5~15 t/hm^2;有机质判断为"极缺"时,施有机肥 15~22.5 t/hm^2。

5.3 矿物元素

干草目标产量为 5 t/hm^2、10 t/hm^2、15 t/hm^2、20 t/hm^2 的推荐施肥量分别见表 3、表 4、表 5、表 6。目标产量不同的推荐施肥量在此基础上做相应调整。商品肥料实际施用量根据其所含有效成分换算。

表 3　目标产量 5 t/hm^2 的紫花苜蓿草地推荐施肥量　　　　(单位:kg/hm^2)

营养元素	极缺	缺乏	足够
氮（N）	不施	不施	不施
磷 (P$_2$O$_5$)	0 ~ 60	不施	不施
钾 (K$_2$O)	0 ~ 60	不施	不施
硫 (S)	0 ~ 10	不施	不施
铜 (Cu)	不施	不施	不施
铁 (Fe)	不施	不施	不施
锌 (Zn)	不施	不施	不施
锰 (Mn)	不施	不施	不施
硼 (B)	不施	不施	不施
钼 (Mo)	不施	不施	不施

表 4　目标产量 10 t/hm^2 的紫花苜蓿草地推荐施肥量　　　　(单位:kg/hm^2)

营养元素	极缺	缺乏	足够
氮（N）	15 ~ 30	不施	不施
磷 (P$_2$O$_5$)	60 ~ 120	0 ~ 60	不施
钾 (K$_2$O)	60 ~ 120	0 ~ 60	不施
硫 (S)	10 ~ 20	0 ~ 10	不施
铜 (Cu)	0 ~ 0.5	不施	不施
铁 (Fe)	0 ~ 6	不施	不施
锌 (Zn)	0 ~ 6	不施	不施
锰 (Mn)	0 ~ 6	不施	不施
硼 (B)	0 ~ 0.5	不施	不施
钼 (Mo)	0 ~ 0.1	不施	不施

表 5　目标产量 15 t/hm² 的紫花苜蓿草地推荐施肥量　　　（单位：kg/hm²）

营养元素	极缺	缺乏	足够
氮（N）	30~45	15~30	不施
磷（P₂O₅）	120~170	60~120	0~60
钾（K₂O）	120~230	60~120	0~60
硫（S）	20~30	10~20	0~10
铜（Cu）	0.5~1.0	0~0.5	不施
铁（Fe）	6~12	0~6	不施
锌（Zn）	6~12	0~6	不施
锰（Mn）	6~12	0~6	不施
硼（B）	0.5~1.0	0~0.5	不施
钼（Mo）	0.1~0.5	0~0.1	不施

表 6　目标产量 20 t/hm² 的紫花苜蓿草地推荐施肥量　　　（单位：kg/hm²）

营养元素	极缺	缺乏	足够
氮（N）	45~60	30~45	15~30
磷（P₂O₅）	170~230	120~170	60~120
钾（K₂O）	230~300	120~230	60~120
硫（S）	30~40	20~30	10~20
铜（Cu）	1.0~1.5	0.5~1.0	0~0.5
铁（Fe）	12~18	6~12	0~6
锌（Zn）	12~18	6~12	0~6
锰（Mn）	12~18	6~12	0~6
硼（B）	1.0~1.3	0.5~1.0	0~0.5
钼（Mo）	0.5~0.8	0.1~0.5	0~0.1

（李向林、何峰、万里强、袁庆华、师尚礼、张英俊、孙洪仁、谢开云）

三、紫花苜蓿草地杂草防除技术规范

1 范围

本标准规定了紫花苜蓿草地的杂草调查和防除方法。

本标准适用于紫花苜蓿草地管理中的杂草防除。

2 规范性引用文件

下列文件对于本文件的应用必不可少。凡注日期的引用文件，仅注日期的版本适用于本文件。凡是不注日期的引用文件，其最新版本（包括所有的修改单）适用于本文件。

GB 6141 豆科草种子质量分级

GB 4285 农药安全使用标准

NY/T 1464.23-2007 农药田间药效试验准则

3 术语与定义

下列术语和定义适用于本文件。

3.1 杂草 weed

紫花苜蓿草地中非有意识栽培的植物。

3.2 多度 abundance

紫花苜蓿草地中某一种杂草个体的多少程度。用 O.Drude 的 6 级制多度评定方法。

3.3 农艺防控 agronomy control

利用品种选择、播种期、密度、刈割等农艺措施进行杂草控制。

3.4 化学防治 chemical control

应用化学除草剂防除杂草的方法。

3.5 茎叶处理 stem and leaf treatment

将除草剂直接均匀地喷洒到杂草的茎、叶上进行除草。

3.6 土壤处理 soil treatment

也称为芽前除草，指除草剂施用到土壤表面，用以抑制或杀死正在萌发的杂草。

4 杂草调查

4.1 调查时期

在紫花苜蓿种植当年的幼苗期、返青期和生长季刈割之后再生期。

4.2 调查方法

种植面积在 3.33 hm^2 内，采用双对角线五点取样法，见附录 A；种植面积在 33.33 hm^2

以上时，采用 Thomas 倒置"W"多点取样点及目测相结合的方法，见附录 A。

4.3 调查内容

4.3.1 种类

统计样地内杂草科、属、种，并进行单子叶、双子叶杂草和一年生、多年生杂草的分类。

4.3.2 相对高度（Relative Height，RH）

以紫花苜蓿植株高度为 100% 的杂草高度比值，用上层、中层、下层（表1）描述。

表 1 紫花苜蓿植株相对高度描述方法

相对高度	RH>100%	50%<RH<100%	RH<50%
层次	上层	中层	下层

4.3.3 盖度

某种杂草地上部分的垂直投影面积与样方面积的百分比。

4.4 结果测算

4.4.1 相对盖度

群落中某一物种的分盖度占所有物种分盖度之和的百分比。

4.4.2 危害级

以相对盖度、多度、相对高度综合评定危害度级别，按照表2分级。

表 2 杂草群落优势度目测分级标准

危害级	危害程度	相对盖度/%	多度	相对高度	防治要求
5	严重危害	>25 >50 >95	多至很多 很多 很多	上层 中层 下层	必须防治
4	较严重危害	10~25 25~50 50~95	较多 多 很多	上层 中层 下层	必须防治
3	中等危害	5~10 10~25 25~50	较少 较多 多	上层 中层 下层	必须防治
2	轻度危害	2~5 5~10 10~25	少 较少 较多	上层 中层 下层	须防治
1	有出现、不构成危害	1~2 2~5 5~10	很少 少 较少	上层 中层 下层	无须防治

注：杂草有地下茎或地上匍匐茎的，危害级别升一级。

5 杂草防除

根据紫花苜蓿大田杂草危害级确定防除依据，当危害级为 2 级轻度危害，没有饲用价值时需要开始防除；当危害级达到 3 级中等危害以上，没有饲用价值或饲用价值低于紫花苜蓿时必须防除；如果饲用价值与紫花苜蓿相当，则不必防除。对于有毒杂草，不管危害级多大，都必须防除（一般草地主要有毒杂草见附录 C）。

5.1 农艺防控

5.1.1 种子选择

按 GB 6141 的规定，选用符合 3 级标准以上的种子。

5.1.2 播前处理

播种前灌溉诱发杂草出苗，然后浅旋翻 6～10 cm 土壤，减轻苗期杂草危害。不可深翻以免将土壤深处的杂草种子翻到表层。

5.1.3 播期选择

紫花苜蓿播种主要在春季、夏季和秋季三个时期，利用杂草与紫花苜蓿生长发育对环境条件的不同要求，在当地的适宜播期内，春季播种尽量提前，夏末秋初播种避开杂草旺盛生长期，尽量减少夏季播种，减轻杂草的危害。秋播的最迟播种期为紫花苜蓿停止生长前的 60 天。

5.1.4 中耕措施

早春紫花苜蓿返青前时，沿条播方向浅耙一次，灭除浅根系杂草，松土保墒。
夏季紫花苜蓿刈割后，可沿条播方向中耕一次，利用中耕机或人工锄草，松土保墒。

5.1.5 轮作措施

紫花苜蓿种植 4～7 年后，与单子叶作物轮作，以防除双子叶杂草。

5.1.6 刈割防除

调整刈割次数或刈割时间，防除杂草。

5.2 化学防治

按照 GB 4285 农药安全使用标准和 NY/T 1464.23-2007 农药田间药效试验准则，根据不同时期采用如下化学防治方法。

5.2.1 播前土壤处理

在紫花苜蓿播种前 5~7 d，选择土壤处理剂防控杂草种子萌发；选择灭生型除草剂防除已出苗的杂草。土壤处理剂和灭生型除草剂的选择参见附录 B。

5.2.2 返青前土壤处理

在紫花苜蓿返青前,选择土壤处理剂防控杂草种子萌发,土壤处理剂的选择参见附录 B。

5.2.3 生长期茎叶处理

按不同杂草子叶数可进行如下处理:

(1) 单子叶杂草:在单子叶杂草 3~5 叶期喷施除草剂,除草剂的选择参见附录 B。

(2) 双子叶杂草:在一年生双子叶杂草 2~4 叶期,多年生双子叶杂草 8 叶期前,紫花苜蓿 5 叶期以后,喷施除草剂,除草剂的选择参见附录 B。

(3) 单子叶、双子叶混生杂草:选择紫花苜蓿田专用除草剂防除,除草剂的选择参见附录 B。

附录 A
(规范性附录)
紫花苜蓿田杂草发生的调查方法

A1 双对角线五点取样法

适用于小范围进行草情调查。常规的双对角线五点取样,样方面积为 0.5 m×0.5 m,调查每个样方中的杂草种类、各种杂草的相对高度和盖度。

A2 Thomas 倒置 "W" 多点取样点

田间调查时,将每块地调查 20 个样方调整为 9 个,样方面积为 1 m²。如图 A1 所示,在选定的大田里,沿田边向前走 70 步,向右转向田里走 24 步,开始倒置 "W" 九点的第一点取样;向纵深前方走 70 步,再向右边转向田里走 24 步,开始第二点取样,以同样的方法完成九点取样。取样调查时,记载样方框内杂草种类,各种杂草的相对高度和盖度。

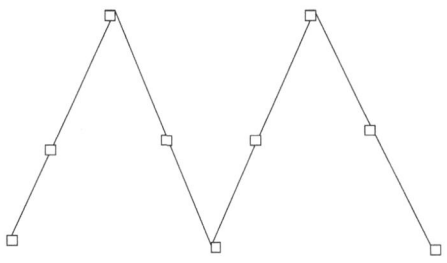

图 A1 倒置 "W" 9 点取样法

附录 B
（资料性附录）
紫花苜蓿地常用除草剂种类和名称

按使用方法分	除草剂类型	商品名称	通用名	英文名	剂型	施用时期	防除种类
土壤处理	土壤处理剂	氟乐宁	氟乐灵	trifluralin	48%乳油	苜蓿播种前或返青前，杂草未出苗	单子叶杂草和一年生阔叶杂草
		地乐胺、丁乐灵	双丁乐灵	butralin	48%乳油	苜蓿播种前或返青前，杂草未出苗	一年生种子繁殖的禾本科及阔叶杂草
茎叶处理	灭生性除草剂	农达	草甘膦	glyphosate	41%水剂	苜蓿播种前，杂草已出苗	所有杂草
		克芜踪	百草枯	paraquat	20%水剂	苜蓿播种前，杂草已出苗	所有杂草
	对单子叶杂草有效的除草剂	收乐通、赛乐特	烯草酮	clethodim	12%乳油	苜蓿生长期	单子叶杂草
		烯禾啶	烯禾啶	sethoxydim	12.5%乳油	苜蓿生长期	单子叶杂草
		精稳杀得	精吡氟禾草灵	fluazifop-p-butyl	15%乳油	苜蓿生长期	单子叶杂草
		精喹禾灵	精喹禾灵	quizalofop-p-ethyl	5%乳油	苜蓿生长期	单子叶杂草
		高效盖草能	高效氟吡甲禾灵	haloxyfop-R-methyl	10.8%乳油	苜蓿生长期	单子叶杂草
	对双子叶杂草有效的除草剂	灭草松	苯达松	bentazone	48%水剂	苜蓿生长期	双子叶杂草
		阔草清	唑嘧磺草胺	flumetsulam	80%水分散粒剂	苜蓿生长期	一年生、多年生双子叶杂草
	专用除草剂	普施特	咪唑乙烟酸	imazethapyr	5%水剂	苜蓿生长期	一年生单子叶杂草和双子叶杂草
		苜蓿净	苜蓿净	/	5%水剂	苜蓿生长期	一年生单子叶杂草和双子叶杂草

注：此表所列只是目前紫花苜蓿地杂草防除中常用的药剂，未来若有新的除草剂种类出现，将继续补充增加。

附录 C
草地上主要的有毒杂草

草地上主要的有毒杂草有毛茛、北乌头、白头翁、天仙子、颠茄、小花棘豆、变异黄芪、披针叶黄花华、狼毒、大戟、泽漆、地锦、乳浆草、雀儿舌头、蓖麻、曼陀罗、毛曼陀罗、洋金花、天仙子、龙葵、贯叶连翘、阿米芹、豚草、矢车菊、毒芹苣、金光菊、苍耳、毒芹、田冠草、麦兰菜、毛地黄、密花独角金、大戟、望江南、黄花羽扇豆、苦参、打破碗花、石龙芮、春蓼、小酸模、皱叶酸模、北美独行菜、遏兰菜、亚麻、紫茎泽兰、喀西茄、马缨丹、醉马草、飞燕草、天名精、苍耳、牵牛、大碗花、黄花棘豆、苦豆子、阿拉善马先蒿、毛果荨麻、骆驼蓬、露蕊乌头、鸢尾属等。

（张英俊、林建海、郭艳萍、闫敏、李玉荣、杨慧娟、刘刚）

四、紫花苜蓿草地主要病害防治技术规范

1 范围

本标准规定了紫花苜蓿病害识别与诊断、调查、分级标准及防治技术等内容。

本标准适用于紫花苜蓿褐斑病[*Pseudopeziza medicaginis* (Lib.) Sacc]、霜霉病（*Peronospora aestivalis* Syd.）、白粉病（*Leveillula leguminosarum* Golov., *Erysiphe pisi* DC., *E. polygoni* DC.）、锈病（*Uromyces striatus* Schroet.）的防治。

2 规范性引用文件

下列文件对于本文件的应用必不可少。凡注日期的引用文件，仅注日期的版本适用于本文件。凡是不注日期的引用文件，其最新版本（包括所有的修改单）适用于本文件。

GB 4285~89　农药安全使用标准

GB 9321　农药合理使用准则

GB/T 2930.1~2930.11　草种子检验规程

3 术语和定义

下列术语和定义适用于本文件。

3.1 紫花苜蓿病害　alfalfa/lucerne disease

紫花苜蓿由于生物和非生物致病因素的作用，其正常的生理和生化功能受到干扰，在生理和外观上表现异常，并造成经济损失。

3.2 紫花苜蓿病害综合防治　integrated disease management of alfalfa/lucerne

以利用抗病品种为中心，以预防为主，协调应用栽培、生物、物理和化学防治等各种措施，降低病害危害程度的生产活动。

3.3 病害普遍率　disease incidence

染病植株或器官数占调查植株或器官总数的百分比。

3.4 病害严重度　disease severity

病株器官（如叶片、茎秆、果实等）受病害侵染的面积占器官总面积的百分比。

3.5 病情指数　(disease index，DI)

衡量植物发病程度的综合指标，将发病率与严重度两者结合。按公式（1）计算：

$$DI = \frac{\sum(s \times n)}{N \times S} \times 100\% \qquad (1)$$

式中，DI 为病情指数；s 为各病情级别代表数值；n 为各病情级别病株（器官）数；N 为调查总株（器官）数；S 为最高病情级别代表值。

4 紫花苜蓿病害防治程序及方法

4.1 原则

应坚持"预防为主,综合防治"的方针。

4.2 识别与诊断

依据表1进行病害识别与诊断。

表1 紫花苜蓿主要病害病原菌种类与症状

病害名称	病原	主要症状
褐斑病	苜蓿假盘菌 *Pseudopeziza medicaginis* (Lib.)Sacc	叶片具褐色、圆形病斑,病斑大小为 0.5~4 mm。发病后期病斑上有黑褐色的星状增厚物
锈病	条纹单孢锈 *Uromyces striatus* Schroet.	叶片初现褪绿斑,稍隆起,病斑近圆形或椭圆形,后表皮破裂,散出锈状粉末
霜霉病	苜蓿霜霉 *Peronospora aestivalis* Syd.	叶面出现褪绿斑,叶背有灰色或淡紫褐色的霉层。叶片多向下卷曲,茎秆扭曲,节间缩短,全株褪绿
白粉病	内丝白粉菌 *Leveillula leguminosarum* Golov. 豌豆白粉菌 *Erysiphe pisi* DC. 蓼白粉菌 *Erysiphe polygoni* DC.	叶片正反两面覆盖白色霉层,生长后期,霉层内出现淡黄色、橙色至黑色的小颗粒

4.3 病害调查

4.3.1 取样方法及样本量

采用棋盘式或对角线式取样,每种方法均不少于 5 个样点。每点随机从植株自下而上摘取 50 片叶,每田不少于 250 片叶。

4.3.2 调查时间及次数

褐斑病从 5 月开始,每 2 周调查一次,直至生长季结束;锈病、白粉病从 7 月开始,每周调查一次,直至生长季结束;霜霉病分别于 5~6 月和 8~9 月两个时期调查,每周调查一次。

4.3.3 调查内容

(1)普遍率。
(2)严重度。
(3)病情指数。

4.4 病害分级

4.4.1 褐斑病

严重度分为以下七级。

0级：无症状。
1级：病斑占叶片总面积<1%。
2级：病斑占叶片总面积的1%～5%。
3级：病斑占叶片总面积的5%～20%。
4级：病斑占叶片总面积的20%～50%。
5级：病斑占叶片总面积的50%～70%。
6级：病斑占叶片总面积的70%以上。

4.4.2 锈病

严重度分为以下六级。

0级：无症状。
1级：病斑覆盖叶面积<10%。
2级：病斑面积占叶面积的10%～30%。
3级：病斑面积占叶面积的30%～50%。
4级：病斑面积占叶面积的50%～70%。
5级：病斑面积占叶面积的70%以上。

4.4.3 霜霉病

严重度分为以下五级。

0级：无症状。
1级：受害叶片数<25%。
2级：受害叶片数25%～50%。
3级：受害叶片数50%～75%。
4级：受害叶片数75%以上。

4.4.4 白粉病

严重度分为以下五级。

0级：无症状。
1级：白色粉状物覆盖叶面积<10%。
2级：白色粉状物覆盖叶面积的10%～25%。
3级：白色粉状物占叶面积的25%～75%。
4级：白色粉状物占叶面积的75%以上。

4.5 病害防治技术

4.5.1 抗病品种

根据国家和地方草品种审定委员会审定结果和抗病性评价报告，选择适合当地种植的抗病品种。

4.5.2 栽培措施

（1）轮作、间作：紫花苜蓿与禾本科或其他豆科牧草进行轮作或间作。

（2）施肥：结合建植，播前施足底肥，生长季追施磷肥、钾肥，发生锈病和白粉病田应少施或不施氮肥。

（3）刈割：褐斑病和白粉病在紫花苜蓿初花期前病情指数达15%以上刈割，锈病和霜霉病在紫花苜蓿初花期前病情指数达10%以上刈割。

（4）焚烧：在早春、晚秋或冬季，焚烧紫花苜蓿田的残茬和枯枝落叶。

4.5.3 化学防治

（1）农药选用原则：使用化学农药时，应执行GB 4285和GB/T 8321中的所有部分。禁止使用国家明令禁止的高毒、剧毒、高残留的农药及其混配农药品种。应合理混用、轮换、交替用药，防止和推迟病害抗药性的产生和发展。各农药品种的使用要严格遵守安全间隔期。

（2）拌种：采用GB/T 2930.1~2930.11草种子检验规程对种子健康状况进行测定。根据种子带病菌情况，采用GB 4285~89农药安全使用标准、GB 9321农药合理使用准则使用农药处理种子。

选用广谱或内吸性杀菌剂拌种，如福美双、多菌灵、三唑酮和甲基硫菌灵。药剂有效成分用量为种子质量的0.1%~0.5%，晾干后播种。

（3）喷雾：喷雾多用于种子田或科研地紫花苜蓿病害防治，产草田应在喷雾后药剂残效期后再刈割。不同病害的防治指标和药剂类型见表2。

表2 4种病害防治时期/指标及农药种类

病害名称	防治时期/指标	农药种类
褐斑病	发病初期	内吸性、灭生性杀菌剂 可用甲基硫菌灵、代森锰锌
锈病	发病初期或病情指数5%~10%	内吸性、灭生性杀菌剂 可用三唑酮、百菌清、代森锰锌
霜霉病	发病初期或病情指数5%~10%	内吸性、触杀性杀菌剂 可用三唑酮、百菌清
白粉病	发病初期	内吸性、触杀性杀菌剂 可用甲基硫菌灵、三唑酮

（段廷玉、南志标、李春杰、李彦忠、聂斌、袁明龙、张兴旭、俞斌华）

五、紫花苜蓿草地主要虫害防治技术规范

1 范围

本标准规定了紫花苜蓿草田主要防治对象、防治指标和防治技术。

本标准适用于我国紫花苜蓿草田主要虫害防治。

2 规范性引用文件

下列文件对于本文件的应用是必不可少的。凡是注日期的引用文件，仅所注日期的版本适用于本文件。凡是不注日期的引用文件，其最新版本（包括所有的修改单）适用于本文件。

GB 4285 农药安全使用标准

GB/T 8321.1 农药合理使用准则(一)

GB/T 8321.2 农药合理使用准则(二)

GB/T 8321.9 农药合理使用准则(九)

NY/T 1276 农药安全使用规范 总则

3 术语和定义

下列术语和定于适用于本文件。

3.1 防治指标 control index

达到经济危害水平的害虫种群密度。

3.2 安全间隔期 safety interval

最近一次施药至利用时的间隔时间，该时间间隔内农药残留降至最大允许残留量以下。

3.3 复网 double network

使用捕虫网贴近植物水平 180°左右各扫一次。

4 防治对象

4.1 蚜虫类

苜蓿斑蚜（*Therioaphis trifolii* Monell）、豆蚜（*Aphis medicaginis* Koch）、豌豆蚜（*Acyrthosiphon pisum* Harris）和苜蓿无网长管蚜（*Acyrthosiphom kondoi* Shinji&Kondo）等。

4.2 蓟马类

牛角花齿蓟马（*Odentothrips loti* Haliday）、普通蓟马（*Thrips vulgatissimus* Haliday）、大蓟马（*Thrips major* Uzel）、丝带蓟马（*Taeniothrips distaclis* Trybom）、花蓟马（*Frankliniella intonsa* Trybom）、烟蓟马（*Thrips tabaci* Lindeman）和端带蓟马（*Megalurothrips distali*

Karny）等。

4.3 蝽类

苜蓿盲蝽（*Adelphocoris lineolatus* Goetze）、牧草盲蝽（*Lygus pratensis* Linnaeus）、赤斑盲蝽（*Polymerus cognatus* Kitch）、小长蝽（*Nysius ericae* Schilling）、中黑盲蝽（*Adelphocoris suturalis* Jakovlev）和小黑跳盲蝽（*Halticus mintutus* Reuter）等。

4.4 蛾类

草地螟（*Loxostege sticticalis* Linnaeus）、苜蓿夜蛾（*Heliothis viriplaca* Hufnagel）、甜菜夜蛾（*Spodoptera exigua* Hübner）等。

4.5 象甲类

苜蓿叶象甲（*Hypera postica* Gyllenhal）、甜菜象甲（*Bothynoderes punctivertuis* Germar）等。

4.6 地下害虫类

黑绒金龟子（*Trematodes tenebrioides* Mots）、黑皱鳃金龟（*Trematodes tenebrioides* Pallas）、华北大黑鳃金龟（*Holotrichia oblita* Faldermann）、皱纹琵甲（*Blaps rugosa* Gebler）、克氏侧琵甲（*Prosodes kreitneri* Frivaldsky）、细胸金针虫（*Agriotes fuscicollis* Miwa）等。

4.7 芫菁类

中华豆芫菁（*Epicauta chinensis* Laporte）、豆芫菁（*Epicauta gorhami* Marsuel）、绿芫菁（*Lytta caraganae* Pallsa）、苹斑芫菁（*Mylabris calida* Pallsa）、小黑芫菁（*Epicaua megalocephala* Gebler）等。

5 防治指标

5.1 蚜虫类

苜蓿蚜虫类防治指标见表1

表1 苜蓿蚜虫防治指标

株高/cm	苜蓿斑蚜		苜蓿无网长管蚜		豌豆蚜		苜蓿蚜	
	1复网	百枝条	1复网	百枝条	1复网	百枝条	1复网	百枝条
<5	—	100	—	100	—	500	—	500
5~25	100	1000	100	1000	300	2000	300	2000
>25	200	2000	200	3000	400	4000	400	4500

5.2 蓟马类

紫花苜蓿株高小于 5 cm 时，为 100 头/百枝条；紫花苜蓿株高 5～25 cm 时，为 200 头/百枝条；株高大于 25 cm 时，为 560 头/百枝条。

5.3 盲蝽类

若虫 4 头/复网。

5.4 草地螟

1～2 龄幼虫 7～10 头/百枝条。

5.5 苜蓿夜蛾

1～2 龄幼虫 3～5 头/百枝条，或 15 头/复网。

5.6 苜蓿叶象甲

1～2 龄幼虫 20 头/复网，或 1 头/枝条。

5.7 芫菁类

成虫 1 头/m²。

6 防治技术

6.1 农业防治

（1）及时刈割：现蕾期前后，害虫数量即将或达到防治指标时，及时刈割；防治苜蓿叶象甲，5月下旬前适时刈割。

（2）选用抗虫紫花苜蓿品种。

（3）秋末或紫花苜蓿返青前及时清除田间残茬和杂草，降低越冬虫源。

6.2 生物防治

6.2.1 天敌控制

保护瓢虫类、草蛉类、捕食蝽类、食蚜蝇类及寄生蜂等天敌昆虫，发挥自然控制作用。

6.2.2 微生物农药

选用苏云金杆菌（*Baeillus thuringiensis*）和绿僵菌（*Metarhizium anisopliae*）防治蛾类和蚜虫。

6.3 药剂防治

按 GB 4285、GB/T 8321.1、GB/T 8321.2、GB/T 8321.9、NY/T 1276 要求使用农药。具体防治方法见表2。

表 2　紫花苜蓿草田主要害虫药剂防治方法

药剂类别	通用名	剂型和含量	有效成分使用量/（g/hm²）	防治对象	使用适期	使用方法	安全间隔期
生物源农药	藜芦碱	0.5%可溶性液剂	5.628~7.5	蚜虫、蓟马、盲蝽类、苜蓿夜蛾、草地螟和芫菁类	现蕾期前，田间天敌数量较多时	叶面喷雾	—
	印楝素	0.5%乳油	9.375~11.25				
	苦参碱	1%乳油	7.5~18				
	鱼藤酮	2.5%乳油	37.5	蚜虫			
	斑蝥素	0.1%水溶剂	200~250	蓟马、草地螟			
化学农药	毒死蜱	48%乳油	450~900	蓟马、苜蓿叶象甲、蛾类、盲蝽类和芫菁类	现蕾期前，天敌数量少，或应急防治	叶面喷雾	7天
	高效氯氰菊酯	4.5%乳油	15~22.5				7天
	溴氰菊酯	2.5%乳油	8~15				7天
	吡虫啉	3%乳油	18~22.5	蚜虫			7天
	啶虫脒	5%乳油	15~30				14天
	辛硫磷	3%颗粒剂	13 500~22 500	地下害虫、象甲	播前或苗期	撒施	—
	毒死蜱	15%颗粒剂	18 000~36 000		播前或苗期	撒施	—

注：施药时要保证药量准确，喷雾均匀，喷雾器械达到规定的工作压力，尽可能在无风条件下施药，施药时间为每日10：00以前或17：00以后，施药后12 h内遇降雨应补喷。应交替使用本规程推荐的药剂。

6.4　物理防治

6.4.1　黏虫板诱杀

蚜虫采用黄板诱杀，蓟马采用蓝板诱杀。放置时诱虫板下沿与植株生长点齐平，随植株生长调整悬挂高度；每公顷悬挂25 cm×30 cm规格的黏虫板350~450张，或20 cm×30 cm规格的500~600张。

6.4.2　陷阱法诱杀

针对地下害虫，采用一次性塑料杯作为诱集陷阱，引诱剂为醋、糖、乙醇和水的混合物，重量比为2:1:1:25，每个诱杯内40~60 mL，放置密度为450~600个/hm²。

6.4.3　灯光诱杀

频振式杀虫灯可防治蛾类和金龟甲类害虫，采用棋盘式布局，各灯之间的距离为200~240 m，灯的底端（接虫口对地距离）离地120~150 cm，时间为20：00~06：00。

6.4.4　器械捕杀

利用带有动力装置的吸虫器等进行捕杀。

附录 A
（资料性附录）
紫花苜蓿田主要害虫形态特征及危害特点

A1 蚜虫类

主要种类为苜蓿斑蚜（*Therioaphis trifolii* Monell）、豆蚜（*Aphis medicaginis* Koch）、豌豆蚜（*Acyrthosiphon pisum* Harris）、苜蓿无网长管蚜（*Acyrthosiphom kondoi* Shinji & Kondo）等。全国普遍分布，属常发性害虫，主要在紫花苜蓿生长早中期危害，严重发生时造成紫花苜蓿产量损失达 50% 以上，排泄的蜜露引起叶片发霉，影响草的质量，导致植株萎蔫、矮缩和霉污以及幼苗死亡。豌豆无网长管蚜和苜蓿无网长管蚜体绿色，个体较大，长度为 2~4 mm，一对腹管明显可见，两者经常在田间同时发生，区别是豌豆无网长管蚜触角每一节都有黑色结点，而苜蓿无网长管蚜触角均匀无黑色结点；苜蓿斑蚜体淡黄色，个体较小，只有豌豆无网长管蚜和苜蓿无网长管蚜的 1/3~1/2，背部有 6~8 排黑色小点，常在植株下部叶片背部为害；豆蚜黑紫色，有成百上千头在紫花苜蓿枝条上部聚集为害的特性。

A2 蓟马类

主要种类有牛角花齿蓟马（*Odentothrips loti* Haliday）、普通蓟马（*Thrips vulgatissimus* Haliday）、大蓟马（*Thrips major* Uzel）三种，田间以混合种群危害，以牛角花齿蓟马为优势种。蓟马属微体昆虫，成虫产卵于叶片、花、茎秆组织中，个体细小，长度 0.5~1.5 mm，成虫灰色至黑色，若虫灰黄色或橘黄色，跳跃性强，为害隐蔽。蓟马全国普遍分布，为紫花苜蓿成灾性害虫，主要取食叶芽、嫩叶和花，轻者造成上部叶片扭曲，重者造成成片紫花苜蓿早枯，停止生长，对紫花苜蓿干草产量造成 20% 以上的损失，种子产量减少 50% 以上。

A3 盲蝽类

主要种类由苜蓿盲蝽（*Adelphocoris lineolatus* Goetze）、牧草盲蝽（*Lygus pratensis* Linnaeus）、赤斑盲蝽（*Polymerus cognatus* Kitch）等组成，苜蓿盲蝽为优势种群。盲蝽类广泛分布于我国紫花苜蓿、小麦、棉花、胡麻等农田中，属杂食性害虫，吸食嫩茎叶、花芽及未成熟的种子。盲蝽雌虫产卵于幼嫩的组织内，刚孵化的若蝽为亮绿色，行动迅速，这一特征可与其形态相似、灰绿色、行动迟缓的豌豆蚜相区分，成熟的若蝽有 1 对短翅垫。苜蓿盲蝽成虫体长 5~6 mm，触角 4 节，约等于体长，体色变化很大，通常为黄褐色，可从浅黄绿色至深红褐色，前胸背板后缘有 2 个黑斑，小盾片暗褐色，之中有一对半丁字形条纹，是本种的主要特征之一；牧草盲蝽体色黄绿色，触角比体短，前胸背板有橘皮状刻点，后缘有一黑纹，中部有 4 条纵纹，在翅基部有一黄色的三角形小盾片。

A4 蛾类

主要种类包括草地螟（*Loxostege sticticalis* Linnaeus）、苜蓿夜蛾（*Heliothis viriplaca* Hufnagel）、甜菜夜蛾（*Spodoptera exigua* Hübner）等。

草地螟属草原周期性、突发性迁飞害虫，主要分布在我国东北、华北和西北地区，幼虫暴食多种植物，寄主有35科200余种植物，多以大规模迁入紫花苜蓿地造成危害。成虫体长8~12 mm，翅展12~25 mm，静止时体呈三角形，前翅灰褐色，翅中央稍近前方有一个方形淡黄色或浅褐色斑，翅外缘黄白色，并有一连串浅黄色小点连成条纹，后翅灰褐色，沿外缘有两条平行的波状纹；幼虫体色黄绿色或暗绿色，老熟幼虫体长19~21 mm，胸腹部有明显的暗色纵行条纹，周身有毛瘤，初孵幼虫取食叶肉，造成"天窗"，长大时能将叶片吃成缺刻和空洞，幼虫有受惊动后立即落地假死的习性。

苜蓿夜蛾属于多食性害虫，是紫花苜蓿地夜蛾类害虫中最为常见的种类，广泛分布在我国紫花苜蓿各种植区，各年度发生轻重差别较大，属偶发性害虫，常以二代幼虫在8~9月局部突发，1~2龄幼虫有吐丝卷叶习性，常在叶面啃食叶肉，2龄以后常在叶片边缘向内残食，形成不规则的缺刻和孔洞；成虫体长13~14 mm，翅展30~38 mm，前翅灰褐色而带有青绿色，翅的中部有一宽而色深的横线，肾状纹黑褐色，翅的外缘有黑点7个，后翅淡黄褐色，外缘有一黑色宽带，其中夹有心脏形淡色斑，老熟幼虫体长40 mm左右，头部黄褐色，体色变化很大，一般为黄绿色，上有黑色纵纹，腹面黄色。

甜菜夜蛾成虫体长10~14 mm，翅展25~34 mm，体灰褐色，前翅中央近前缘外方有肾形斑1个，内方有圆形斑1个，后翅银白色。幼虫体长约22 mm，体色变化很大，绿色、暗绿色至黑褐色，腹部体侧气门下线为明显的黄白色纵带，有的带粉红色，带的末端直达腹部末端，不弯到臀足上去。初龄幼虫在叶背群集吐丝结网，食量小，3龄后分散为害，食量大增，昼伏夜出，危害叶片成孔缺刻，严重时可吃光叶肉，仅留叶脉，甚至剥食茎秆皮层。幼虫可成群迁移，稍受震扰吐丝落地，有假死性。3~4龄后，白天潜于植株下部或土缝，傍晚活动到地面取食为害。

A5 苜蓿叶象甲

分布于新疆、内蒙古和甘肃等地区，主要以幼虫对第一茬紫花苜蓿危害，大量取食紫花苜蓿枝叶，严重时只残留叶片主要叶脉，受害紫花苜蓿一般减产10%~20%，严重时减产50%以上。成虫灰黄色，体长4.5~6.5 mm，前胸背板有两条较宽的褐色条纹，鞘翅内侧上有深褐色条带；初孵幼虫白色，取食后由浅绿色至绿色，头部亮黑色，背线和侧线均为白色，无足；卵位于茎秆内，椭圆形，大小为(0.5~0.6) mm×0.25 mm，黄色而有光泽，近孵化时变为褐色，卵顶发黑。

A6 地下害虫类

常发生在西北、华北地区种植年限较长的旱地苜蓿及新建植紫花苜蓿上，具代表性的种类有黑绒金龟子（*Trematodes tenebrioides* Mots）、黑皱鳃金龟（*Trematodes tenebrioides* Pallas）、华北大黑鳃金龟（*Holotrichia oblita* Faldermann）、皱纹琵甲（*Blaps rugosa* Gebler）、克氏侧琵甲（*Prosodes kreitneri* Frivaldsky）、细胸金针虫（*Agriotes fuscicollis* Miwa）等。由于紫花苜蓿草地环境稳定，主要以幼虫取食紫花苜蓿根部，导致紫花苜蓿生长不良、枯黄，甚至死亡，成虫也取食紫花苜蓿叶片和茎。金龟甲幼虫蛴螬通常体乳白色，头黄褐色，弯曲呈"C"状。黑绒金龟成虫体小，体长7~9.5 mm，卵圆形，有天鹅绒光泽，鞘翅上具密生短绒毛，边缘具长绒毛。黑皱鳃金龟成虫体中型，长15~16 mm，宽6~7.5 mm，黑色无光泽，刻点粗大而密，鞘翅无纵肋，头部黑色，前胸背板中央具中纵线，小盾片横三角形，顶端变钝，中央具明显的光滑纵隆线，鞘翅卵圆形，具大而密、排列不规则的圆刻点。

A7 芫菁类

主要种类为中华豆芫菁（*Epicauta chinensis* Laporte）、豆芫菁（*Epicauta gorhami* Marsuel）、绿芫菁（*Lytta caraganae* Pallsa）、苹斑芫菁（*Mylabris calida* Pallsa）、小黑芫菁（*Epicaua megalocephala* Gebler）等。广泛分布于全国紫花苜蓿种植区，属于偶发性害虫，但其具有群聚性、暴食性，暴发可造成严重减产，遗留在干草捆内的虫体含有毒素斑蝥素，能引起以紫花苜蓿为食的家畜中毒。中华豆芫菁成虫体长 14~25 mm，体黑色，前胸背板中央有一白色短毛组成的纵纹，鞘翅周缘有白毛形成的边。豆芫菁成虫体长 15~18 mm，体黑色，头部大部分为红色，前胸背板中央和每个鞘翅中央都有 1 条白色纵纹；绿芫菁成虫个体大，长 20~30 mm，通体金绿色，鞘翅具铜色或铜红色光泽；苹斑芫菁成虫体长 11~18mm，头、体躯和足黑色且被黑色毛，鞘翅橘黄具黑斑，中部各有 1 条黑色宽横斑，该斑外侧达翅缘，内侧不达鞘翅缝，距鞘翅基部 1/4 和 1/5 处各有 1 对黑斑，翅后端的黑斑汇合呈一横斑。

附录 B
（资料性附录）
紫花苜蓿田主要害虫发生规律

B1 蚜虫类

年发生 20 多代，通常以雌蚜或卵在紫花苜蓿根颈部越冬，春季紫花苜蓿返青时成蚜开始出现，随着气温升高，虫口数量增加很快，每头雌蚜可产生 50~100 个胎生若蚜，虫口数量同降雨量关系密切，5~6 月如果降雨少，蚜量则迅速上升，对第一茬和第二茬紫花苜蓿造成严重危害。

B2 蓟马类

年发生 10 多代，从紫花苜蓿返青开始整个生育期均可持续为害，成虫在 4 月中下旬紫花苜蓿返青期开始出现，5 月中旬虫口突增，通常在 6 月中旬初花期时达到危害高峰期，发生盛期从 5 月上旬持续到 9 月上旬的每一茬紫花苜蓿上，特别对第一茬和第二茬紫花苜蓿危害严重，有趋嫩习性，主要取食叶芽和花。

B3 盲蝽类

年发生 3~4 代，完成一个世代需 4~6 周，以卵在紫花苜蓿地残茬中越冬，5 月上中旬为卵孵化盛期，5 月下旬初花期前成虫开始大量出现，盛发期主要集中在 6 月中旬至 8 月下旬，在紫花苜蓿整个生育期盲蝽虫态重叠，对每一茬紫花苜蓿都可造成危害。盲蝽寄主较为广泛，紫花苜蓿是盲蝽最喜好的寄主植物，飞行能力较强，很容易从成熟的杂草、牧草或其他作物上迁移到紫花苜蓿地。

B4 蛾类

草地螟在我国北方年发生 2~3 代，因地区不同而不同，多以第 1 代为害严重，以老熟幼虫在滞育状态下土中结茧越冬，幼虫共 5 龄，有吐丝结网习性，1~3 龄幼虫多群栖网内取食，4~5 龄分散为害，遇触动则作螺旋状后退或呈波浪状跳动，吐丝落地；成虫白天潜伏在草丛及作物田内，受惊动时可做近距离飞移，具有远距离迁飞的习性，随着气流能迁飞到 200~300 km 外的地方，在迁飞过程中完成性成熟。苜蓿夜蛾年发生 2 代，以蛹在土中越冬，第 1 代成虫 6 月出现，第 2 代成虫 8 月出现。甜菜夜蛾在北方地区年发生 4~5 代，遇气温偏高年份，发生 6 代，以蛹在表土层越冬，5 月中下旬始见越冬代成虫，高温干旱有利于甜菜夜蛾暴发，第 3、第 4 代发生程度与 7~8 月气温高低呈正相关，与降水量呈负相关。

B5 苜蓿叶象甲

通常年发生 3 代，以成虫形式在紫花苜蓿地残株落叶下或裂缝中越冬，4 月紫花苜蓿开始萌发时，成虫开始出现进行取食为害，雌虫将紫花苜蓿茎秆咬成圆孔或缺刻，将卵产在茎秆内，用分泌物或排泄物将洞口封闭；初孵幼虫在茎秆内蛀蚀，形成黑色的隧道；至 2 龄时，幼虫自茎秆中钻出并潜入紫花苜蓿叶芽和花芽中为害，造成生长点坏死和花蕾脱落，幼虫危害盛期在 5 月下旬至 6 月上旬，主要以 3 龄、4 龄幼虫危害最为严重。

B6 地下害虫类

一年或两年发生 1 代，以幼虫在土中越冬，成虫寿命较长，飞行能力强，昼伏夜出，具有假死习性和强烈的趋光性、趋化性。金龟甲类害虫危害随着紫花苜蓿种植年限的延长成指数增加，种植 7 年后的紫花苜蓿地黑绒金龟和黑皱鳃金龟种群暴发性增长，而种植年限 5 年以下其种群增长非常缓慢。

B7 芫菁类

年发生 1~2 代，均以 5 龄幼虫在土中越冬，成虫通常在 6~8 月发生，有群集危害的习性，喜食花器，将花器吃光或残留部分花瓣，使种子产量降低，也取食叶片，将叶片吃光或形成缺刻。幼虫生活在土中，以蝗卵为食，通常可取食蝗卵 45~104 粒，是蝗虫重要的天敌。

（张蓉、朱猛蒙、贠旭疆、马建华、洪军、魏淑花、杜桂林、王芳）

六、紫花苜蓿营养品质田间预测技术规范

1 范围

本标准规定了在田间预测评价紫花苜蓿鲜草质量的有关定义、指标、方法和条件等。本标准适用于刈割前对紫花苜蓿鲜草质量的预测，以此来确定合适刈割的时间。

2 规范性引用文件

下列文件中的条款通过本标准的引用而成为本标准的条款。凡是注明日期的引用文件，其随后所有的修改单（不包括勘误的内容）或修订版均不适用于本标准。凡是不注日期的引用文件，其最新版本适用于本标准。

GB/T 18868 饲料中水分、粗蛋白、粗纤维、粗脂肪、赖氨酸、蛋氨酸快速测定 近红外光谱法

3 定义

下列术语和定义适用于本标准。

3.1 粗蛋白 crude protein，CP

饲料样品中的氮含量乘以系数 6.25，包括蛋白质和氨化物。

3.2 中性洗涤纤维 neutral detergent fiber，NDF

用中性洗涤剂去除饲料中的脂肪、淀粉、蛋白质和糖类等组分后，残留在植物细胞壁中的纤维素、木质素、半纤维素、硅酸盐及不溶解于中性洗涤溶液的少量蛋白质的总称。

3.3 酸性洗涤纤维 acid detergent fiber，ADF

用酸性洗涤剂去除饲料中的脂肪、淀粉、蛋白质和糖类等组分后，残留在植物细胞壁中的纤维素、木质素和硅酸盐的总称。

3.4 近红外光谱分析法 near infrared reflectance spectroscopy，NIRS

近红外光对含氢基团 X—H（X=C、N、O）振动的倍频和合频吸收，其中包含了大多数类型有机化合物的组成和分子结构的信息，由于试样对不同频率近红外光的选择性吸收，通过试样后透射出来的红外光谱遍携带有机物组分和结构的信息，通过检测器分析透射或反射光线的光密度，确定紫花苜蓿中水分、粗蛋白、NDF、ADF 等成分的含量。利用定量分析软件建立近红外模型后可预测未知紫花苜蓿样中营养成分的含量。

3.5 紫花苜蓿品质收获标尺 alfalfa quality stick

基于紫花苜蓿株高和生育期与紫花苜蓿品质成分化学分析值之间的数学回归方程的品质预测工具。

3.6 茎叶比 stem to leaf ratio

紫花苜蓿茎秆和叶片的干重的比值。茎包括茎干、托叶,叶包括叶片、叶柄、花蕾、花穗。

3.7 生育时期 stage

紫花苜蓿的生育阶段,分为营养期、现蕾期、开花期(初花期、盛花期)、结荚期和成熟期,每一生育阶段称为生育时期,本标准中建立紫花苜蓿品质预测方程时的生育时期按照表 1 赋值。

表 1 紫花苜蓿田间样方内最成熟植株的生育时期赋值规则

生育时期赋值	生育时期描述
0	株高<15 cm,没有可见的花蕾、花或种荚
1	株高 16~30 cm,没有可见的花蕾、花或种荚
2	株高≥31 cm,没有可见的花蕾、花或种荚
3	1~2 个节上有可见的花蕾;没有可见的花或种荚
4	≥3 节上有可见的花蕾;没有可见的花或种荚
5	1 个节上有一朵已开的花;没有可见的种荚
6	≥2 节上有已开的花;没有可见的种荚
7	1~3 个节有绿色的种荚
8	≥4 节上有绿色的种荚
9	大多数种荚成熟,颜色变为棕色

3.8 感官指标 sensory index

紫花苜蓿草的叶量、成熟度、异物比例、压扁程度、气味、颜色和质地等指标。

3.9 相对饲用价值 relative feeding value,RFV

根据 NDF 和 ADF 估计出紫花苜蓿质量的一个品质指标,用来评价紫花苜蓿对家畜或动物的饲喂价值。RFV=[(120/NDF)×88.9−0.779×ADF]/1.29

4 紫花苜蓿品质收获标尺

(1)预测方程为

$$NDF=168.9+2.7(MAXHT)+8.1(MAXSTAGE)$$
$$ADF=115.7+2.1(MAXHT)+7.9(MAXSTAGE)$$

式中,MAXHT 为样方内最大株高;MAXSTAGE 为样方内最成熟植株的生育时期。此方程适用于第一茬和第二茬紫花苜蓿收获时间的预测。

(2)精确测量样方内的最高植株和最成熟植株的生育时期。

(3)生育时期以数值连续表示,即生育时期赋值。见表 1。

(4)收获标尺使用具体方法。选择具有代表性的样地 0.6 m^2,测量样方内最高植株的高度,根据最成熟植株的生育时期在尺子(图 1)上读出相应的 NDF 或 RFV 的值,见附录 A 表 A1,附录中将生育期做归类,营养晚期(没有花蕾 Stage=2,包括生育时期 2)、现蕾期（有花蕾的超过一节，包括生育时期 3、4）、开花期（有花的超过一节，包括生育时期 5、6）。重复测定 4~5 次。超过 30 hm² 的地块要相应地增加重复数目。

（5）紫花苜蓿在刈割晾晒打捆的过程中受化学和物理作用的影响，NDF 会增加 3%~6%，RFV 会降低 10~20。生产者可参考附录 A 表 A2，根据期望收获的紫花苜蓿等级安排刈割并计算损失提前收获。

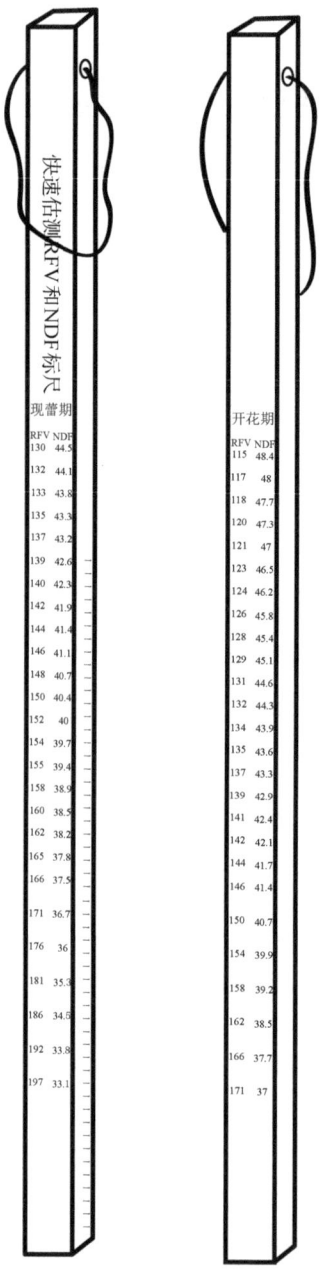

图 1　紫花苜蓿收获标尺

附录 A
（资料性附录）
紫花苜蓿品质的预测

表A1 用紫花苜蓿品质收获标尺预测紫花苜蓿 NDF 的含量

最高茎秆的高度/cm	最成熟植株的生育期/%		
	营养晚期（没有花蕾 Stage=2）	现蕾期（有花蕾的超过一节 Stage=3.5）	开花期（有花的超过一节 Stage=5.5）
40	28.3	29.5	31.1
44	29.4	30.6	32.2
48	30.5	31.7	33.3
52	31.5	32.7	34.4
56	32.6	33.8	35.4
60	33.7	34.9	36.5
64	34.8	36.0	37.6
68	35.8	37.1	38.7
72	36.9	38.1	39.8
76	38.0	39.2	40.8
80	39.1	40.3	41.9
84	40.2	41.4	43.0
88	41.2	42.5	44.1
92	42.3	43.5	45.2
96	43.4	44.6	46.2
100	44.5	45.7	47.3

表 A2 紫花苜蓿干草等级

刈割期	CP/%	ADF/%	NDF/%	RFV/%	品质标准
现蕾期	>19	<31	<40	>151	特级
初花期	17~19	31~35	40~46	151~125	一级
开花期	14~16	36~40	47~53	124~103	二级
盛花期	11~13	41~42	54~60	102~87	三级
结荚期	8~10	43~45	61~65	86~75	四级
成熟期	<8	>45	>65	<75	五级

（张英俊、许瑞轩、郭艳萍、屠德鹏、闫敏）

七、紫花苜蓿干草机械收获技术规范

1 范围

本标准规定了紫花苜蓿（Medicago sativa L.）干草机械收获的作业条件、作业质量、作业机械功能、收获工艺、安全作业规程。

本标准适用于紫花苜蓿干草的机械化收获。

2 规范性引用文件

下列文件对于本文件的应用是必不可少的。凡是注日期的引用文件，仅注日期的版本适用于本文件。凡是不注日期的引用文件，其最新版本（包括所有的修改单）适用于本文件。

GB 10395.1 农林机械安全总则
GB 10395.20 捡拾打捆机安全
GB 10395.21 动力摊晒机和搂草机安全
GB 10396 农林拖拉机和机械、草坪和园艺动力机械安全标志和危险图形
GB/T 10938 旋转割草机
GB/T 10939 旋转割草机 型式与基本参数
GB/T 10940 往复式割草机 型式与基本参数
GB/T 21899 割草压扁机
GB/T 25396 旋转式和甩刀式割草机抛掷物试验和验收规范
GB/T 25397 旋转式和甩刀式割草机防护罩试验方法和验收规范
GB/T 25423 方草捆打捆机
JB/T 5156 方草捆压捆机 技术条件
JB/T 5165 方草捆压捆机 术语
JB/T 7324 搂草机 术语
JB/T 7766 指轮式搂草机
JB 8520 旋转式割草机安全要求
JB/T 8836 往复式割草机安全技术要求
JB/T 9700 牧草收获机械试验方法通则
JB/T 10905 旋转搂草机
NY/T 1170 苜蓿干草捆质量
NY/T 1631 方草捆打捆机 作业质量

3 术语和定义

下列术语和定义以及 JB/T 5165—1991 和 JB/T 7324—2007 所确定的适用于本文件。

3.1 干草收获 alfalfa hay harvesting

通过一定的机械化技术工艺，将紫花苜蓿从田间割倒，并制成干草制品，完成其运输

和贮藏的过程。

3.2 损失率 total loss rate of alfalfa hay after harvesting
在规定含水率下，紫花苜蓿干草收获后的割草损失率、搂草损失率和打捆损失率。

3.3 成捆率 rate of finished bale
打捆总数中成捆占打捆总数的百分比。

3.4 土壤坚实度 soil hardness
土壤坚实度是指土粒排列的紧实程度，又称土壤硬度、土壤穿透阻力，即土壤抗楔入的阻力。

4 作业条件

4.1 作业地块土壤
（1）地表坡度不大于8.5°，地块内阻碍机具作业的障碍物必须提前设置明显标志。
（2）土壤坚实度能满足机械正常行驶和作业。

4.2 紫花苜蓿植株状况
紫花苜蓿的适宜收获时间为初花期之前，即以平均百株开花率10%以下为宜。

5 作业质量

5.1 检测方法
按JB/T 9700、GB/T 21899、NY/T 991、GB/T 5667和GB/T 5262的规定进行测定。

5.2 作业质量指标
在4和5.1规定的条件下，紫花苜蓿机械收获作业质量指标应符合表1、表2、表3、表4和表5的要求；草捆质量应符合NY/T 1170的规定。

表1 往复式割草机作业质量要求

序号	型式	作业速度/(km/h)
1	悬挂式	3~10
2	半悬挂式	6~7
3	牵引式	5.5~10

表2 旋转割草机作业质量要求

序号	项目	指标
1	割茬高度/mm	≤70
2	重割率/%	≤1.5
3	损失率/%	≤0.75
4	作业速度/(km/h)	滚筒式旋转割草机≤12 盘式旋转割草机≤16

表 3 割草压扁机作业质量要求

序号	项目		指标
1	割茬高度/mm		≤70
2	损失率/%		≤4.75
3	压扁率/%		≥90
4	最高作业速度/(km/h)	往复式割草压扁机	13
		旋转式割草压扁机	15

表 4 搂草机作业质量要求

序号	型式	项目	指标
1	指轮式搂草机	损失率/%	≤2
2		作业速度/(km/h)	8~12
3	机引横向搂草机	损失率/%	<5
4		作业速度/(km/h)	6~9
5	旋转搂草机	损失率/%	<5
6		作业速度/(km/h)	6~12

表 5 方草捆打捆机作业质量要求

序号	项目	指标
1	成捆率/%	≥95
2	草捆密度/(kg/m³)	≥150
3	规则草捆率/%	≥95
4	损失率/%	≤3

注：适宜打捆作业的紫花苜蓿含水率为17%~23%，草捆密度等性能指标，按含水率为20%计算。

6 作业机械功能

6.1 收获机械具有调制功能

采用具有凹凸纹的橡胶辊进行压扁作业，上、下压扁辊之间的间隙应当可调，且分布一致。压扁辊之间的间隙随作业速度和喂入量的变化而调整。

6.2 割台具有前倾角调节功能

紫花苜蓿收割装置的前倾角的调节范围应不小于10°。

6.3 收获机械具有地表仿形机构

收获机械应具有良好的地表仿形功能，可根据地势起伏自动调节作业高度。

6.4 作业前机械准备

（1）根据作业地情况，在使用前必须按照使用说明书调整、保养机器。
（2）根据紫花苜蓿生长密度及高度等情况，调整作业机械至合适的技术状态。

6.5 收获作业

根据地形和地面状况,确定作业速度和作业方式。

7 收获工艺

苜蓿机械收获采用工艺流程见图 1。

图 1　紫花苜蓿干草收获工艺路线

8 安全作业规程

（1）牧草收获机械安全应符合 GB 10395.1 的规定。
（2）安全标志和危险图形应符合 GB 10396 的规定。
（3）往复式割草机安全应符合 JB/T 8836 的规定。
（4）旋转式和甩刀式割草机安全应符合 GB/T 25397、GB/T 25396、JB 8520 的规定。
（5）动力摊晒机和搂草机安全应符合 GB 10395.21 的规定。
（6）捡拾打捆机安全应符合 GB 10395.20 的规定。

（王德成、王光辉、吴焕民、胡建良、高东明、付作立、
袁洪方、黄文城、宫泽奇、邬备、白阳）

八、紫花苜蓿小型刈割压扁机使用技术规范

1 范围

本标准规定了紫花苜蓿小型刈割压扁机的作业环境要求、安装调整要求、操作方法、维护和保养及安全使用规程。

本标准适用于紫花苜蓿小型刈割压扁机的使用。

2 规范性引用文件

下列文件对于本文件的应用是必不可少的。凡是注日期的引用文件，仅注日期的版本适用于本文件。凡是不注日期的引用文件，其最新版本（包括所有的修改单）适用于本文件。

GB 10395.1 农林机械安全总则

JB 8520 旋转式割草机安全要求

JB/T 8836 往复式割草机安全技术要求

3 术语和定义

下列术语和定义适用于本文件。

3.1 苜蓿刈割压扁机 alfalfa mower-conditioner

一次性完成苜蓿收割、压扁和铺条作业的牧草收获机械。

3.2 切割器 cutter bar

装有刀片并完成切割牧草的部件。

3.3 仿形机构 feeler mechanism

一种能适应地面起伏，使工作部件始终保持同一工作深度或高度的装置。

3.4 压扁机构 flattening mechanism

一种能对收割后苜蓿茎秆进行压裂作业的装置。

3.5 工作离合 clutch for working device

装在动力源和工作装置之间，用以控制工作装置运转和停止的装置。

4 作业环境要求

4.1 作业地块平整

地面平整、干燥，不允许有裸露在地表的大石块、钢筋、铁丝以及木棍等硬质物。

4.2 作业地块有警示标记

灌溉深井、树桩等作业地的基础设施应有显著的警示标记。

5 安装调整要求

5.1 割刀安装

对于圆盘切割器的甩刀，安装后应保证割刀能自由转动且与固定部件无干涉。对于带有扭转角的割刀，左右刀盘的割刀不能装反。

5.2 仿形机构调整

根据作业地块平整情况和割茬高度要求，调节仿形机构弹簧预紧力，以刀尖与地面距离合适为准。

5.3 压扁机构调整

根据苜蓿长势疏密，调整压扁机构弹簧预紧力，以保证压扁效果同时不堵草为准。

5.4 传动部件调整

紧固各传动部件，调整张紧轮、张紧皮带和链条。

6 操作方法

6.1 作业前准备

6.1.1 认真阅读机器说明书，作业前对机器紧固件、连接件、旋转部件和安全防护装置进行检查和调整。

6.1.2 作业前对作业地块进行大略检查，以满足5.1和5.2所述工作环境要求。

6.1.3 根据作业地块情况，确定机器作业路线。

6.2 机器启动

6.2.1 启动发动机前先确定工作离合处于断开状态。

6.2.2 必须先操作割台升降装置或液压悬挂装置使切割器下降到工作位置，再启动切割器。

6.3 机器作业

6.3.1 根据机器说明书要求和作业环境调整工作速度，第一茬苜蓿收获前进速度应适当小于后几茬苜蓿收获前进速度。

6.3.2 作业时割刀碰到石块等异物或发出异响，应停机检查割刀有无损坏，必要时应更换割刀继续作业。

6.3.3 作业时出现堵草，应停止工作并清理堵草，调节压扁机构弹簧预紧力后继续工作。

6.3.4 田间调头的正确操作顺序应为：切断工作离合并等到切割器停止运转，提升切割器，调头，降下切割器，启动切割器。

6.4 机器停止

作业完毕，停车。切断工作离合并等到切割器停止运转，提升切割器。

7 维护和保养

7.1 机器维护

7.1.1 每班作业结束后，及时清除机器各处的灰尘、杂草。检查刀盘轴上是否有缠草，并及时清理。

7.1.2 每个作业季节后，拆除割刀单独保存，做防锈处理。清理压扁机构上异物，将机器置于室内通风干燥处，不宜露天存放。

7.1.3 当机器停置时，液压油缸应处于收缩位置，不能处于收缩位置的液压油缸，伸出部分应包裹防尘。

7.1.4 应按照机器说明书进行其他必要维护。

7.2 机器保养

7.2.1 每个作业季节后，需更换液压过滤系统过滤网。

7.2.2 每作业 15 h 须向机器轴承处加注黄油或其他润滑脂。

7.2.3 应按照机器说明书进行其他必要保养。

8 安全使用规程

GB 10395.1、JB 8520、JB/T 8836 所规定的安全使用规程适用于本标准。

（王德成、王光辉、吴焕民、胡建良、高东明、付作立、
袁洪方、黄文城、宫泽奇、邬备、白阳）

九、紫花苜蓿干草调制技术规范

1 范围

本标准规定了紫花苜蓿干草收获调制过程中割草、翻晒、搂草、打捆、干燥和贮藏等环节上的技术要点。

本标准适用于机械化收获干燥的紫花苜蓿干草。

2 规范性引用文件

下列文件中的条款通过本标准的引用而成为本标准的条款。凡是注日期的引用文件，其随后所有的修改单（不包括勘误的内容）或修订版均不适用于本标准。凡是不注日期的引用文件，其最新版本适用于本标准。

GB 10395.20　农林机械　安全　第 20 部分：捡拾打捆机

GB 10395.21　农林机械　安全　第 21 部分：动力摊晒机和搂草机

GB/T 6432　饲料中粗蛋白测定方法

GB/T 6435　饲料中水分和其他挥发性物质含量的测定

GB/T 6438　饲料中粗灰分的测定

GB/T 8381　饲料中黄曲霉毒素 B_1 的测定　半定量薄层色谱法

GB/T 17480　饲料中黄曲霉毒素 B_1 的测定　酶联免疫吸附法

GB/T 20806　饲料中中性洗涤纤维（NDF）的测定

NY/T 1459　饲料中酸性洗涤纤维（ADF）的测定

NY/T 2129　饲草产品抽样技术规程

JB 8520　旋转式割草机　安全要求

JB/T 8836　往复式割草机　安全技术要求

DB 15/T 340　紫花苜蓿机械化收获技术规范

3 术语和定义

下列术语和定义适用于本标准。

3.1 紫花苜蓿干草 alfalfa hay

田间种植的紫花苜蓿经过刈割、干燥，达到安全贮存含水量的草产品。

3.2 紫花苜蓿干草捆 bale of alfalfa hay

紫花苜蓿经过刈割、干燥和打捆，形成的捆形产品。

3.3 刈割期 harvesting time

紫花苜蓿刈割时所处的生长发育时期。

3.4 现蕾期 squaring stage

紫花苜蓿草地中50%植株出现花蕾的阶段。

3.5 初花期 initial-bloom stage

紫花苜蓿草地中10%植株开花的阶段。

3.6 盛花期 full-bloom stage

紫花苜蓿草地中50%植株开花的阶段。

3.7 刈割次数 harvesting frequency

紫花苜蓿在一个生长季内刈割的次数。

3.8 留茬高度 stubble height

紫花苜蓿刈割时留在地表至刈割位置的茎（残茬）的高度。

3.9 再生 regeneration

牧草刈割后，残茬上未受伤的生长点继续生长，或休眠芽和不定芽萌动生长，重建植株形态的过程。

4 割草作业

（1）适宜的刈割期、刈割次数和留茬高度：紫花苜蓿的收获要依据其产量、品质和有利于再生的原则，并根据紫花苜蓿产区的气候状况灵活掌握，每茬次紫花苜蓿收获时间不宜超过7天。各地区紫花苜蓿适宜的刈割期、刈割次数和留茬高度见表1。

表1 不同紫花苜蓿主产区紫花苜蓿适宜的刈割期、刈割次数和留茬高度

紫花苜蓿主产区	刈割期（生育期）	刈割次数	留茬高度	备注
东北地区	现蕾期-初花期	3次	前2茬为5~7cm，第3茬为7~9cm	①紫花苜蓿刈割过早，虽干草品质好但产量低；刈割过晚，则干草产量增加，但品质下降。②刈割期一般最晚不宜超过盛花期。③末次刈割应在初霜前3周左右完成刈割
华北地区	现蕾期-初花期	4次	前3茬为4~5cm，第4茬为7~8cm	
西北地区	现蕾期-初花期	4次	前3茬为5~7cm，第4茬为7~9cm	
黄淮海地区	现蕾期-初花期	5次	前4茬为5~7cm，第5茬为7~9cm	

（2）向当地天气预报单位定制当地"精细天气预报及未来中长期天气形成分析"，一般连续3~5d晴天才可进行刈割，以免紫花苜蓿遭受雨淋；若期间发生阵雨，原则上降雨程度不应造成地表湿黏影响机械作业和紫花苜蓿干燥。

（3）一般在每天的10:00~20:00刈割，以减少露水对紫花苜蓿干燥过程的影响。

（4）采用压扁割草机为主，加快紫花苜蓿干燥速度，缩短干燥时间。

（5）按使用说明书要求合理配备拖拉机动力，割草机与拖拉机连接可靠，相对位置符

合要求。

（6）割草作业一般多采用梭形行走法，条田较宽时也可采用环形套割法。

（7）作业之前应检查地块，排除较大石块和其他硬质物体，避免割刀损伤。

（8）根据地块起伏情况、紫花苜蓿生长情况、拖拉机负荷及割草机性能，灵活掌握作业速度，行走速度一般为 10~15 km/h。

（9）压扁程度要适宜，以紫花苜蓿茎秆压扁、裂而不折且叶片保存完整为原则，一般调节压扁辊间隙为 1.5~2 cm 为宜。

（10）割茬要整齐，不重不漏，伤口要少，以缩短紫花苜蓿伤口愈合时间。

（11）作业时随时观察作业质量，注意机具作业状况，如有不妥应及时停车检查调整；如遇故障，必须停车，切断动力后方可进行排除。

5 散草作业

（1）紫花苜蓿刈割后，草条过厚时需及时进行散草作业，一般在刈割后 4h 内进行。

（2）按照使用说明书要求合理配备拖拉机动力，散草机与拖拉机连接可靠。

（3）散草时将紫花苜蓿充分散开，散草要均匀，厚度一致，使紫花苜蓿干燥速度尽量保持同步。

（4）采用梭形法或环形法进行散草作业，作业过程中随时观察机具工作状态和作业质量，如有不妥及时停车检查；若在作业过程中发生故障，应立即停车，切断动力后方可进行检查维修。

（5）根据地块起伏程度、草条厚度和散草机性能灵活掌握作业速度，一般为 6~8 km/h。

6 翻晒作业

（1）当紫花苜蓿含水量为 40%~50%时，还需进行 1~2 次翻晒作业，一般在散草作业 1d 后进行，具体翻晒次数要根据天气状况、土壤湿度和紫花苜蓿干燥情况而定。

（2）翻晒作业时间需根据紫花苜蓿干燥情况和天气状况而定，紫花苜蓿含水量相对较高时一般在上午或傍晚进行翻晒作业，紫花苜蓿含水量相对较低时一般在空气湿度较大的早晨或夜间进行，以减少叶片损失。

（3）翻晒作业时，需根据地块起伏程度、紫花苜蓿干燥情况和翻晒机效率灵活掌握作业速度，一般为 4~8 km/h。

7 搂草作业

（1）当紫花苜蓿晾晒至含水量为 30%~40%时，将散开的紫花苜蓿搂成松散的草垄继续干燥，一般在刈割后 2~3 天进行搂草作业。

（2）紫花苜蓿干燥速度较快、草垄上下部分干燥基本均匀、且无湿团或土块时，需将两行草垄并为一行，可进一步加快打捆时的捡拾速度，同时可减少叶片掉落。

（3）利用夜间返潮或清晨有露水的时候进行搂草作业，若露水特别严重时可选择露水稍微退去的上午进行，以减少紫花苜蓿叶片损失。

（4）采用梭形法或环形法进行搂草作业，作业过程中随时观察机具工作状态和作业质量，如有不妥及时停车检查；若在作业过程中发生故障，应立即停车，切断动力后方可进行检查维修。

（5）搂草作业时，以不掉叶片为原则，需根据地块起伏程度、紫花苜蓿干燥情况和搂草机效率灵活掌握作业速度，一般为 4~8 km/h，以减少作业过程中的叶片脱落和破碎。

8 捡拾打捆作业

（1）当紫花苜蓿含水量晾晒至 18%~20%时进行打捆作业，需打成大捆时紫花苜蓿安全含水量则为 14%~16%，通常在刈割后 3~5 天进行，具体打捆时间需根据天气状况和紫花苜蓿干湿程度而定；随时关注天气预报，若紫花苜蓿在含水量降至 25%左右时出现降雨，可选择提前打成低密度草捆，然后运至贮草棚继续干燥，草垛需建通风道。

（2）选择在夜间或清晨空气湿度较大时进行打捆作业，以减少紫花苜蓿叶片的掉落和破碎，如夜间潮气太大，可选择在上午作业，灵活应对不同天气，使作业效果最佳，损失最小。

（3）在干草打成草捆前，要求紫花苜蓿必须干燥均匀而无湿块、无乱团，以防止湿块和乱团发霉，产生热量而自燃，在打捆过程中不能将田间的土块、杂草和腐草打进草捆里。

（4）认真检修和调试打捆机具，打捆缠线要准确，以防穿线针对孔不正和散捆故障的发生；打捆时草捆松紧度要适宜，两边切割整齐，成捆体积一致，打捆绳使用 ϕ2.9mm 的专用打捆绳，每捆两道。

（5）一般采用梭形法或环形法进行打捆作业，作业过程中随时观察机具工作状态和作业质量，如有不妥及时停车检查；若发生故障，应立即停车，切断动力后方可进行检查维修。

（6）选择合适的打捆机械，打捆时打捆机的前进方向应与刈割和摊晒的方向一致，打捆速度要依草条厚度、紫花苜蓿干燥情况灵活掌握，一般作业速度为 4~8 km/h。

（7）拖拉机发动时一定要在确认安全后进行，禁止突然前进后退、回转和超速驾驶，在起伏不定、倾斜场地作业应将速度降到最低，严禁高速倒车和急转弯；在倾斜地作业时，一定要与斜面等高线作业，在斜转弯时一定要降低速度，否则有翻车危险。

（8）夜间作业时，作业机组的照明设备必须符合要求。

（9）机械使用一段时间或在使用后有一段时间存放期时，应对机械进行一次维护、保养，以确保机械始终保持最佳状态。

（10）实时关注天气预报，若在打捆期间有降雨发生，则应提前增加打捆机数量，并延长每天打捆时间，力争使紫花苜蓿在降雨前打捆并贮藏。

9 堆垛贮藏

（1）打捆完成后迅速运至贮草棚中堆垛贮藏，若在大田内不能及时运走，需要遮盖防雨布，以防雨淋和阳光的漂白。

（2）采用错位堆码，要求码垛整齐，每隔 5 m 留东西向通风道一条，通风道宽需根据紫花苜蓿干燥程度而定，便于保管人员定期检测。

（3）干草捆需要码在 15~30 cm 高的空心木架上，不能与地面直接接触，以防草捆返潮发霉，底层草捆避免水浸。

（4）保管人员要每周进行 3 次检查，监测内藏温度计温度变化、草垛内气味变化，发现问题及时采取补救措施。

附录 A
（资料性附录）

A1　作业机具的选择和配置

A1.1　割草机

A1.1.1　割草机有往复式和旋转式两种，前者采用剪切方式进行切割，所需拖拉机配套动力相对较小，作业速度较慢，投资相对较低，运行成本相对较高，适合于面积相对较小、开阔平整的地块选用；后者利用高速旋转圆盘上的刀片冲断紫花苜蓿草，作业速度较快，割草效率高，需要拖拉机的功率较大，投资相对较高，适合于面积大、地形有起伏的地块选用。

A1.1.2　割草机要根据每茬紫花苜蓿收获时间、割草日进度、田间晾晒时间、打捆和拉运时间等统筹配置。一般每千亩紫花苜蓿地配置 1 台割草效率约 25 亩/h 的割草机，每万亩紫花苜蓿配置 2 台割草效率约 80 亩/h 的割草机，每天工作 10~12 h，即可保证紫花苜蓿在适宜刈割期收获完。

A1.2　散草机

A1.2.1　根据作业地块的大小及实际情况，选择不同型号的散草机。

A1.2.2　根据割草进度和散草机工作效率，一般每千亩紫花苜蓿地配置 1 台散草效率约 40 亩/h 的散草机，每天工作 7~8 h，即可保证将割倒的紫花苜蓿散完。

A1.3　翻晒机

A1.3.1　翻晒作业可根据实际情况选用不同型号的翻晒机，也可使用指轮式搂草机进行单面作业。

A1.3.2　根据紫花苜蓿干燥情况和翻晒机工作效率，一般每千亩紫花苜蓿地配置 3 台翻晒效率约 40 亩/h 的搂草机，每天工作 8~9 h，即可按时完成翻晒作业。

A1.4　搂草机

A1.4.1　搂草机以指轮式搂草机和机引横向搂草机为主，可根据作业地块的大小、工作幅宽的要求及实际情况，选用不同种类、不同型号的作业机具。

A1.4.2　根据紫花苜蓿干燥情况和搂草机工作效率，一般每千亩紫花苜蓿地配置 3 台搂草效率约 40 亩/h 的搂草机，每天工作 8~9 h，即可按时将摊晒的紫花苜蓿搂成草垄。

A1.5　打捆机

A1.5.1　打捆机分圆捆打捆机和方捆打捆机两种，既有牵引式也有固定式，紫花苜蓿干草打捆一般选用牵引式方捆打捆机，可根据作业地块的大小及实际情况，选用大、中、小不同型号的作业机具。

A1.5.2　根据紫花苜蓿干燥情况、天气情况和打捆机工作速度进行机械配置，一般每千亩紫花苜蓿地配置6台打捆效率约20亩/h的打捆机，每天工作8~9 h，即可保证在1天内完成打捆作业；同时，实时关注天气预报，若有降雨，则应增加打捆机数量，并延长每天打捆时间，力争使紫花苜蓿在降雨前打捆并贮藏。

A2　紫花苜蓿干草含水量的感官判断

A2.1　含水量在50%左右时，紫花苜蓿叶片蜷缩，由鲜绿色变成深绿色，叶柄易折断，茎秆下半部叶片开始脱落，茎秆颜色基本未变，压迫茎时，能挤出水分，茎的表皮可用指甲刮下。

A2.2　含水量25%左右的青干草，手摇草束叶片发出"沙沙"声，易脱落。

A2.3　含水量18%左右的青干草，叶片、嫩枝及花序稍触动易折断，弯曲茎易断裂，不易用指甲刮下表皮。

A2.4　含水量在15%左右时，紫花苜蓿叶片大部分脱落且易破碎，弯曲茎秆易折断，并发出清脆的断裂声。

A2.5　现场常用拧扭法和刮擦法来判断干草能否安全贮藏，即手持一束干草进行拧扭，如草茎轻微发脆，扭弯部位不见水分，则已达到安全水分；或用手指尖在草茎外刮擦，如能将表皮剥下，表示晒制尚不充分，若剥不下表皮说明可以打捆贮藏。

（贾玉山、格根图、李存福、屠德鹏、尹强、孙林、王志军、侯没玲、张颖超、周天荣、王伟、刘鹰昊、都帅、孙磊、苏红田、冯葆昌、马金星、李玉荣、任斌、石守定、刘芳、高秋、何珊珊、张义、王梅娟、刘忠宽、张蓉、张月学、孙娟、乌艳红、刘贵波）

十、紫花苜蓿干草捆取样技术规范

1 范围

本标准规定了干草取样设备的使用要求，取样注意事项及取样的操作程序。

本标准适用于所有禾本科、豆科植物干草草样的提取。

2 规范性引用文件

下列文件中的条款通过本标准的引用而成为本标准的条款。凡是注日期的引用文件，其随后所有的修改单（不包括勘误的内容）或修订版均不适用于本标准，然而，鼓励根据本标准达成协议的各方研究是否可使用这些文件的最新版本。凡是不注日期的引用文件，其最新版本适用于本规程。

GB/T 6432　饲料中粗蛋白测定方法

GB/T 6435　饲料中水分测定方法

GB/T 14699.1　饲料　采样

GB/T 20806　饲料中中性洗涤纤维（NDF）的测定

NY/T 1459　饲料中酸性洗涤纤维（ADF）的测定

NY/T 1170　苜蓿干草捆质量

3 术语与定义

下列术语和定义适用于本标准。

3.1 批（批次）lot

假定特性一致的某个确定量的干草的总称。

3.2 草捆 hay bale

牧草经刈割、干制和打捆后形成的捆形产品。按草捆的形状一般可分为三角形草捆、方形草捆和圆形草捆等。

3.3 杂草 weeds

掺杂在干草草捆中的少量其他类植物。

3.4 干草 hay

天然或人工种植的牧草或饲料作物进行适时收割，经过自然或人工干燥，使之失水达到稳定保存状态所得的产品。

3.5 均一性 uniformity

同一批次干草的不同部位取样其品质均匀一致的程度。

3.6 水分 moisture

试样在100~105℃烘至恒重所失去的质量占试样原来质量的百分比。

3.7 粗蛋白 crude protein(CP)

试样中含氮量乘以6.25，包括纯蛋白质和氨化物。

3.8 中性洗涤纤维 neutral detergent fiber(NDF)

用中性洗涤剂去除饲料中的脂肪、淀粉、蛋白质和糖类等成分后，残留的不溶解物质的总称。

3.9 酸性洗涤纤维 acid detergent fiber(ADF)

用酸性洗涤剂去除饲料中的脂肪、淀粉、蛋白质和糖类等成分后，残留的不溶解物质的总称。

3.10 代表性取样 representatively sampling

从一批产品中获取小部分样本，该部分样本的任何特性均可代表整批次产品的平均值。

3.11 一批干草 a lot of hay

生长和处理过程相似的一些干草被称为一批干草。一批干草通常被认为是同一次切割、同一块牧场、同一个种类、同一个品种、同一成熟期、同一养护条件及在相似条件下存贮的干草。

3.12 芯 core

从干草草捆取出的具有代表性样本的中心位点。

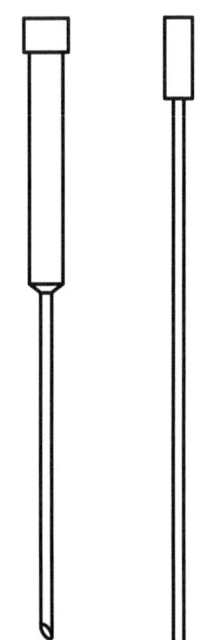

图1 取样器示意图

4 取样人员的要求

4.1 取样应当由具备牧草抽样检测常识，并有采样经验的人员执行，以避免差错。

4.2 取样人员应能够意识到采样过程中可能涉及的危险，若遇到应急性情况能迅速提出解决措施。

5 取样设备要求

5.1 标准取样器（图1）探测管内直径为1~1.6 cm，长度约60 cm，并能探测到30~60 cm的深度。

5.2 取样器的尖端应当锋利，比较容易地插入草捆，尖端与取样体成90°直角。

6 取样注意事项

（1）取样时应严格按照取样计划，注意提取样品的代表性和随机性原则，多点取样。

(2) 取样时应保证探测到 30~60 cm 深度，以代表不同草捆之间的差异，充分代表草捆的茎叶比。

(3) 用取样器钻取样品的方向应与牧草加压方向相同，避免顺茬取样。取样不能达到干草的所有部位时，应随机地在可达到的部位取样。

(4) 从草捆中抽出取样器时，不能遗漏样本（如叶或茎）。

(5) 圆形草捆一般由中心开始，向周围移动随机采样；三角形、方形草捆等建议从后端开始沿着中心线采样，在这一中心位置采集的样本比在草捆的角采集的样本更具有代表性。

(6) 同一批干草应在 48 h 内完成采样。

(7) 任何引起质量差异的因素（如雨淋和杂草）都应将干草分入不同的批次。

7 取样操作程序

7.1 确定干草批次

务必不要混合不同批次的干草，必须各自分开取样和测定，通过数学加权估测干草堆整体的品质。

7.2 取样

7.2.1 选择取样时机

一般趋近于干草饲喂或销售之前采样。

7.2.2 随机取样

取样人员应尽可能在一批草堆的各个方向取样，并且随机地在不同的草捆中取样，不可回避或者有意挑选外观品质较好或特别低劣的草捆，否则会导致取样的片面性。

7.2.3 取足够芯干草

建议至少采 20 芯以代表一批干草。对于大批次的干草（100~200 t）或者具有高差异性的干草（来自于杂草丛生的草场），应采集 20 芯以上（提高至 35 芯）。对于小批次的干草，每捆 1 芯，选取 20 捆以上。干草的差异性越高，采集的芯数应越多，越能反映其差异性。

7.2.4 使用适当的取样技术

于草捆两端扎口线之间取样，避开草捆边缘 15 cm 以上；不能在同一位点取样两次；不应在草捆刈割面和顶部表面采样。

7.2.5 取样量要适当

样品太少，不能代表一个批次干草中含量的各种变化。样品太多，则不易全部被磨碎。

7.3 正确处理样本

7.3.1 密封保存样本

取样结束后将混合在一起的 20 个取芯样品密封后，放在密闭性能良好的聚乙烯塑料袋中，可在低温、避光、隔热条件下保存。为降低 DM 测定结果的误差，可在样品袋外层再套一层塑料袋。

7.3.2 未磨碎样品之前不能分样

可通过样品多次重复评估不同实验室之间的平均潜在偏差。

7.4 样本检测

7.4.1 选择经国家草料检测协会认证的实验室

选择精确度高、仪器设备齐全的实验室，保证准确的实验结果，提高检测结果的可信度。实验室测定的质量参数应该与 100% 的干物质下为基础进行比较。

7.4.2 检测方法

水分含量测定按 GB/T 6435 执行。
粗蛋白含量测定按 GB/T 6432 执行。
中性洗涤纤维（NDF）含量测定按 GB/T 20806 执行。
酸性洗涤纤维（ADF）含量测定按 NY/T 1459 执行。

（张英俊、薛祝林、许瑞轩、刘楠、杨高文）

十一、紫花苜蓿越冬性等级评定

1 范围

本标准规定了紫花苜蓿（*Medicago sativa* L.）越冬性的等级及评定方法。
本标准适用于各种紫花苜蓿品种越冬能力的评定。

2 术语和定义

下列术语和定义适用于本文件。
越冬性（winter survival）：紫花苜蓿对冬季严寒的适应能力。

3 紫花苜蓿建植

3.1 建植地点

3.1.1 选择原则

建植地点即测定地点，应选在能够使越冬率差的品种死亡或严重冻伤，越冬率好的品种表现出显著差异的地理位置。

3.1.2 一般要求

（1）一般以中国的东北以及内蒙古等寒冷地区为紫花苜蓿越冬性测试区域（全年≥10℃积温为1800~2500℃，无霜期为90~140天）。

（2）一般至少需要在两个不同测定地点进行两个越冬年以上的测定。

3.2 温室育苗

3.2.1 育苗前的准备

（1）育苗盘或育苗杯：选用育苗盘或育苗杯的深度，以不限制根系生长为宜。

（2）基质：选用沙、土或沙土的混合物作为播种的基质。基质应无毒无虫，透气排水良好，pH稳定，建议pH为7左右。

（3）播种：将基质填入育苗盘或育苗杯，再将种子均匀地点播在基质中，播深2~3 cm。播种后要采用浸盘或喷雾淋湿的方法湿透育苗盘或育苗杯的基质。播种设置3~6个重复，每个重复不少于25株。建议播种时同时播附录A中的对照品种。

（4）育苗：温度24~30℃，光照长度不少于16 h。在基质出现干燥时应及时用清水喷湿喷透。待苗出齐后，要略将温度下调，以避免温度过高导致出现幼苗细弱现象。幼苗生长8~12周即可移栽至田间。

3.3 田间建植

3.3.1 建植时间

将育好的幼苗在5月底至6月初移栽至田间，也可在田间直接穴播种子，出苗后再进行间苗。保证幼苗的行距为 0.6~1.0 m，株（穴）距为 0.3~0.4 m。至少 4 次重复，小区面积至少为 6 m²，小区间间隔 1 m。

3.3.2 栽培管理

（1）及时清除田间杂草，防控病虫害。

（2）根据需要，及时浇水，保持紫花苜蓿正常生长。每年最后一次刈割之后，不再进行冬灌。早春返青之前，也不再浇水。

（3）秋天根部不进行覆土。

（4）一般紫花苜蓿在初花期至开花率为 10%~50% 时刈割。建植当年根据其生长状况确定是否刈割。每年最后一次刈割时间，可根据当地实际确定，以便能更大程度地区分不同的品种。刈割留茬高度 5 cm 左右。

（5）根据当地情况，冬季可以选择除去积雪，使越冬性的评定更加准确。

4 测定

4.1 越冬前测定

在每年最后一次刈割之后，第一次严重霜冻出现之前，分别计数每个重复小区死亡植株的数量或存活的植株数量，死亡植株的数量将不再列入来年越冬率统计的范围。

4.2 越冬后测定

测定时间为建植以后的每年春季，所有存活的植株处于已经返青的状态。

植株越冬长势评分情况如下。

（1）对植株逐一进行越冬长势评价。越冬长势分为无损伤、轻微损伤、重大损伤、严重损伤和植株死亡 5 个级别。

（2）将越冬长势的每个级别对应赋分，赋分依次为 1、2、3、4、5（表1）。

表1 越冬的紫花苜蓿植株长势评价赋分表

级别	植株长势	赋分
无损伤	植株整齐均匀一致，新生枝长度均等	1
轻微损伤	植株均匀，但新生枝稍不均匀	2
重大损伤	新生枝长度不同，缺少活力	3
严重损伤	植株枝条稀疏，再生不整齐，活力低	4
植株死亡	植株死亡	5

（3）计算每个重复中越冬植株长势平均得分：

每个重复的越冬植株长势平均得分 = 每个越冬植株长势赋分之和 /株丛总数。

（4）计算测定品种越冬长势平均得分：

测定品种越冬长势平均得分 = 每个重复的越冬植株长势平均得分之和/重复数目。

5 评定

(1)把测定对照品种的越冬长势平均得分,作为紫花苜蓿品种越冬性评级的标准打分值,见表2。紫花苜蓿品种的越冬性可分为1~6级。

(2)测定品种越冬长势平均得分所在的越冬性级别,作为该品种的越冬性等级。等级越低,越冬能力越强。

表 2 紫花苜蓿品种越冬性等级

越冬性等级	品种越冬长势平均得分
1	1.9
2	2.5
3	3.3
4	3.8
5	4.5
6	5.1

注:1级≤1.9;2级2.0~2.5;3级2.6~3.3;4级3.4~3.8;5级3.9~4.5;6级≥4.6。

(3)测定结果中,1级和3级、2级和4级、3级和5级、4级和6级测定品种应该具有显著差异($P<0.05$)。

附录 A
(资料性附录)

表 A1 美国紫花苜蓿越冬性测定对照品种及其越冬长势平均打分表

品种	越冬性评级	平均分
ZG 9830	1	1.6
5262	2	2.2
WL325HQ	3	2.9
G-2852	4	3.6
Archer	5	4.0
Cuf 101	6	4.8

(张英俊、沈月、郭艳萍、闫敏)

十二、紫花苜蓿根瘤菌接种技术规范

1 范围

本标准规定了紫花苜蓿（Medicago sativa）根瘤菌剂接种根瘤菌的接种条件、接种对象、接种方法及注意事项。

本标准适用于紫花苜蓿种子及田间幼苗的根瘤菌接种。

2 规范性引用文件

下列文件对于本文件的应用是必不可少的。凡是注日期的引用文件，仅注日期的版本适用于本文件。凡是不注日期的引用文件，其最新版本（包括所有的修改单）适用于本文件。

NY/T 883 农用微生物菌剂生产技术规程

3 术语和定义

下列术语和定义适用于本文件。

苜蓿根瘤 nodule

紫花苜蓿根部的瘤状物，是紫花苜蓿与根瘤菌（rhizobia）的共生物，根瘤可将空气中的氮吸收、固定，供给紫花苜蓿利用。

4 菌剂获得

可在市场购买合格的紫花苜蓿专用根瘤菌剂，自主筛选的根瘤菌剂应符合 NY/T 883—2004 标准。

5 接种对象

紫花苜蓿种子或苜蓿植株生长的土壤。

6 接种条件

6.1 土壤条件

为紫花苜蓿正常生长的土壤，pH 为 6.5~8.5。

6.2 根瘤菌与紫花苜蓿的匹配性

如果有与品种对应的菌剂应优先选择，否则应选择紫花苜蓿根瘤菌剂或自主筛选。自主筛选的菌剂应先试验观察其结瘤情况，田间观察每株应结瘤 20 个以上或实验室观察每株结瘤 50 个以上。

6.3 施肥水平

降水量 600 mm 以上区域，施氮肥 150 kg/hm² 以下；在降水量 600 mm 以下区域或 600 mm 以上区域的盐碱地、沙地，应补充氮肥 300 kg/hm² 以上。

7 接种方法

7.1 紫花苜蓿种子接种方法

（1）将粉状根瘤菌剂加水(加黏着剂)，与种子充分拌匀，在根瘤菌剂完全干燥之前及时播种，已经拌种的混合种子当天应该播完。

（2）在播种前，将根瘤菌剂直接倒入播种机的种子箱内，与紫花苜蓿种子完全搅拌均匀后，即开始播种。

（3）将粉状根瘤菌剂用水稀释后，喷在待播种的种子上。此法适用于大面积播种时的机械作业。

（4）丸衣化接种。每 100 g 菌剂加入 40~50 mL 浓度为 4% 的羟甲纤维素钠溶液以及 400 g 滑石粉和 10 g 钼酸铵的混合物，然后与 1000 g 紫花苜蓿种子的配比混合，反复搅拌，使每粒种子都裹上一层丸衣材料，阴干后即可播种。

7.2 紫花苜蓿植株生长土壤的接种方法

本方法为从未进行根瘤菌接种的紫花苜蓿地进行根瘤菌接种的方法，或对种子根瘤菌接种后每株结瘤量在 20 个以下时进行强化的手段，其效果低于 7.1。

7.2.1 喷洒接种

在田间条件下，将粉状根瘤菌剂加水，喷洒在紫花苜蓿幼苗生长的土壤，喷洒后及时灌溉。

7.2.2 灌溉接种

将根瘤菌剂均匀加入水中，对紫花苜蓿生长地进行灌溉。

7.2.3 与肥料混施

将粉状根瘤菌剂与所施肥料混合均匀，一起施入紫花苜蓿的根际土壤，施肥后及时灌水。

8 注意事项

（1）紫花苜蓿根瘤菌应该保存于低温潮湿的地方，避免阳光照射，同时注意根瘤菌剂的保质期。

（2）在进行根瘤菌接种时，不宜与各种杀虫剂、杀菌剂、除草剂等农药混合使用。在和化肥同时使用时，应将根瘤菌与化肥搅拌均匀，施入后及时灌水。

（3）每公顷使用量 7.1 为 750~1500 g，7.2 为 1500~3000 g。

（4）接种后及时灌水。

（5）接种后应及时检查根系根瘤的形成情况，1个月后检查紫花苜蓿根部的根瘤颜色，若是粉红色至红色，为有活性的根瘤。若是白色，应减少氮肥或不施氮肥。

（6）应首先选择紫花苜蓿种子接种方法。在降雨量 600 mm 以下的区域或沙地、盐碱地，应用种子接种与土壤接种相结合的方法，根瘤菌用量减半，接种时间间隔 15 天以上。

（程积民、杨培志、邓波、师尚礼、王卫栋、张攀、张志强）

十三、紫花苜蓿根瘤菌剂

1 范围

本标准规定了紫花苜蓿(Medicago sp.)根瘤菌剂质量指标、检验方法、判定规则、包装、标签、运输及贮存的技术及条件要求。

本标准适用于紫花苜蓿根瘤菌剂。

2 规范性引用文件

下列文件对于本文件的应用是必不可少的。凡是注日期的引用文件，仅注日期的版本适用于本文件。凡是不注日期的引用文件，其最新版本（包括所有的修改单）适用于本文件。

GB 8170　　　数值修约规则
GB 10648　　 饲料标签标准
GB 18877　　 有机-无机复混肥料
GB 20287　　 农用微生物菌剂
GB/T 1250　　极限数值的表述方法和判定方法
GB/T 23349　 肥料中砷、镉、铅、铬、汞生态指标
NY/T 227　　 微生物肥料
NY 410　　　 根瘤菌肥料
NY 411　　　 固氮菌肥料
NY/T 798　　 复合微生物肥料
NY/T 883　　 微生物菌剂标准
NY/T 1735　　根瘤菌生产菌株质量评价技术规范

3 术语和定义

下列术语和定义适用于本文件。

紫花苜蓿根瘤菌剂（alfalfa rhizobium inoculants）：以紫花苜蓿根瘤菌活菌为原料，发酵制备菌液或以菌液配合载体基质，制成的液体或固体活菌制剂。

4 质量要求

4.1 菌种

紫花苜蓿根瘤菌菌种选取及评价按照 NY/T 1735 执行。共生匹配能力和固氮能力测定见 NY/T 1735 中的附录 B。菌种的生存温度、酸碱及盐度范围，应在菌剂生产前明确，并如实标注在产品外包装标识中。

4.2 菌剂载体(适用于固体菌剂)

菌剂载体基质符合 NY 227 的要求。菌剂生产前需进行基质的灭菌效果测定(附录 A)，并进行菌种在载体基质中的相容实验 (附录 B)。

4.3 外观（感官）

菌剂产品符合 NY 410 的要求，质地均一、无异味。

4.4 添加物

菌剂中添加的非根瘤菌微生物种类应符合 NY/T 798 的规定。

其他人工添加物应符合 GB 18877 的要求。

添加物在产品说明书中应作相应的说明，并在标签中标明添加物名称和含量。

4.5 质量指标

菌剂产品的各项质量指标见表 1。

表 1 紫花苜蓿根瘤菌剂的质量指标

指标		剂 型	
		固体制剂	液体制剂
有效活菌数	≥	0.5×10^9 cfu/g	1×10^9 cfu/mL
杂菌数/%	≤	5	2
水分/%	≤	50	—
固体菌剂颗粒细度 通过孔径 0.15 mm 标准筛 筛余物/%	≤	10	—
菌剂 pH		6.0~8.0	
寄主结瘤最低稀释度	≤	10^{-7}；此项仅在监督部门或仲裁检验双方认为有必要时检验	
有效期/月	≥	5；此项仅在监督部门或仲裁检验双方认为有必要时检验	
重金属离子 As、Cd、Pb、Cr、Hg 的质量分数/%	≤	GB/T 23349 中 3.1 规定的允许含量；此项仅在以非植物性材料作为菌剂载体基质，且监督部门或仲裁检验双方认为有必要时检验	

5 检验方法

5.1 产品批次划分和抽样方法

批次划分和抽样方法执行 NY/T 798 中 6.2 的规定。

5.2 仪器设备、试剂及检测环境

检测所需的仪器设备包括灭菌、培养和测定所需的环境参数、仪器设备、器皿、工具、试剂和培养基执行 NY 410 中 7.1 的规定。

5.3 产品参数检验

5.3.1 外观及气味

固体根瘤菌剂取少量样品放于白色搪瓷盘中，液体菌剂摇匀后放置于无盖透明玻璃容

器中，明亮光线下观察颜色、形状、质地，嗅闻气味。

5.3.2 水分
按照 NY 411 中的 7.2.4 执行。

5.3.3 有效活菌数及杂菌率
按照 NY 410 中的 7.2.6 执行。

5.3.4 颗粒细度（固体菌剂）
按照 NY 410 中的 7.2.5 执行。

5.3.5 pH
按照 NY 410 中的 7.2.3 执行。

5.3.6 稀释结瘤检验
测定方法及流程按照 NY 410 中的 7.2.7 执行。

5.3.7 重金属离子 As、Cd、Pb、Cr、Hg
砷(As)离子按照 GB 23349 中的 4.2 执行。
镉(Cd)离子按照 GB 23349 中的 4.3 执行。
铅(Pb)离子按照 GB 23349 中的 4.4 执行。
铬(Cr)离子按照 GB 23349 中的 4.5 执行。
汞(Hg)离子按照 GB 23349 中的 4.6 执行。

5.3.8 有效期
于产品说明书标明的有效期终止日内进行活菌数的测定，并按产品说明书标明的使用量对宿主进行接种试验。以活菌数达到表1要求，且70%的植株结瘤为有效期合格。

6 检验规则

6.1 检验分类

6.1.1 出厂检验（交收检验）
产品出厂时，由生产厂家的质量检验部门按表1进行检验，检验合格并签发质量合格证的产品方可出厂。出厂检验时不检有效期。

6.1.2 型式检验（例行检验）
一个季度进行一次。符合下列情况之一者，必须进行型式检验。
（1）鉴定新产品。

（2）菌剂产品的菌种、发酵及灭菌工艺、发酵培养基原料批次等有较大更改与变化时。

（3）出厂检验结果与上次型式检验存在较大差异时。

（4）国家质量监督机构抽查。

6.2 判定规则

产品技术指标的数字修约执行 GB 8170 的规定；产品质量合格判定执行 GB/T 1250 中修约值比较法的规定。

6.2.1 合格产品

（1）产品全部技术指标都符合 4.5 规定的技术指标的产品为合格产品。

（2）产品外观、气味、pH、水分、吸附剂颗粒细度等次要项目中，有 1~2 项不符合本标准 4.5 的规定，但超标范围未达到 6.2 的不合格标准，而其他各项指标符合 4.5 规定的要求，也判为合格产品。

（3）杂菌率指标不符合本标准 4.5 的规定，但液体样品杂菌率不超过 5%、固体样品杂菌率不超过 10%，其他各项指标符合本标准 4.5 的规定，也可判定为合格产品。

6.2.2 不合格产品

（1）有效活菌数不符合本标准 4.5 规定的为不合格产品。

（2）液体样品杂菌率超过 5%，固体样品杂菌率超过 10%的为不合格产品。

（3）结瘤稀释度不符合本标准 4.5 要求的为不合格产品。

（4）固体菌剂通过孔径 0.15 mm 标准筛的筛余物≥30%的为不合格产品。

（5）菌剂中的 As、Cd、Pb、Cr、Hg 含量超出 GB/T 23349 中 3.1 允许值的为不合格产品。

（6）添加物不符合本标准 4.4 规定的为不合格产品。

7 包装和标签

7.1 包装

产品包装符合 NY 411 的要求。外包装标识上印有对菌剂贮存和运输温度的要求。

7.2 标签和使用说明

标签应符合 GB 10648 的要求。产品说明中标明菌剂的保存条件，菌剂适用环境的温度范围及适用土壤的酸碱盐度范围。

8 运输和贮存

紫花苜蓿根瘤菌剂的运输和贮存按 NY411 中 9.3 和 9.4 的规定执行，同时符合产品标识和标签中对贮存和运输温度的要求。

附录 A
(资料性附录)
载体基质的灭菌效果检测

检测目的：判断在生产、运输和贮藏过程中，菌体菌剂所用的待测基质是否完全。该检测对于生产高质量菌剂，降低菌剂产品杂菌率，延长菌剂有效期至关重要，为节省更多的时间和资金，应在载体基质用于菌剂生产前进行。

A1 使用的培养基

A1.1 甘露醇酵母液体培养基（YEM，yeast mannitol medium）（g/L）

$K_2HPO_4 \cdot 3H_2O$：0.5 g
$MgSO_4 \cdot 7H_2O$：0.2 g
NaCl：0.1 g
甘露醇：10 g
酵母粉：1 g
pH：7.0±0.2
蒸馏水：1000 mL

A1.2 甘露醇酵母固体培养基（YEA，yeast mannitol agar medium）（g/L）

$K_2HPO_4 \cdot 3H_2O$：0.5 g
$MgSO_4 \cdot 7H_2O$：0.2 g
NaCl：0.1 g
甘露醇：10 g
酵母粉：1 g
pH：7.0±0.2
琼脂粉：16 g
蒸馏水：1000 mL

A2 基质灭菌效果检测

A2.1 撒布法

（1）无菌状态下，在载体容器的不同部位称取 5 份 0.2 g 的基质样本。
（2）将 5 份基质均匀撒布到含有 YMA 培养基的 5 个 9 cm 培养皿表面。
（3）倒置平板培养，连续观察 5 天，记录有无菌落出现及菌落出现的时间、数量和菌落扩张速度。

A2.2 平板计数法

（1）取 1 g 基质，加无菌水 10 mL，取溶液用于平板计数。

（2）每份溶液中取 100 μL 涂抹于平板上，设置重复。

（3）倒置平板培养。

该方法中，可检测污染的最小数量为一个菌落/皿（1:10 稀释液）。每克基质中含有 10 个以上菌落则视为灭菌不合格。

A2.3 富集培养法

（1）向灭菌后的基质中添加无菌甘露醇酵母液体培养基。

（2）样本于 30℃下培养 5~14 天，定期进行。

（3）制备样本的 10^{-2} 稀释液，均匀涂布于甘露醇酵母固体培养基上。

（4）倒置平板并培养。每日观察平板，连续观察 5 天，记录菌落生长时间、速度。

菌株增殖初期与末期数量相关性不大，无需涂布连续稀释度的稀释液。

附录 B
(资料性附录)
基质–根瘤菌相容性检测

检测目的：判断在生产、运输和贮藏过程中，目的根瘤菌株能否在待测基质中繁殖并保持一定的活菌数。将待测基质根据预设的生产流程封装后测定。测试有多种变量，如最终发酵菌液的稀释比例、菌液吸附量、载菌时间与保存温度等。该检测对生产高质量菌剂至关重要，为节省时间和资金，降低菌剂产品的质量风险，应在生产第一批菌剂前进行充分检测。

B1 载体材料中根瘤菌增殖性能的检测

下列步骤适用于以灭菌基质为基础的平板计数过程。

（1）以制备并获得每毫升约含 $1×10^9$ 个根瘤菌活菌的发酵培养液。

（2）以同种营养液稀释根瘤菌发酵培养液，获得 10 倍系列稀释度的菌液稀释液。

（3）无菌状态下对根瘤菌发酵液及其稀释液取样。制备样品稀释液的 10 倍系列稀释液（直到 10^{-6}）。对 $10^{-6} \sim 10^{-4}$ 稀释液在 YMA 培养基上以平板计数法测定菌含量。

（4）向基质袋中添加不同稀释度的菌液稀释液。

（5）使待测基质充分与菌液混合。并从新制备的菌剂中取样 11 g，加入 99 mL 平板计数稀释剂中（1:10）。制备样品的 10 倍系列稀释液，并对 $10^{-6} \sim 10^{-3}$ 稀释液计数。

（6）将剩余基质依照厂家的生产工艺参数添加菌液制备成菌剂产品试样。

（7）每 2~3 天对试样取样，参照上述流程测定活菌含量。并根据之前的检测结果选择适用于生产的菌液稀释液稀释倍数。每 10 天检测一次，60 天之后可适当延长检测间隔期，检测需在产品的整个货架期内连续进行。

（8）根据培养基的容量，计数结果及重量计算每克基质所需添加的菌液量（mL/g）。例如，成熟根瘤菌培养液中每毫升含 $3×10^9$ 个根瘤菌，按 1:100 稀释时，应取该稀释液 16 mL 添加到 22 g 灭菌基质中，即在约 38 g 的接种基质里添加了 $4.8×10^8$ 个根瘤菌。即每克基质平均含有

1.3×10^9 个根瘤菌，这可以作为估测起点时间内基质载菌数量的基点。

B2 载体基质与菌种相容性的判定

以所得结果制成根瘤菌活菌数与贮存时间的相关图。若基质在添加不同稀释度的菌液后均出现菌体大量死亡或菌体随着贮藏时间(保质期内)而迅速减少的现象，则表明该待测材料不适于载体基质的制备。若吸附某一稀释度的菌液后，基质内根瘤菌的数量增长到适宜范围（$\geqslant 2 \times 10^9/g$），则可理解为基质与该菌种兼容，且该稀释度适用于菌剂的生产。若根瘤菌的数量在起初添加时有所减少而之后上升到适宜范围，可寻找原因并作相应的调整，以减少载体基质内环境对菌株的生存压力。

（师尚礼、李剑峰、曹文侠、张淑卿、邓波、程积民、霍平慧、陈力玉）

第四部分
羊草与饲用燕麦生产的标准化技术规范

一、天然羊草草地种子生产技术规范

1 范围

本标准规定了天然羊草[*Leymus chinensis*(Trin.) Tzvel.]草地种子生产中的草地管护，种子收获与加工，种子的清选、检验、分级、包装、贮藏、管理等技术要求。

本标准适用于天然羊草草地种子生产，包括草原和草甸。

2 规范性引用文件

下列文件对于本文件的应用是必不可少的。凡是注日期的引用文件，仅注日期的版本适用于本文件。凡是不注日期的引用文件，其最新版本（包括所有的修改单）适用于本文件。

GB/T 2930.1　牧草种子检验规程　扦样
GB/T 2930.2　牧草种子检验规程　净度分析
GB/T 2930.3　牧草种子检验规程　其他植物种子数测定
GB/T 2930.4　牧草种子检验规程　发芽试验
GB/T 2930.8　牧草种子检验规程　水分测定
GB/T 2930.9　牧草种子检验规程　重量测定
GB/T 2930.10　牧草种子检验规程　包衣种子测定
GB/T 6142　禾本科草种子质量分级　羊草种子质量分级
GB/T 8321.1—7　农药合理使用准则
GB/T 24866　牧草及草坪草种子贮藏规范
NY/T 1235　牧草与草坪草种子清选技术规程
NY/T 1237　草原围栏建设技术规程
NY/T 1577　草籽包装标准

3 术语和定义

下列术语和定义适用于本文件。

芟刀 scythe

东北一种农具，常用来割草。刀头根部宽 10 cm 左右，刀长 0.5 m 左右，平直自中部起形成内扣的漫圆，直杆，杆长 2.0 m 以上。

4 草地管护

4.1 草地更新与复壮

天然羊草草地种子收获后可用火烧、刈割、放牧等促进果后发育。草地每 4～5 年采用深松、浅翻轻耙等进行更新和疏枝处理，以保持较长时间种子产量。

4.2 围栏封育和禁牧

作为收种利用的天然羊草草地，建立围栏设施进行封育。围栏建设按照 NY/T 1237 的规定执行。在羊草返青至种子收获前禁牧。

4.3 毒杂草防除

用 600 mL/hm² 的 2,4-D 丁酯或 900 mL/hm² 的 2,4-D 钠盐灭除双子叶杂草和阔叶类杂草。喷施化学除草剂最好是在当日及翌日无雨、晴朗无风的上午 6～9 时和傍晚进行。农药使用符合 GB/T 8321.1—7 的规定。对恶性寄生或其他检疫性杂草，在盛花期组织人工除杂，确保质量标准。

4.4 病虫害防治

危害羊草种子生产的病害主要有麦角病、蜜穗病、黑粉病等，可用 30～50 kg/hm² 苯菌灵和 15 kg/hm² 唑菌酮进行防治。

危害羊草种子生产的主要虫害有蝗虫类、黏虫类和地下蛴螬类。蝗虫类和黏虫类防治时可用 40%乐果乳油稀释 2 000～3 000 倍、500 g 乳剂/hm² 溴硫磷等。地下蛴螬类可用 90% 美曲膦酯 0.5 kg 加水 2.5～5 kg，拌鲜草或鲜菜叶 50 kg，配制成毒饵防治。农药使用符合 GB/T 8321.1—7 的规定。

4.5 施肥

在上年秋季 9 月下旬雨前施 120 kg/hm² 尿素、60 kg/hm² 过磷酸钙、60 kg/hm² 硫酸钾和 4.0 kg/hm² 的硼肥；收种当年 5 月中下旬抽穗期追施 120 kg/hm² 尿素。

4.6 灌溉

5 月中下旬田间持水量低于 65%时应灌水 30 kg/m³，种子收获后秋季灌透水一次。

4.7 人工辅助授粉

在 6 月初盛花期下午 3～5 时大量开花时，用人工或机具拉绳索或线网从草丛上部掠过。

5 种子收获

5.1 收获时间

种子最佳收获时间为蜡熟期至完熟期，在盛花期后 28~31 天收获。

5.2 收获方式

5.2.1 机械收获

采用联合收割机收获，机器在使用之前需进行彻底的清理，防止混入其他植物种子。

5.2.2 人工收获

在机械无法作业的地块采用人工方法收获。用铁丝将编织袋口撑开，将芟刀刀刃向外固定在编织袋口一侧，芟刀刀把长度 2.0 m 左右，制成简易收种器。被芟刀割断的羊草穗直接落入编织袋中。

6 种子加工

6.1 种子干燥

将收到的种子运回到晾晒场，摊成波浪形晾晒，摊晒厚度不能超过 5 cm，并按时翻动。夜晚要收集成堆，用苫布盖好，翌日再摊开晾晒。待种子含水量降到 13%时即可清选。

6.2 种子清选

按照 NY/T 1235 规定的禾本科种子清选技术规程执行。

7 种子的检验、分级、包装、贮藏

7.1 种子的检验

扦样按照 GB/T 2930.1 牧草种子检验规程的规定执行。
净度分析按照 GB/T 2930.2 牧草种子检验规程的规定执行。
其他植物种子数测定按照 GB/T 2930.3 牧草种子检验规程的规定执行。
发芽试验按照 GB/T 2930.4 牧草种子检验规程的规定执行。
水分测定按照 GB/T 2930.8 牧草种子检验规程的规定执行。
质量测定按照 GB/T 2930.9 牧草种子检验规程的规定执行。
包衣种子测定按照 GB/T 2930.10 牧草种子检验规程的规定执行。

7.2 种子的分级

按照 GB 个 6142 的规定判定种子级别。3 级以下种子不准作为种用。

7.3 种子的包装

合格的种子应进行包装，包装标识按照 NY/T 1577 的规定执行。

7.4 种子的贮藏

按照 GB/T 24866 的规定执行。

（张月学、张英俊、徐安凯、申忠宝、潘多锋、毛培胜、王志峰、边草、高超、陈积山、尚晨、王建丽、李道明、张瑞博、邱桂俐）

二、退化羊草草地分级标准

1 范围

本标准规定了羊草草地退化的级别和指标。

本标准适用于羊草草地退化的等级划分。

2 规范性引用文件

下列文件中的条款通过本标准的引用而成为本标准的条款。凡是注日期的引用文件，其随后所有的修改单(不包括勘误的内容)或修订版不适用于本标准，然而，鼓励根据本标准达成协议的各方研究使用这些文件的最新版本。凡是不注日期的引用文件，其最新版本适用于本标准。

GB 19377 天然草地退化、沙化、盐渍化的分级指标

3 术语和定义

下列术语和定义适用于本标准。

3.1 退化羊草草地 degradation *Leymus chinensis* rangeland

由于干旱、风沙、水蚀、盐碱、内涝、地下水位变化等不利自然因素的影响，或过度放牧与割草等不合理利用，或滥挖、滥割、破坏草地植被，引起草地生态环境恶化，使羊草草地生物产量降低，品质下降，草地利用性能降低，甚至失去利用价值，这样的羊草草地称为退化羊草草地。

3.2 指示植物 plant indicator

标志羊草草地出现退化、沙化、盐渍化具有指示意义的植物。

3.3 综合算术优势度 summed dominance ratio, SDR

判定草地植物优势地位的指标，其计算见公式：

$$SDR_2 = \frac{C' + P'}{2}$$

式中，C'为某种植物的相对覆盖度值，用该种植物的投影盖度(C)的绝对值(%)除以群落各种植物中最高的投影盖度绝对值的比值；P'为某种植物的相对重量值，用该种植物齐地面剪割的地上部重量(P)绝对值除以群落中各种植物地上部最高的重量绝对值的比值。

3.4 地上部产草量 plant mass above ground

羊草及其他类草抽穗初期随机抽取若干样本，齐地面刈割测定产量，取平均值，折算单位面积产量。并同时测定不可食草及毒草产量。

3.5 土壤容重 soil bulk density

土壤自然垒结状态下土体(包括土粒和孔隙)绝对干燥时的重量，单位为 g/cm^3 或 t/m^3。

其数值大小与土壤质地、结构和有机质含量有关。

3.6 土壤侵蚀模数 soil erosion index

在水力、风力、冻融、重力等外营力作用下,土壤、土壤母质及其他地面组成物质被破坏、剥蚀、转运和沉积的全部过程。土壤侵蚀模数用来反映某一区域土壤遭受侵蚀的强烈程度,以单位时间、单位面积上的土体损失量表示。常用单位为 $t/(km^2 \cdot a)$,即每年每平方千米的土壤损失量。

4 分级指标

羊草草地退化程度分级与分级指标见表1。

表1 羊草草地退化程度的分级与分级指标

测定项目			草地退化程度分级			
			未退化	轻度退化	中度退化	重度退化
必测项目	群落数量特征	总覆盖度相对百分数的减少率/%	≤10	11~20	21~30	>30
		草层高度相对百分数的降低率/%	≤10	11~20	21~50	>50
	优势种综合特征	羊草综合算术优势度相对百分数的减少率/%	≤10	11~20	21~40	>40
	指示植物	草地退化指示植物种个体数相对百分数的增加率/%	≤10	11~20	21~30	>30
		草地沙化指示植物种个体数相对百分数的增加率/%	≤10	11~20	21~30	>30
		草地盐渍化指示植物种个体数相对百分数的增加率/%	≤10	11~20	21~30	>30
	地上部分产草量	羊草总产草量相对百分数的减少率/%	≤10	11~20	21~50	>50
		不可食草与毒害草产量相对百分数的增加率/%	≤10	11~20	21~50	>50
	土壤养分	0~20 cm 土层有机质含量相对百分数的减少率/%	≤10	11~20	21~40	>40
辅测项目	地表特征	浮沙堆积面积占草地面积相对百分数的增加率/%	≤10	11~20	21~30	>30
		土壤侵蚀模数相对百分数的增加率/%	≤10	11~20	21~30	>30
		鼠洞面积占草地面积相对百分数的增加率/%	≤10	11~20	21~30	>30
	土壤理化性质	0~20 cm 土层土壤容重相对百分数的增加率/%	≤10	11~20	21~30	>30
	土壤养分	0~20 cm 土层全氮含量相对百分数的减少率/%	≤10	11~20	21~25	>25

注:经调查已达到鼠害防治标准的草地,必须将"鼠洞面积占草地面积相对百分数的增加率(%)"指标列入必测项目。

5　评定方法

（1）50%以上的必测项目指标达到某一退化级规定值时，则该羊草草地视为退化草地。并以必测项目达标最多的退化级别确定为该羊草草地的退化级别。

（2）70%以上的必测项目指标未达到各级退化草地标准时，则认定该羊草草地为未退化草地。

（3）当达到各级退化标准的必测项目指标占必测项目指标总数的 30%~50%时，需要用辅助测定项目指标进一步评定。

当必测项目指标中 30%~50%的项目指标达到轻度以上退化级别，且辅助测定项目指标中 40%以上的指标达到轻度以上退化级别时，则认定为退化草地，并以必测项目达标最多的退化级别认定为其退化级别。

当必测项目指标中 30%~50%的项目指标达到轻度以上退化级别，而辅助测定项目指标中达到轻度以上退化级别的少于 40%时，视为未退化草地。

6　评定退化草地的参照依据

（1）未退化羊草草地的评定应在监测点附近、相同水热条件的草地自然保护区中，选择以其中的合理利用示范区中与需要评定的草地类型相同的羊草草地的植被特征与地表、土壤状况为基准。

（2）监测点附近没有草地自然保护区，或草地自然保护区没有与需要评定是否退化的相同羊草草地类型时，用 20 世纪 80 年代初期、中期全国首次统一草地资源调查所获被监测地区相同的未退化羊草草地的植被特征与地表、土壤状况为基准。

（3）监测点附近既没有草地自然保护区，又缺少 20 世纪 80 年代初期、中期全国草地首次统一调查的羊草草地调查资料时，以正式出版的，80 年代初期、中期全国草地首次统一调查资料编写的各省、自治区、直辖市草地资源专著中未退化的相同典型羊草草地资料为基准。

（徐安凯、耿慧、王志峰、任伟、齐宝林）

三、退化羊草草地改良技术规范

1 范围

本规程规定了退化羊草草地改良的方法和技术要求。
本规程适用于退化、盐碱化羊草草地改良。

2 规范性引用文件

下列文件中的条款通过本规程的引用而成为本规程的条款。凡是注日期的引用文件，其随后所有的修改单（不包括勘误的内容）或修订版均不适用于本规程，然而，鼓励根据本规程达成协议的各方研究是否可使用这些文件的最新版本。凡是不注日期的引用文件，其最新版本适用于本规程。

GB 6142　　禾本科草种子质量分级
GB 19377　　天然草地退化沙化盐渍化分级标准
JB/T 9705　　围栏术语
JB/T 10129　　编结网围栏架设规范
NY/T 1237　　草原围栏建设技术规程
NY/T 1239　　飞播种草技术规程
NY/T 1342　　人工草地建设技术规程

3 术语和定义

下列术语和定义适用于本规程。

3.1 退化 degradation

主要因不合理的管理与超限度地利用生态地理条件下造成的草原生产力衰退与环境恶化的过程。

3.2 盐碱化 salinization

因长期利用不当，草地土壤中可溶性盐分不断向土壤表层积聚形成盐碱土的过程。

3.3 羊草草地 *Leymus chinensis* grassland

以羊草为建群种或优势种，并伴生其他草本类植物为特征的草原类型。

3.4 改良 improvement

运用生态学手段，把草地生产力维持在应有的水平，达到维护生态安全和增加生产的目的。

4 改良区域确定

草地退化等级达轻度、中度和重度等级，确定需要改良的区域。草地退化分级参照 GB

19377。

一般羊草植被覆盖度低于20%;羊草生物量占总生物量的30%以下;碱斑面积大于15%以上时进行改良。

5 改良措施

5.1 围栏封育

围栏封育适用于轻中度退化、盐碱化羊草草地。

方法主要有网围栏、沟围栏、生物围栏等。

网围栏材料参照JB/T 7137与JB/T 7138.13执行。

围栏方法、围栏方式、围栏安装依照NY/T 1237（《草原围栏建设技术规程》）执行。沟围栏的深度和宽度一般为150 cm×150 cm,应避开地势低洼地和易被水淹坍塌区域。

生物围栏的宽度一般为100 cm×150 cm,以柽柳、沙棘、枸杞等小乔木、小灌木密植为主。

5.2 切根

羊草草地土壤呈现板结,容积密度大于1.4 g/cm^3,孔隙度不足40%,20 cm范围内坚实度均在1.5 MPa以上时进行切根。切根适用于中度退化、轻度盐碱化羊草草地,在雨季来临前或墒情较好的季节进行,切根深度5~20 cm,勾缝宽度小于13 mm,刀盘间距20~40 cm。植被破坏率一般小于30%。

切根后应禁牧,一般1~2年后可进行合理利用。

5.3 浅翻轻耙

浅翻轻耙适用于土壤比较疏松的重度退化、轻度盐碱化天然羊草草地,在土层解冻10~15 cm或墒情较好的雨季进行,先用犁铧等进行10~15 cm的耕翻,再用圆盘耙采用45°对角耙两遍,耙深8~12 cm,耙碎土块磨平土壤。植被破坏率几乎达100%。浅翻轻耙结合补播羊草进行。

浅翻轻耙后应禁牧,待植被完全恢复后可进行合理利用。

5.4 松土

松土适用于中度退化、盐碱化天然羊草草地。松土应在7月雨季进行,松土常结合补播、施肥同时进行。松土深度一般15~25 cm,行距为35 cm,耕宽4~5 cm。植被的破坏率一般不大于30%。松土后要立即镇压,防止失水。在15°的坡地要沿等高线作业,保持水土流失。

松土后的草地要禁牧,要加强草地鼠虫害的防治。

5.5 振动深松

适用于土质瘦弱坚硬,肥力较差的退化、碱化羊草草地。应在墒情较好的6月中旬、下旬,振动深松常结合土壤生化改良剂、补播措施同时进行。松土深度25~50 cm,要求在不破坏土壤上下层位的基础上使土体膨松,碎土率达70%以上,植被破坏率小于30%。

振动深松的草地前两年应禁牧或割草，待第三年可达到一、二级采草场时可进行合理利用。

5.6 施肥

施肥前先进行养分调查，再依据不同草场类型、土壤营养状况和施肥目的确定施肥种类和需求量。施肥时间和施肥方法参照 NY/T 1342（《人工草地建设技术规程》）。施肥适用于退化、碱化羊草草地。应在秋季或春季施肥，并结合灌溉、松土、补播等一系列草地改良措施。

施肥方式有地面直接施肥、飞喷、叶面喷施等。

直接施肥一般结合翻耙等措施深施，深度为 5~10 cm；飞喷多喷施液肥，飞行高度距草群 5~7 m，风速<4 m/s，飞机速度 160 km/h，有效喷幅 50 m，每次载肥液 1000 kg。飞喷方法参照 NY/T 1239—2006（《飞播种草技术规程》）。叶面喷施一般选择在晴天露水干后的上午。

羊草草地施肥种类主要有微量元素、石油助长剂、化肥和有机肥料，如果没能进行养分调查，通常羊草草地一般的施用量牛羊粪为 22 500~30 000 kg/hm^2；化肥 N 为 90 kg/hm^2、P_2O_5 为 90 kg/hm^2、$ZnSO_4$ 为 27 kg/hm^2 时，即 N:P:Zn 的比例控制在 1:1:0.3；包膜肥和控释肥（均含 N 25%，P_2O_5 15%）105 kgN/hm^2。

5.7 灌溉

在有条件的草地上进行灌溉，灌溉时间、灌水量、灌溉方法和水质参照 NY/T 1342—2007（《人工草地建设技术规程》）因地制宜执行。羊草草地灌溉时间、灌溉制度的确立应根据实际生产需要，并与经济和生态效益相结合。灌溉适用于退化、碱化羊草草地。在 5 月中旬至 6 月中旬羊草孕穗开花期，结合松耙、施肥等措施效果更好。灌溉用水中可溶性盐类矿化度小于 1.7 g/L；水中有害物质含量不得超过国家规定的标准，水温以 15~20℃为宜，最高水温不得超过 35℃。采用喷灌方法，风力达 3~4 级不宜作业；每亩草地一次灌水量为 30~50 m^3，年度灌水定额 150~200 m^3。

羊草草甸草原夏秋宜发生积涝，灌溉应考虑排水工程，根据草地面积和地形设排水渠道，一般有明渠和暗沟排水。明渠分为 3~5 级，形成互通的排水系统。暗沟排水，采用陶管、石料等，直径 30 cm 左右。

5.8 补播

补播在植被盖度小于 30%的羊草草地进行，播种前要测定羊草种子的发芽率，种子净度达 85%，发芽率达 60%，符合 GB 6142—2008 3 级标准。补播适用于重度退化、中度盐碱化羊草草地。在早春土壤解冻后或雨季来临前 6 月上旬、中旬，常结合松土施肥同步进行。采用穴播、撒播或条播，覆土 1~2 cm，覆土后要求随机镇压，羊草播种量为 35 kg/hm^2。

播种当年必须禁牧，第二年可打草或冬季放牧利用，第三年可短期利用，以后恢复正常利用。

5.9 种植耐盐碱植物

适用于重度盐碱化羊草草地。应在雨季来临前 6 月上旬、中旬进行。草种的选择必须结合当地的土壤条件进行，土壤 pH 为 8~9，选用羊草、披碱草、肇东苜蓿等。土质盐碱化严重的，土壤 pH 在 10 以上的，宜选用吉生羊草、星星草、虎尾草、吉农朝鲜碱茅、野大麦等。

种植前先进行松土，深度为 8~10 cm，而且耕深一致，土块耙碎，用 24~48 行播种机，行间距为 10~20 cm 条播，覆土深度为 0.5~1 cm，播后填压 1~3 次即可，每亩播种量为 4~7 kg。

5.10 施枯草

适用于重度盐碱化羊草草地或光碱斑地。应在雨季 6 月、7 月进行。在盐碱斑上施枯草的方式有盖草、混草、盖草+混草，最佳枯草量为 1.5~2 kg/m^2。

5.11 施化学物质

适用于 pH 在 8.5 以上，有机质含量少，总盐含量为 0.1%~0.5%，N、P、K 含量较低，土壤物理性质差，黏重湿胀不透水，干裂断根的中度、重度盐碱化羊草草地。施化学物质应在雨季进行。常用的有石膏、风化煤制剂、土壤改良剂（康地宝）、工业废酸、氯化钙、亚硫酸铁、工业废料等，以降低土壤碱性。

旋耕碱斑土深度 5~10 cm，均匀施入石膏，用量为 14~19 t/hm^2。

腐殖酸含量大于 35%的分化煤，粉碎成粉末或者颗粒，粒度为 0.1~5 mm，用量 50~60 kg/亩，使生态制剂与土壤混合均匀。结合浅翻进行，浅翻深度 8~10 cm，耕深一致。

6 效果评价

6.1 评价标准

改良后植被羊草覆盖度高于 80%；羊草占总产草量的 50%以上；碱斑面积低于 15%；逐步恢复到稳定的羊草草地植被。

6.2 评价方法

6.2.1 评价内容

覆盖度；产草量；碱斑率；羊草比例。

6.2.2 调查统计有关公式

覆盖度：被样针击中的数目/总样针数
产草量：全部样方产草量的总计（kg）/实际所测样方数×实际面积
碱斑率：碱斑面积/草地总面积
羊草比例：羊草的产量和数量/全部植物的产量和数量

（张英俊、张文军、张月学、徐安凯）

四、羊草干草调制技术规范

1 范围

本规程规定了羊草干草收获调制过程中的术语定义、收割、干燥、搂草、打捆、贮藏等技术。

本规程适用于羊草干草的收获、调制与贮藏。

2 术语和定义

下列术语和定义适用于本规程。

2.1 干草 hay

牧草或禾谷类饲料作物在适宜时期收割，经自然或人工干燥调制的能长期保存的草料。

2.2 垛基 haystack foundation

利用木材、垫料等材料搭建高出地面 30 cm 左右的，易于通风，防止堆放的物品受潮的草垛垫基。

3 羊草的收获调制

3.1 刈割时期

可根据不同用途或销售需要确定刈割时期。需要高品质草产品时可在初花期刈割，为兼顾产量和品质的最佳刈割时期是乳熟末期至蜡熟初期。

3.2 刈割设备

动力部分采用拖拉机带悬挂往复式割草机或牵引往复式割草机。

3.3 天气选择

刈割前根据天气预报和云图，应选择未来 3 天内晴好无雨的天气进行羊草刈割，避免雨淋后降低干草品质。

3.4 留茬高度

一般情况下，羊草留茬高度 5~7 cm，不应高于 10 cm。

3.5 牧草的晾晒

（1）采用悬挂式往复割草机刈割羊草后，可在翌日清晨搂草干燥。通常在羊草水分降到 40% 左右时（取一束草用力拧紧，有水但不形成水滴），将半干的草集成松散的草堆，堆高 2.0~2.5 m，直径 3.0 m 左右，保持草堆通风，使水分含量降到 15%~18%（将干草束在手中揉搓时，有飒飒声、柔软，不能脆断，而一松手很快自动松散）即可打捆。

（2）采用往复式割草压扁机刈割羊草后，可在翌日清晨用搂草翻晒机翻草晾晒，待含水量降到15%~18%时即可打捆。

3.6 打捆

（1）采用悬挂式往复割草机割草后，采用固定式方形打捆机打捆；采用往复式割草压扁机割草后，采用牵引式打捆机。

（2）干草捆截面长30~43 cm，宽为40~61 cm，高为50~120 cm。

4 干草捆的贮藏

4.1 搭建垛基

贮存地应选在地势高、干燥、平坦、通风的地方建立，土质要求坚实。垛基宽度4 m，底层垫高30 cm左右，上面选用直径为10~15 cm圆木杆纵横排放（纵下横上），纵向放3根，间隔150 cm，两边各余50 cm，横向每隔55 cm放1根，交叉处用铁丝固定。

4.2 草捆贮藏

4.2.1 水分大于14%小于18%的草捆贮藏

将干草捆宽面向上，整齐铺平，上层与下层的草捆摆放方向要纵横交替。上层草捆之间的接缝应和下层草捆之间的接缝错开。在每层中设置5~20 cm宽的通风道，在双数层开纵通风道，在单数层开横通风道，通风道的数目可根据草捆的水分含量确定。对于露天堆放的草捆，干草捆的垛壁可一直堆到14层草垛高，第15层开始逐渐收缩成宝塔顶状堆置，每一层的干草平面比下层缩进10~15 cm，至第18层封顶。堆垛要整齐，没有倾斜及凸凹现象，垛顶用草帘、苫布或其他遮雨物覆盖。贮藏在草棚的草垛高度可根据草棚的高度而定，草捆垛顶高度要距离草棚边沿30~40 m。

4.2.2 水分等于或小于14%的草捆贮藏

水分等于或小于14%（可用干草湿度计测定）的草捆码垛时可不留通风道，其余码垛步骤同4.2.1。草垛四周可用苫布封盖。

5 管理

不同等级的草捆必须分级存放，草捆入库后必须有水分、日期、等级、晾晒次数等记录。

为了保证干草的品质并避免损失，对贮藏的干草要注意防水、防潮、防霉、防火、防鼠害和防止人为破坏，同时指定专人负责安全检查和管理。

（张月学、张英俊、邓波、陈积山、高超、尚晨、张海玲、李佶恺、邸桂利）

五、高品质羊草干草生产技术规范

1 范围

本标准规定了高品质羊草干草生产过程中的术语和定义、草地切根、施肥、灌溉、收获管理等技术。

本标准适用于中度退化的天然羊草草地（草原或草甸）的集约化生产。

2 规范性引用文件

下列文件对于本文件的应用是必不可少的。凡是注日期的引用文件，仅注日期的版本适用于本文件。凡是不注日期的引用文件，其最新版本（包括所有的修改单）适用于本文件。

GB/T 6432 饲料中粗蛋白测定方法

GB/T 20806 饲料中中性洗涤纤维的测定

NY/T 496 肥料合理使用准则通则

NY/T 728 禾本科牧草干草质量分级

NY/T 1459 饲料中酸性洗涤纤维的测定

3 术语和定义

下列术语和定义适用于本文件。

3.1 返青期 turning green stage

50%植株萌动变绿并显露于外时的时期。

3.2 抽穗期 heading stage

50%植株的穗顶由上部叶鞘伸出而显露于外时的时期。

3.3 品质 quality

满足需要的各种特征和特性的总和。

3.4 粗蛋白 crude protein，CP

试样中含氮量乘以 6.25，包括纯蛋白质和氨化物。

3.5 中性洗涤纤维 neutral detergent fiber，NDF

用中性洗涤剂去除饲料中的脂肪、淀粉、蛋白质和糖类等成分后，残留的不溶解物质的总称。

3.6 酸性洗涤纤维 acid detergent fiber，ADF

用酸性洗涤剂去除饲料中的脂肪、淀粉、蛋白质和糖类等成分后，残留的不溶解物质的总称。

4 草地管理

4.1 切根

返青后草地 10 cm 深处土壤的 5 天滑动均温稳定在 5℃左右，利用 9QP-830 型盘齿式草地破土切根机进行双向切根（呈井字形），切根宽度 40 cm，深度 15 cm 左右。

4.2 施肥

全年施肥量由 4~7 kg/亩的纯氮（尿素 8.7~15.22 kg/亩，有效成分含量 46%）和 0.5 kg/亩纯磷（相当于重过磷酸钙 2.36 kg/亩，有效成分含量 48%）组成。施肥分两次进行，切根后施入量占全年施肥量的 60%，刈割一次后施入剩余的 40%。肥料使用应符合 NY/T 496 的规定。

4.3 灌溉

结合切根后施肥进行灌溉，全年仅在返青期灌溉一次。灌溉量要求为 40 mm（每亩 26.7 m³灌水量），各区域后期灌溉可根据草地干旱程度适量增加。

5 收获管理

5.1 刈割时间

当羊草进入抽穗期或株高达到 40 cm 时进行第一次刈割，以保证羊草的较高品质和一定的再生性能。第二次刈割在每年霜前 1 个月进行。

5.2 刈割次数

全年可刈割 2 次。

5.3 留茬高度

为保证刈割后羊草快速分枝或分蘖再生，全年刈割 2 次的，第一次刈割应留茬，留茬高度一般 8 cm 左右，第二次留茬 5 cm 左右。

5.4 刈割方式

5.4.1 人工刈割

小面积羊草草地宜采用人工收割，刈割后及时运移，不宜长久堆放羊草以免影响羊草的再生性。

5.4.2 机械刈割

大面积羊草草地刈割宜采用小型或大型收割机收割；刈割后及时运移，且每次刈割或运移过程中，羊草草地应避免机械碾压而影响羊草再生的风险。

6 质量测定

6.1 干草产量

获得的羊草干草产量可达 220~350 kg/亩。

6.2 粗蛋白

获得的羊草干草 CP≥12%，CP 测定参照 GB/T 6432 的标准执行。

6.3 中性洗涤纤维

获得的羊草干草 NDF≤60%，NDF 测定参照 GB/T 20806 的标准执行。

6.4 酸性洗涤纤维

获得的羊草干草 ADF≤40%，ADF 测定参照 NY/T 1459 的标准执行。

7 品质评定

高品质羊草干草评定参照 NY/T 728 的标准执行。

（张英俊、邓波、宝音陶格涛、陈宝瑞、齐宝林、陈积山）

六、饲用燕麦干草捆质量分级

1 范围

本标准规定了燕麦干草捆的质量及其检测方法。

本标准适用于单播燕麦（Avena sativa L.或 Avena nuda L.）的全株在抽穗期至乳熟期刈割、干燥和打捆后生产的草捆。

2 规范性引用文件

下列文件对于本文件的应用是必不可少的。凡是注日期的引用文件，仅注日期的版本适用于本文件。凡是不注日期的引用文件，其最新版本（包括所有的修改单）适用于本文件。

GB/T 6432 饲料中粗蛋白测定方法

GB/T 6435 饲料中水分和其他挥发性物质含量的测定

GB/T 14699.1 饲料 采样

GB/T 20806 饲料中中性洗涤纤维（NDF）的测定

NY/T 2129 饲草产品抽样技术规程

中华人民共和国农业部公告第 1126 号《饲料添加剂品种目录(2008)》

3 术语和定义

下列术语和定义适用于本标准。

3.1 燕麦干草捆　oat hay bales

燕麦草经刈割、干燥和打捆形成的草捆产品。按草捆的紧实程度分为低密度草捆和高密度草捆，按草捆形状分为方草捆和圆草捆。

3.2 杂类草　weeds

燕麦干草捆中除燕麦外的其他植物。

3.3 异物　other material

燕麦干草捆中除燕麦和杂类草外的某些无益于保持或改善草捆质量的物质，如动物粪便、石块、土块、塑料布等。这些物质可能在加工过程中混入。

3.4 添加物　additional material

为保持或改善草捆质量而加入的干燥剂、防腐剂等物质。

4 技术要求

4.1 感官指标

燕麦干草捆的感官指标应符合表 1 的要求。

表 1　燕麦干草捆感官质量要求

指标	感官质量要求
气味	无异味或有干草芳香味
色泽	暗绿色、绿色、浅绿色或浅黄色
形态	干草形态基本一致,茎秆叶片均匀一致。无霉变,无结块。允许有杂草,不允许出现异物

4.2　理化指标

燕麦干草捆的理化指标应符合表 2 的要求。

表 2　燕麦干草捆理化指标及质量等级　　　　　　（单位：%）

理化指标		等级		
		一级	二级	三级
粗蛋白质,	≥	13.0	10.0	7.0
中性洗涤纤维,	≥	55.0	50.0	45.0
杂类草,	≤	5.0	10.0	15.0
水分,	≤		14.0	

注：粗蛋白和中性洗涤纤维以 100% 干物质为基础计算。

4.3　添加物

不允许添加含有非蛋白氮的物质,人为添加的其他物质应符合中华人民共和国农业部公告第 1126 号《饲料添加剂品种目录(2008)》中的有关规定。所有添加物应作相应的说明,标明名称和含量。

5　检测方法

5.1　感官指标检验

5.1.1　气味

用嗅觉辨别。

5.1.2　色泽

把草样放在白色台面或白纸上,观察色泽。

5.1.3　形态

把燕麦干草捆解开,分成若干薄片,观察有无发霉、变质以及杂草、异物等情况。

5.2　理化指标检验

5.2.1　采样

使用取样器采样,可按 NY/T 2129 的规定进行。手工采样可按 GB/T 14699.1 的规定进行。

5.2.2 粗蛋白

按 GB/T 6432 的规定进行。

5.2.3 中性洗涤纤维

按 GB/T 20806 的规定进行。

5.2.4 杂类草

按 GB/T 14699.1 的规定手工采样，在采得的多个草捆样品中，逐一分离出燕麦干草和杂类草，计算杂类草质量占草捆质量比例的平均值。

5.2.5 水分

按 GB/T 6435 的规定进行。

6 质量等级判定规则

（1）感官指标符合质量要求后，再按理化指标判定质量等级。

（2）单项指标质量判定：产品某项指标所在的质量等级，判定为该项指标的质量等级。

（3）产品质量综合判定：除水分外，各项理化指标所在的最低等级，判定为产品的质量等级。

（4）感官指标不符合要求或理化指标中有任意一项不符合三级要求，判定为等外产品。

（李志强、张英俊、刘忠宽、李荫藩、梁秀芝、刘永志、陈龙、刘振宇）

七、饲用燕麦干草调制技术规范

1 范围

本规程规定了燕麦饲草的青饲、干草调制技术以及饲喂利用时的技术要求。

本规程适用于燕麦饲草干草加工生产。

2 规范性引用文件

下列文件对于本文件的应用是必不可少的。凡是注日期的引用文件，仅所注日期的版本适用于本文件。凡是不注日期的引用文件，其最新版本（包括所有的修改单）适用于本文件。

GB/T 6432 饲料中粗蛋白测定方法

GB/T 6435 饲料中水分和其他挥发性物质含量的测定

GB/T 14290 圆草捆打捆机

GB/T 25423 方草捆打捆机

NY/T 728 禾本科牧草干草质量分级

NY/T 1170 苜蓿干草捆质量

SN/T 0800.18 进出口粮食、饲料杂质检验方法

3 术语和定义

下列术语和定义适用于本文件。

3.1 初花期 beginning-flower stage

10%植株开花的时期。

3.2 乳熟期 milk stage

50%以上植株的籽粒内充满乳汁，并接近正常大小的时期。

3.3 蜡熟期 ripening stage

50%以上植株籽粒的颜色接近正常，内具蜡状物的时期。

4 含水量的确定

4.1 仪器测定

水分测定仪测定或参照 GB/T 6435 标准测定。

4.2 感官测定

抓一把燕麦牧草握住 20~30 s，手指松开后，根据表 1 判断牧草含水量。

表 1 燕麦饲草含水量快速测定标准

含水量	标　准
75%以上	草料不散开，有汁液流出，手被弄湿
70%~75%	草料不散开，手几乎不被弄湿
60%~70%	草料慢慢散开，没有汁液流出
60%以下	草料立即散开
20%~30%	易用手拧断，但用杈子收集时不断裂
17%以下	手捻搓发出沙沙声，且易断

5 收获

5.1 刈割时期

最佳刈割时期：初花期至乳熟期。

5.2 刈割方式和方法

人工收割或机械收割。

6 干燥方法

6.1 自然干燥

6.1.1 地面干燥

将割倒的燕麦就地平铺，待含水量下降至 30%~50% 时，集成 1~2 m 高的小堆，放置 2~3 天，其含水量下降到 20% 左右时，打捆或堆成草垛。

6.1.2 草架干燥

将割倒的燕麦就地平铺，待含水量下降到 50%~60% 时，直接上架，自然干燥。草架底部要离地面 20~30 cm，架上饲草堆放厚度一般 ≤80 cm。架与架之间留 40 cm 通道。干草架子有独木架、三脚架、幕式棚架、铁丝长架、活动架等。

6.1.3 发酵干燥

适用于光照时间短、光照强度低、潮湿多雨的地区。带燕麦饲草晾晒风干至含水量 50% 左右时，分层堆积成 3~5 m 高的草垛，每层可撒饲草重量 0.5%~1.0% 的食盐，表层用土或薄膜覆盖，放置 2~3 天，在晴天时开垛晾晒干燥。

6.2 人工干燥

6.2.1 常温鼓风干燥

适用于牧草收获期昼夜相对湿度低于 75% 而温度高于 15℃ 的地区。建造干燥草库，内设大功率鼓风机，地面安置带通气孔的通风管道。燕麦饲草经田间刈割压扁，含水量下降至 35%~40% 时运往草库，堆在通风管上干燥。

6.2.2 高温快速干燥

将燕麦饲草置于烘干机 150℃干燥 20~40 min 或 500℃干燥 6~10 s，使含水量迅速降低到 15%左右。

6.2.3 压裂草茎干燥

选用牧草茎秆压裂机将燕麦茎秆压裂压扁，再用自然干燥或人工干燥的方法进行干燥。

6.3 冷（或霜）冻干燥

适合于高寒阴湿地区。霜冻来临前，对开花期或乳熟期的青燕麦暂不收割，待霜冻 1~2 周之后，含水量下降到 40%~45%时再刈割，就地冻晒干燥，脱水、冻干一周后，当含水量下降到 23%左右时，收集拉运堆垛贮藏。

7 散干草的贮藏

将干草铡为 5~10 cm，含水量 15%以下，贮藏于草库（房）中。

7.1 干草捆调制

7.1.1 压捆

（1）作业方式：固定作业压捆时，实行人工辅助喂料。行进式作业压捆机可自动从草条中将干草拣拾起来输送到压缩室，压成方形或圆形干草捆。圆草捆打捆机和方草捆打捆机的使用参照 GB/T 14290 和 GB/T 25423 标准执行。

（2）草捆的规格、形状：草捆通常分方形和圆形两种。方形捆规格为 50 cm×35 cm×45 cm 或 120 cm×45 cm×60 cm，草捆密度为 160~300 kg/m³，每捆重量为 15~25 kg。圆形捆的直径为 26~56 cm，长 90 cm，草捆密度为 200~240 kg/m³，每捆重量为 15~30 kg。此外，还有压缩成 1000 kg、1800 kg 的大型圆柱形草捆，这种草捆一般就地存放，供家畜自由采食。草捆的处理方式见附录 A。

（3）二次加压：为便于贮藏和运输，对压缩的初级草捆可进行二次加压。对 2~3 个初级草捆进行二次加压后，重量一般可达 40~60 kg。

7.1.2 干草捆的贮藏

堆垛时草捆要"品"字形排列，各层间要相互交错压茬，立求牢固、整齐、美观。垛与垛之间依风向每隔三排、五排留有 20~30 cm 的空间。堆垛要选在干燥通风处，垛顶要码成屋脊形，并盖上帆布或厚塑料布（≥0.4 mm）。

7.2 干草的加工

松散青干草或压缩干草捆，都适宜制成草粉或作为饲料工业的原料（如草颗粒、草砖、草饼、营养舔砖等）。压缩草捆长途运输时，应压缩为高密度草捆（含水量 15%以下）。

8 品质评定

8.1 品质指标测定

8.1.1 水分

参照 GB/T 6435—2006 检测。

8.1.2 粗蛋白

参照 GB/T 6432 检测。

8.2 品质评定

参照 NY/T 728 标准执行。

附录 A
（资料性附录）
行进式压捆机的草捆处理方式

主要有以下 4 种机械化程度不同的处理方式。

（1）当压捆机在田间行进工作时，将压制好的草捆自动排出丢在地上，然后由人工捡拾装运。

（2）装有捆压室滑槽的机器，可在行进工作时把压制好的草捆从压捆机提升到它后面的拖车上，再用人工摆放整齐或随机堆放，运回后拖车会自动倾斜把草捆倒入升运器装进仓库。

（3）草捆从压捆机后面排出时以 4~8 捆为一组集中堆在地上，然后再由人工装运，或用专门的拖拉悬挂式起重抓钩或堆集拣拾器陆续集成大垛。

（4）完全机械化的草捆处理装置：由一台能将草捆从田间拣装到它的底盘上并排列整齐运到贮存地装进仓库的车辆所组成。

（周青平、颜红波、刘文辉、贾志峰、梁国玲、
魏小星、张英俊、拉巴、白史且、薛世明）

附录一
草种与品种类

一、草品种审定技术规范

1　范围

本标准规定牧草及草坪草品种审定的术语定义、内容、审定机构、审定程序、品种试验、审定和登记标准及品种试验技术规范。

本标准适用于全国草品种审定委员会对牧草及草坪草的育成品种、引进品种、地方品种和野生栽培驯化品种的审定与登记。

2　规范性引用文件

下列文件中的条款通过本标准的引用而成为本标准的条款。凡是注日期的引用文件，其随后所有的修改单（不包括勘误的内容）或修订版均不适用于本标准，然而，鼓励根据本标准达成协议的各方研究是否可使用这些文件的最新版本。凡是不注日期的引用文件，其最新版本适用于本标准。

《中华人民共和国进境植物检疫危险性病、虫、杂草名录》1992年农（检疫）字第17号

《农业转基因生物安全管理条例》2001年中华人民共和国国务院令第304号

3　术语和定义

下列术语和定义适用于本标准。

3.1　草品种　herbage variety

经人工选育，形态特征和生物学特性相对一致，遗传性状相对稳定并作为生产资料在草业生产中应用的草类群体。

3.2　品种审定　variety registrstion

由品种审定机构对品种进行审定登记的过程。

3.3　育成品种　bred variety

经过育种而形成的新品种，与种内其他品种在一个或数个特征特性上有明显差异。

3.4　引进品种　introduced variety

从国外引进并在国内有较大种植面积的品种。

3.5　地方品种　local variety

在某一地区长期栽培，适应当地气候和土壤条件，具有良好经济和生态价值的品种。

3.6　野生栽培品种　cultivatable wild variety

野生植物经过引种驯化，可以成功栽培，并具有利用价值的群体。

3.7 转基因品种 transgenetic variety

利用转基因生物技术将单个或一组外源基因转移到某一种植物体内，使这种植物具有了外源基因的遗传特性，并且经过人工选育，遗传性状相对稳定的群体。

3.8 适应性 adaptability

品种对其栽培地区气候、土壤及栽培条件的适应能力。

3.9 抗逆性 stress tolerance

品种对寒、热、旱、涝、盐碱等逆境的忍耐或抵抗能力。

3.10 抗病虫性 pest resistance

品种对病、虫害的抵抗能力。

3.11 饲用品质 feeding quality

牧草品种对家畜的适口性、营养价值、消化率等特点。

3.12 草坪密度 turf density

单位面积上草坪草个体或枝条的数量。

3.13 草坪均一性 turf uniformity

草坪表面均匀一致的程度。

3.14 草坪质地 turf exture

草坪草叶片的宽窄与柔软程度，一般多指草坪草叶片的宽度。

3.15 草坪弹性 turf elasticity

草坪在外力作用下产生变形，除去外力后变形随即消失的性能。

3.16 品种比较试验 varietal comparison trial

与对照品种在相同试验条件下进行比较的品种评价试验。

3.17 区域试验 regional trial

为确定某一品种的适宜栽培区域而进行的多个地点的联合试验。

3.18 生产试验 productive trial

为鉴定新品种在大田生产条件下的经济性状和其他特性而在较大面积的生产条件下所进行的试验。

4 审定内容及依据

4.1 内容

（1）牧草品种审定的内容主要包括品种的特征特性、丰产性、适应性、抗病虫性、抗逆性、适口性、品质和生产技术等。

（2）草坪草品种审定的内容主要包括品种的特征特性、适应性、抗病虫性、抗逆性、建坪及养护管理技术、密度、均一性、色泽、质地、草坪弹性和绿色期等。

（3）审定品种类型包括育成品种、引进品种、地方品种、野生栽培驯化品种及转基因草品种。

4.2 依据

（1）品种的基本特征特性和生产技术特点以品种选育单位或个人所提供的资料作为参考，以全国草品种审定委员会组织的区域试验的结果作为最终依据。

（2）牧草品种的丰产性、适应性、适口性、生育期、主要农艺性状等以全国草品种审定委员会组织的区域试验的结果为主要依据。

（3）草坪草品种的适应性、建坪及养护管理技术、密度、均一性、色泽、质地、草坪弹性、绿色期、抗旱性、耐热性、抗寒性、抗病性及抗虫性以全国草品种审定委员会组织的区域试验的结果为主要依据。

（4）品种的抗逆性和抗病虫性作为育种目标时，抗性性状的检测以全国草品种审定委员会指定的专业机构提供的鉴定结果为主要依据。

5 品种试验

5.1 品种比较试验

（1）试验采用完全随机区组设计，重复不少于3次。

（2）矮秆密行条播牧草试验小区面积为 15~20 m^2，高秆宽行条播饲料作物试验小区面积为 30~40 m^2，草坪草试验小区面积为 8~20 m^2，试验地四周应设 1~2 m 保护行。

（3）栽培措施和田间管理与当地大田生产相同。

（4）试验区内各项管理措施要求及时、一致，同一个试验的每一项田间操作最好在同一天内完成，如有实际困难同一重复的田间操作必须在同1天内完成。

（5）一年生品种的试验时间不少于 2 个生产周期；多年生品种的试验时间不少于 3 个生产周年。

（6）参试对照品种应是当地已登记的品种，或当地生产上应用最广泛的品种，或在育种目标性状上表现最突出的品种。

（7）参试品种应不少于 3 个（包括对照品种）。

（8）观测记载项目及标准，参见附录 A 和附录 B。草坪草质量性状综合评价方法按附录 C 的要求执行。

（9）对试验结果进行方差分析，并用新复极差法进行多重比较。

5.2 区域试验

（1）一年生或多年生品种的区域试验，应根据不同品种的适应性，安排 3 个以上不同地区的试验点。

（2）满足本标准的 5.1 中（1）~（6）条款。

（3）观测记载项目及标准，参见附录 A 和附录 B。草坪草质量性状综合评价方法按附录 C 的要求执行。

（4）对试验结果进行方差分析，并用新复极差法进行多重比较。

5.3　生产试验

（1）优良品种通过品种比较试验后，可在参加区域试验的同时安排生产试验。

（2）一年生或多年生品种的生产试验，应根据不同品种的适应性，安排 3 个以上不同城区的试验点。

（3）一年生品种的试验时间不少于 2 个生产周期；多年生品种的试验时间不少于 3 个生产周年。

（4）一个试验点的种植面积为 1000~3000 m^2。

（5）对照品种应为品种审定委员会审定登记的当地主要栽培品种或由品种审定委员会指定的品种。

（6）田间管理和施肥水平与大田生产相当。

（7）观测记载项目及标准，参见附录 A 和附录 B。草坪草质量性状综合评价方法按附录 C 的要求执行。

6　品种报审条件

6.1　育成品种

（1）经过人工选育或发现并经过改良的新品种；与现有品种（全国草品种审定委员会已受理或审定通过的品种）有明显区别；遗传性状相对稳定；形态特征和生物学特性相对一致；并与相同或者相近的植物属或者种中已知品种的名称相区别。

（2）一年生品种应有 2 个生产周期的品种比较试验，多年生品种应有 3~4 年的品种比较试验，并具有完整的区域试验和生产试验的资料。

（3）新品种产量应高于当地同类型的主要推广品种 10%以上，经统计分析（方差分析及多重比较）增产显著者；杂种优势利用的杂交种要求增产 15%以上。

（4）新品种产量不高于当地同类型的主要推广品种，但品质、成熟期、抗病抗虫性、抗逆性等一项或多项指标表现突出。

（5）提供申报品种的植物彩色照片和种子样品。

6.2　引进品种

（1）具有完整的区域试验和生产试验资料。

（2）经国家种子检疫机构检验，不带有 1992 年农（检疫）字第 17 号《中华人民共和国进境植物检疫危险性病、虫、杂草名录》中规定的检疫性病虫害及恶性杂草种子。

（3）栽培面积达到 100 hm^2 以上。

（4）引进品种应采用原有名称报审，不能另立新名作为新品种报审。

（5）应提供原所在国或组织审定通过的品种证明及相关资料。

6.3 地方品种

（1）在当地栽培历史达 30 年以上的农家品种。

（2）该品种对当地气候、土壤条件适应性强，有较好的经济价值。

（3）栽培面积在 100 hm^2 以上。

（4）满足本标准的第 6.1 中（2）条款。

6.4 野生栽培品种

（1）野生草人工栽培成功。

（2）对当地气候、土壤条件适应性强，有较高的经济价值，栽培面积达 100 hm^2 以上。

（3）满足本标准的第 6.1 中（2）条款。

（4）可用原种名作为栽培品种报审，命名时应在原种名前冠以原采集地名以区别不同的生态型。

6.5 草坪草品种

（1）草坪草育成品种应提供能建植 5 万 m^2 以上的草坪草种子或种苗。并满足 6.1 中（2）条款。

（2）引进品种建植面积在 10 万 m^2 以上。并满足 6.2 中（1）条款。

（3）地方品种和野生栽培驯化品种建植面积在 10 万 m^2 以上，并满足 6.1 中（2）条款。

（4）品种坪用性状的评价，依据附录 C 的质量性状综合评价方法执行。

（5）草坪草品种试验的综合评分及专门机构的抗性鉴定可作为品种审定的依据。

6.6 转基因草品种

（1）转基因草品种为育成品种之一，其品种报审应具备本标准 6.1 条款的各项要求。

（2）转基因草品种的审定要特别注意其生物安全性，应按中华人民共和国国务院令，2001 年第 304 号《农业转基因生物安全管理条例》执行。

（3）引进国外育成的转基因草品种，其品种报审应具备 6.2 条款的各项要求及 6.6 中（2）条款的要求。

7 审定程序

（1）申请单位和个人直接向全国草品种审定委员会提出申请，对没有经常居所或营业场所的外国企业、其他组织或外国人申请草品种审定时，应委托具有法人资格的中国种子科研、生产、经营机构代理。

（2）经审查同意受理的品种，按规定交纳试验费和提供试验种子，由全国草品种审定委员会秘书处安排区域试验。

（3）区域试验完成后，由秘书处组织专业委员会（专业组）初审，其结果报全国草品种审定委员会及申请单位和个人。

（4）申请草品种审定应向全国草品种审定委员会秘书处提交申请书（申请书式样按附

录 D 和附录 E 填写），并依据 6.1、6.2、6.3 和 6.4 条款的规定要求提交完整的品种比较试验、区域试验和生产试验报告。提交申请书的时间为每年 9 月 30 日以前。秘书处在收到申请书 2 个月内进行形式审查，作出受理或不予受理的决定，并通知申请者。

（5）申报审定的品种在全国草品种审定委员会每年例行的年会上予以审定。到会委员人数应达总人数的 2/3 以上，采用无记名投票表决，赞成票达到会委员人数的 2/3 以上时，审定通过。

（6）品种审定实行回避制度，与申报审定品种有直接关系的评审委员应予回避。

（7）审定通过的品种，由全国草品种审定委员会编号登记、颁发证书，由农业部主管部门公告。

（8）审定未通过的品种，由全国草品种审定委员会秘书处，在审定结束后的 30 日内通知申请者，并说明缘由。

附 录 A
(资料性附录)
牧草及饲料作物观测项目与记载标准

A1 基本情况的记载内容

为了正确掌握试验进行情况，凡有关试验的基本情况，都应详细记载，以保证试验结果的准确和供分析对比时参考。

A1.1 试验地概况

试验地概况主要包括：地理位置、地形、坡度、坡向、海拔、土壤类型、土坡 pH、土壤养分（有机质、速效 N、速效 P、速效 K）、地下水位、前茬、底肥及整地情况。

A1.2 气象资料的记载内容

记载内容主要包括：气温、降水量、无霜期、早霜晚霜时间、极端最高最低温度以及灾害天气的记载等。

A1.3 播种情况

播种时气温、地下 5 cm 地温、播期和移栽期、播种方法、株行距、播种量、播种深度、播种前后是否镇压、耙地等。

A1.4 田间管理

包括：间苗、定苗、中耕、锄草、灌溉、追肥、防治病虫害。

A2 牧草及饲料作物田间观测记载项目和标准

禾本科牧草及饲料作物田间观测记载项目及内容按表 A1，豆科牧草及饲料作物田间观测记载项目及内容按表 A2，块根及块茎类饲料作物田间观测记载项目及内容按表 A3。

表 A1　禾本科牧草及饲料作物田间观测记载表

小区号	品种名称	播种期	出苗期（返青期）	分蘖期	拔节期	孕穗期	抽穗期	抽穗期株高/cm	开花期	成熟期			完熟期株高/cm	生育天数/d	枯黄期	生长天数/d	越冬率（越夏）/%	抗逆性
										乳熟	蜡熟	完熟						

注：禾本科牧草成熟期应在完熟期栏中填写。

表 A2　豆科牧草及饲料作物田间观测记载表

小区号	品种名称	播种期	出苗期（返青期）	分枝期	现蕾期	现蕾期株高/cm	开花期		开花初期株高/cm	结荚期	成熟期	成熟期株高/cm	生育天数/d	枯黄期	生长天数/d	越冬率（越夏）/%	根颈入土深度/cm	根颈直径/cm	抗逆性
							初花	盛花											

表A3 块根及块茎饲料作物生育期观测记载表

小区号	品种名称	播种期	出苗期	块根(茎)膨大期	块根(茎)收获期	产量/(kg/hm²)		母根种植期	萌发期	抽薹期	开花期	结实期	种子采收期	种子产量/(kg/hm²)	生育天数	抗逆性
						茎叶	块根(茎)									

A2.1 禾本科牧草及饲料作物田间观测记载项目说明

A2.1.1 出苗期(返青期)

牧草萌发后幼苗露出地面达50%为出苗期;越冬后,植株有50%返青时为返青期。

A2.1.2 分蘖期

有50%的幼苗在茎的基部茎节上生长侧芽1 cm以上为分蘖期。

A2.1.3 拔节期

50%植株的第一个节露出地面1~2 cm为拔节期。

A2.1.4 孕穗期

50%植株出现剑叶为孕穗期。

A2.1.5 抽穗期

50%植株的穗顶由上部叶鞘伸出而显露于外时为抽穗期。

A2.1.6 开花期

50%的植株开花为开花期。

A2.1.7 成熟期

禾本科牧草成熟期是指80%以上的种子成熟。禾本科饲料作物成熟期分为三个时期,即乳熟期、蜡熟期和完熟期。乳熟期是指50%以上植株的籽粒内充满乳汁,并接近正常大小;蜡熟期是指50%以上植株籽粒的颜色接近正常,内呈蜡状;完熟期是指80%以上的种子坚硬。

A2.1.8 生育天数

由出苗至种子成熟的天数。

A2.1.9 枯黄期

50%的植株枯黄时为枯黄期。

A2.1.10 生长天数

由出苗（返青）至枯黄期的天数。

A2.1.11 越冬（夏）率

在小区中选择有代表性的样段两处，每段长 1 m。在越冬前及第二年返青（或夏季越夏）后分别计算样段中植株总数及返青数，便可统计越冬（夏）率：

$$越冬(夏)率=\frac{返青株数}{样段内植株总数}\times100\%$$

A2.1.12 抗逆性

可根据小区内发生的冻害、旱害、病害等具体情况加以记载。

A2.1.13 株高

每小区随机取 10 株，测量从地面至植株的最高部位（芒除外）的绝对高度，求其平均值。于孕穗期、成熟期测量。

A2.2 豆科牧草及饲料作物田间观测记载项目说明

A2.2.1 出苗（返青）期

50%幼苗出土后为出苗期。

A2.2.2 分枝期

50%植株长出侧枝为分枝期。

A2.2.3 现蕾期

50%植株有花蕾出现为现蕾期。

A2.2.4 开花期

10%植株开花为开花初期，80%植株开花为开花盛期。

A2.2.5 结荚期

50%植株有荚果出现为结荚期。

A2.2.6 成熟期

60%植株种子成熟为成熟期。

A2.2.7 株高

每小区随机取 10 株，测量从地面至植株的最高部位的绝对高度，求其平均值。于现蕾期、初花期、成熟期测定。

A2.2.8 根颈入土深度和直径

入冬前，在每小区内选择有代表性的植株 10 株测定。

A2.3 块根及块茎类饲料作物田间观测记载项目说明

A2.3.1 出苗期

50%幼苗出土后为出苗期。

A2.3.2 块根（茎）膨大期

50%植株的块根（茎）膨大为膨大期。

A2.3.3 块根（茎）收获期

80%植株的块根（茎）成熟，这一时期为收获期。

A2.3.4 母根种植期

母根种植田间的时间，称为母根种植期。

A2.3.5 萌发期

50%母根萌发后长出新叶为萌发期。

A2.3.6 抽薹期

50%植株抽薹为抽薹期。

A2.3.7 开花期

50%植株开花为开花盛期。

A2.3.8 结实期

60%植株种子成熟为成熟期。

A3 产草量的测定

产草量包括第一次刈割的产量和再生草产量。产草量的测定禾本科一般于抽穗期，豆科一般于开花初期进行。最后一次测定应在植物停止生长前的 15~30 天内进行。刈割留茬高度一般为 4~5 cm。产草量包括鲜重和干重（指鲜草样品风干后的质量）。必要时可测定干物质重。测产时应除去试验小区两侧边行及小区两头 50 cm 之内的面积。牧草及饲料作物产草量记载内容按表 A4。

表 A4 产草量登记表

小区号	品种名称	第一次刈割					第二次刈割					第三次刈割					总产量	
		测产日期	生育期	高度/cm	产量/(kg/hm²)		测产日期	生育期	高度/cm	产量/(kg/hm²)		测产日期	生育期	高度/cm	产量/(kg/hm²)		鲜草	干草
					鲜草	干草				鲜草	干草				鲜草	干草		

注：刈割次数超过 3 次者可续表填写。

A4 茎叶比的测定

茎叶比测定于抽穗期或开花期进行。称取牧草 0.5 kg 样品,将茎和叶、花序按两部分分开,待风干后称其质量,求其百分数。禾本科牧草的叶鞘部分包括于茎内,穗部包括在叶内,豆科牧草的叶应包括叶片、叶柄及托叶三部分,花序营养价值接近叶片也包括在叶内。牧草及饲料作用茎叶比记载内容按表 A5。

表 A5　茎叶比测定登记表　　　　　　　　　　(单位：kg)

小区号	品种名称	茎叶总重（风干）	茎（风干）		叶（风干）	
			重量	%	重量	%

附　录　B
(资料性附录)
草坪草观测记载项目

B1　基本情况的记载内容

为了正确掌握试验进行情况,凡有关试验的基本情况,一般都应详细记载,以保证试验结果准确和供分析对比时参考。

B1.1　试验地概况

试验地概况主要包括：地理位置、地形、坡度、坡向、海拔、土壤类型、土壤 pH、土壤养分（有机质、速效 N、速效 P、速效 K）、地下水位、年均温、年降雨量、无霜期、极端最高温度、极端最低温度、灾害天气的记载等。

B1.2　播种及种植情况

坪床准备、种植时间、播种量、播种方法和播种深度等。

B1.3　草坪管理

草坪管理包括：修剪、灌溉、施肥、除草、病虫害防治等。

B2 观测记载项目

草坪草观测记载的内容按附录 B 中的表 B1 执行。其余指标，如密度、均一性、绿色期、色泽、质地、草坪弹性、抗旱性、耐热性、抗寒性、抗病性和抗虫性记载内容和标准见附录 C。

表 B1 草坪草生育期观测记载表

小区号	品种名称	播种期	出苗期（返青期）	分蘖期	拔节期	孕穗期	抽穗期	抽穗期株高/cm	开花期	成熟期	完熟期株高/cm	生育天数/d	枯黄期	生长天数/d	越冬（越夏）率/%	抗逆性

注：各指标记载标准请按附录 A 中表 A1 中的禾本科牧草及饲料作物田间观测记载项目执行。

附 录 C
(规范性附录)
草坪草质量性状综合评价方法

C1 草坪草质量性状评价方法

C1.1 密度

测定方法采用 10 cm×10 cm 样方，测定样方内的草坪植株个体（一般是指分蘖枝条）数量，重复 3 次。密度指标共分 5 级，采用 9 分制评分。分级及评分标准如表 C1 所示。

表 C1 草坪草密度分级表

等级	评分	指标/（分蘖枝条/cm^2）
1	8~9	≥3.5
2	6~7	2.5~3.5
3	4~5	1.5~2.5
4	2~3	0.5~1.5
5	1	≤0.5

C1.2 均一性

均一性是指整个草坪的外貌均匀程度,是草坪密度、颜色、质地、整齐性等差异程度的综合反映。测定方法采用目测打分法。分级及评价标准如表C2所示。

表 C2 草坪草均一性分级表

等级	评分	指标	说明
1	9~8	很均匀	草坪的密度、颜色、质地、整齐性差异极小
2	6~7	较均匀	草坪的密度、颜色、质地、整齐性差异不明显
3	4~5	均匀	草坪的密度、颜色、质地、整齐性略有差异
4	2~3	不均匀	草坪的密度、颜色、质地、整齐性差异较大
5	1	极不均匀	草坪的密度、颜色、质地、整齐性差异很大

C1.3 色泽

草坪草色泽采用目测法,分级及评分标准如表C3所示。

表 C3 草坪草色泽分级表

等级	评分	指标
1	8~9	墨绿
2	6~7	深绿
3	4~5	绿
4	2~3	浅绿
5	1	黄绿

C1.4 质地

草坪草质地采用直接测量方法,测量叶片最宽处的宽度,样本数30个以上,计算平均值,分级及评分标准见表C4。

表 C4 草坪草质地分级表

等级	评分	指标/mm
1	8~9	<3
2	6~7	3~4
3	4~5	4.1~5
4	2~3	5.1~6
5	1	>6

C1.5 草坪弹性

草坪弹性采用国际足联的标准,根据足球从3 m高自由下落后回弹的高度进行分级,评分标准见表C5。

表 C5　草坪弹性分级表

等级	评分	指标/m
1	8~9	>0.9
2	6~7	0.81~0.9
3	4~5	0.70~0.8
4	2~3	0.6~0.7
5	1	<0.6

C1.6　绿色期

草坪绿色期用天数表示，采用目测法估计。在正常养护管理条件下测定品种从50%的植株返青变绿到50%的植株枯黄的持续天数。

C1.7　抗旱性

草坪草抗旱性采用目测方法，在自然干旱季节进行目测，抗旱性分级标准见表C6。

表 C6　草坪草抗旱性分级表

等级	评分	指标
1	8~9	强
2	6~7	较强
3	4~5	中等
4	2~3	较弱
5	1	弱

C1.8　耐热性

草坪草耐热性采用目测方法，在自然条件下最炎热的季节之后，调查草坪草越夏存活率。耐热性分级标准见表C7。

表 C7　草坪草耐热性分级表

等级	评分	指标（越夏存活率%）
1	8~9	>90
2	6~7	75~90
3	4~5	50~74
4	2~3	30~49
5	1	<30

C1.9　抗寒性

草坪草抗寒性采用目测方法，在初冬及早春季节调查草坪草冻害及越冬率。抗寒性分级标准见表C8。

表 C8　草坪草抗寒性分级表

等级	评分	指标（越冬率%）
1	8~9	>90
2	6~7	75~90
3	4~5	50~74
4	2~3	30~49
5	1	<30

C1.10　抗病性

草坪草抗病性采用目测方法，在病害发生较严重的季节目测草坪草病害发生情况。抗病性分级标准见表 C9。

表 C9　草坪草抗病性分级表

等级	评分	指标
1	8~9	高抗
2	6~7	中抗
3	4~5	感病
4	2~3	中感
5	1	高感

C1.11　抗虫性

草坪草抗虫性采用目测方法，在虫害发生较严重的季节目测草坪草的虫害发生情况。抗虫性分级标准见表 C10。

表 C10　草坪草抗虫性分级表

等级	评分	指标
1	8~9	高抗
2	6~7	中抗
3	4~5	低感
4	2~3	中感
5	1	高感

C2　草坪草质量综合评价

依据草坪草性状评价方法得出的评分，可列入综合评价表（表 C11），最终得出综合评价结果。

表 C11　草坪草质量综合评价表

测定项目	测定时间/月												评分
	1	2	3	4	5	6	7	8	9	10	11	12	
密度													
均一性													
色泽													
质地													
弹性													
绿色期													
抗旱性													
耐热性													
抗寒性													
抗病性													
抗虫性													
总评	优（　）		良（　）		中（　）		差（　）		劣（　）				

注：1. 总评分中的优、良、中、差、劣分别代表 8~9 分、7~6 分、4~5 分、2~3 分和 1 分。
　　2. 以抗旱、耐热、抗寒、耐盐、抗病和抗虫等为育种目标的品种，应由品种审定委员会指定的专门机构进行鉴定评价。

草坪草品种在品种比较试验、区域试验和生产试验的综合评价结果，以及专门机构的抗性鉴定结果，可作为品种的评审依据。

附录 D
(规范性附录)
草品种审定申请书基本内容的格式

草品种审定申请书

牧草名称_____

学　　名_____

品种名称_____

申请单位_____

申 请 者_____

通信地址_____

邮政编码_____

电　　话_____

传　　真_____

电子邮箱_____

填报时间_____

全国草品种审定委员会

填表注意事项

1. "品种名称"应符合《中华人民共和国新品种保护条例》第十八条关于品种命名的规定。

2. "品种来源"应写明品种来源的时间、地点和来源单位等。

3. "品种选育（引种）报告"要详细介绍亲本组合、引入国家、省（市）、育种（引种）时间、育种方法及品种选育（引种）过程。（另附详细的育种（引种）报告）

4. "品种特征特性"根据区试结果，按如下顺序描述：
生态或栽培类型，生育期或成熟期，幼苗，植株，种子，品质，抗性，牧草产量，其他。

5. "栽培技术要点"按播期和移栽期、播种方法、株行距、播种量、播种深度、肥水管理、田间除杂、病虫害防治、种子收获等顺序写。

6. 附件：包括①各项鉴定（检测）报告原件；②照片（注明品种名称）；③标本；④委托代理书原件。

7. 申请书及相关材料一律要求打印并加盖印章，一式 24 份（其中原件 2 份，同时报送电子版）。

草品种审定申请书

品种名称：
品种来源：
适应区域：
品种品质鉴定（营养成分、适口性、消化率等）：
品种抗性表现（抗旱性、抗寒性、抗病虫害、耐热性或耐盐性）：
主持区域试验单位意见： （盖章） 审核人签字　　　　　　　　　　　　年　月　日
申报单位意见： （盖章） 　　年　月　日
全国草品种审定委员会意见： （盖章） 　　年　月　日
农业部意见： （盖章） 　　年　月　日
选育目的（引种目的）： （盖章） 　　年　月　日
选育方法及过程：

续表

		年份	干草产量/(kg/hm²)		增产/%	显著性	对照品种名称
			申报品种	对照品种			
历年产量表现	品种试验						
		年份	干草产量/(kg/hm²)		增产/%	显著性	对照品种名称
			申报品种	对照品种			
	区域试验						
		年份	干草产量/(kg/hm²)		增产/%	显著性	对照品种名称
			申报品种	对照品种			
	生产试验						

品种特征特性:

栽培技术要点:

可提供原种数量:

备注:

说明：申报育成品种完全按此表填写。申报引进品种不填写"选育方法及过程"一栏。申报地方品种或野生栽培驯化品种"选育方法及过程"一栏应改成"品种整理（栽培驯化）过程"。

品种区域试验产量结果表

年份	试验地点	产量/(kg/hm²)		增减产/%	显著性	对照品种名称
		申报品种	对照品种			
		鲜草 干草 种子	鲜草 干草 种子			
		鲜草 干草 种子	鲜草 干草 种子			
		鲜草 干草 种子	鲜草 干草 种子			
		鲜草 干草 种子	鲜草 干草 种子			
		鲜草 干草 种子	鲜草 干草 种子			
		鲜草 干草 种子	鲜草 干草 种子			
		鲜草 干草 种子	鲜草 干草 种子			
平均						

品种生产试验产量结果表

年份	试验地点	产量/(kg/hm²)		增减产/%	显著性	对照品种名称
		申报品种	对照品种			
		鲜草 干草 种子	鲜草 干草 种子			
		鲜草 干草 种子	鲜草 干草 种子			
		鲜草 干草 种子	鲜草 干草 种子			
		鲜草 干草 种子	鲜草 干草 种子			
		鲜草 干草 种子	鲜草 干草 种子			
		鲜草 干草 种子	鲜草 干草 种子			
		鲜草 干草 种子	鲜草 干草 种子			
平　　均						

品 种 标 准

品种来源：
种子特征：
植物学特征：
品种的主要特性：

品种照片及实物标本

附 录 E
(规范性附录)
草坪草品种审定申请书基本内容的格式

草坪草品种审定申请书

草坪草名称＿＿＿＿＿＿＿＿＿＿＿＿＿＿＿＿＿＿＿＿＿＿＿＿＿＿＿＿＿
学　　名＿＿＿＿＿＿＿＿＿＿＿＿＿＿＿＿＿＿＿＿＿＿＿＿＿＿＿＿＿
品种名称＿＿＿＿＿＿＿＿＿＿＿＿＿＿＿＿＿＿＿＿＿＿＿＿＿＿＿＿＿
申请单位＿＿＿＿＿＿＿＿＿＿＿＿＿＿＿＿＿＿＿＿＿＿＿＿＿＿＿＿＿
申 请 者＿＿＿＿＿＿＿＿＿＿＿＿＿＿＿＿＿＿＿＿＿＿＿＿＿＿＿＿＿
通信地址＿＿＿＿＿＿＿＿＿＿＿＿＿＿＿＿＿＿＿＿＿＿＿＿＿＿＿＿＿
邮政编码＿＿＿＿＿＿＿＿＿＿＿＿＿＿＿＿＿＿＿＿＿＿＿＿＿＿＿＿＿
电　　话＿＿＿＿＿＿＿＿＿＿＿＿＿＿＿＿＿＿＿＿＿＿＿＿＿＿＿＿＿
传　　真＿＿＿＿＿＿＿＿＿＿＿＿＿＿＿＿＿＿＿＿＿＿＿＿＿＿＿＿＿
电子邮箱＿＿＿＿＿＿＿＿＿＿＿＿＿＿＿＿＿＿＿＿＿＿＿＿＿＿＿＿＿
填报时间＿＿＿＿＿＿＿＿＿＿＿＿＿＿＿＿＿＿＿＿＿＿＿＿＿＿＿＿＿

全国草品种审定委员会

填表注意事项

1. "品种名称"应符合《中华人民共和国新品种保护条例》第十八条关于品种命名规定。

2. "品种来源"应写明品种来源的时间、地点和来源单位等。

3. "品种选育（引种）报告"要详细介绍亲本组合、引入国家、省（市）、育种（引种）时间、育种方法及品种选育（引种）过程（该栏目写不下，可另加附页）。

4. "品种特征特性"根据区试结果，按如下顺序描述：

生态或栽培类型，生育期，成熟期，幼苗，植株，种子，色泽，质地，绿期，抗性及其他。

5. "建植及管理技术要点"按播期、播种方法、播种量、播种深度、水肥管理、修剪养护、病虫害防治等顺序写。

6. 附件：包括①各项鉴定（检测）报告原件；②照片（注明品种名称）；③标本；④委托代理书原件。

7. 申请书及相关材料一律要求打印并加盖印章，一式 24 份（其中原件 2 份，同时报送电子版）。

草坪草品种审定申请书

品种名称：
品种来源：
适应区域：
品种评价指标及综合评价结果：
主持区域试验单位意见： （盖章） 年　月　日 审核人签字
申报单位意见： （盖章） 年　月　日
全国草品种审定委员会意见： （盖章） 年　月　日
农业部意见： （盖章） 年　月　日
选育目的（引种目的）： （盖章） 年　月　日
选育方法及过程：

续表

		年份	申报品种综合评分	对照品种综合评分	对照品种名称
历年草坪综合评分	品种比较试验				
		年份	申报品种综合评分	对照品种综合评分	对照品种名称
	区域试验				
		年份	申报品种综合评分	对照品种综合评分	对照品种名称
	生产试验				

品种特征特性：

建坪及管理技术要点：

可提供原种数量：

备注：

说明：申报育成品种完全按此表填写。申报引进品种不填写"选育方法及过程"一栏。申报地方品种或野生栽培驯化品种"选育方法及过程"一栏应改成"品种整理（栽培驯化）过程"。

草坪草区域试验质量性状评价表[*]

年份	试验地点	品种	密度	均一性	色泽	质地	弹性	绿色期	抗旱性	耐热性	抗寒性	抗病性	抗虫性	综合评分
		申报品种												
		对照品种												
		申报品种												
		对照品种												
		申报品种												
		对照品种												
		申报品种												
		对照品种												

*草坪草各质量性状分级及评价标准见附录C。

草坪草生产试验质量性状评价表*

年份	试验地点	品种	密度	均一性	色泽	质地	弹性	绿色期	抗旱性	耐热性	抗寒性	抗病性	抗虫性	综合评分
		申报品种												
		对照品种												
		申报品种												
		对照品种												
		申报品种												
		对照品种												
		申报品种												
		对照品种												

*草坪草各质量性状分级及评价标准见附录C。

品 种 标 准

品种来源：

种子特征：

植物学特征：

品种的主要特性：

品种照片及实物标本

(袁庆华、苏加楷、张文淑、李聪)

二、牧草种质资源田间评价技术规程

1 范围

本标准规定了牧草种质资源田间评价的技术要求和方法。

本标准适用于禾本科牧草和豆科牧草种质资源田间评价的评价地基本信息、建植与取样、形态特征、生物学特性和农艺性状的评价。

2 规范性引用文件

下列文件对于本文件的应用是必不可少的。凡是注日期的引用文件，仅注日期的版本适用于本文件。凡是不注日期的引用文件，其最新版本(包括所有的修改单)适用于本文件。

GB/T 2930.9 牧草种子检验规程 重量测定

NY/T 1310 农作物种质资源鉴定技术规程 豆科牧草

3 要求

3.1 评价地点的选择

一般要求开阔、通风、光照充足、耕层深厚、湿润、质地中等、土壤肥力水平中等、排灌良好的地块。

3.2 试验设计

采取随机区组设计，设3次重复，小区面积为 $10\ m^2(2\ m \times 5\ m)$。试验地周围应设 1 m 的保护行。一般采取条播，种子量少的可穴播或育苗移栽。

3.3 田间栽培管理

采用一致的中等水肥管理条件，及时防治病虫害和防除杂草，保证植株的正常生长。

3.4 评价地基本信息

3.4.1 试验地概况

包括经度、纬度、海拔、地形、坡度、坡向、土壤类型、土壤质地、土壤 pH、土壤养分(有机质、全氮、全磷、全钾、速效氮、速效磷、速效钾)、地下水位和前茬等。

3.4.2 气象资料

包括年均温、年降水量、无霜期、早霜晚霜时间、极端最高温度、极端最低温度以及灾害天气等。

3.4.3 田间栽培管理记录

记录田间施肥(施肥方式、施肥种类、施肥量、施肥次数)、灌溉(灌溉方式、灌溉量、灌溉次数)等相关栽培管理基本信息。

4 评价内容

4.1 禾本科牧草种质资源

包括禾本科牧草形态特征、生物学特性和农艺性状等内容。

4.2 豆科牧草种质资源

包括豆科牧草形态特征、生物学特性和农艺性状等内容。

5 评价方法

5.1 禾本科牧草种质资源评价

5.1.1 形态特征

（1）根系疏密。开花期，随机选取10株(丛)，按照图1以最大相似原则确定地下须根的根系密度类型，分为疏、中等、密。

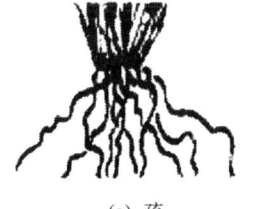  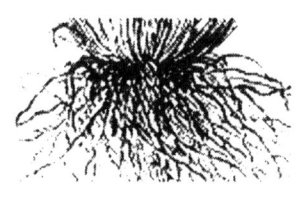

(a) 疏　　　　　　　　　(b) 中等　　　　　　　　　(c) 密

图1　根系密度

（2）分蘖类型。开花期，按照图2根据地表和地下分蘖枝条及不定根的生长情况以最大相似原则确定分蘖类型，分为根茎型、根茎-疏丛型、疏丛型、密丛型。

   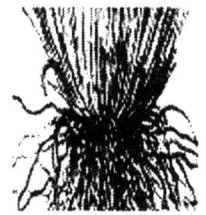

(a) 根茎型　　　　(b) 根茎-疏丛型　　　　(c) 疏丛型　　　　(d) 密丛型

图2　分蘖类型

（3）茎生长习性。开花期，按照图3以最大相似原则确定茎生长习性类型，分为直立、基部膝曲、斜升、斜倚和匍匐。

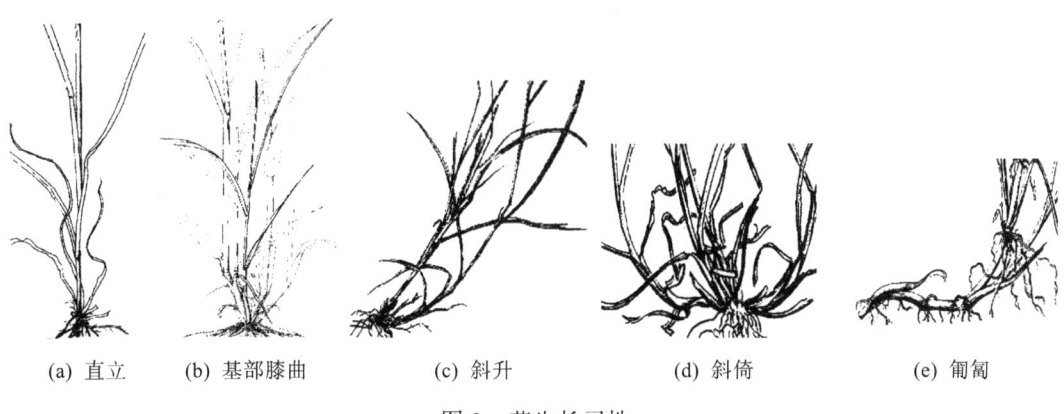

(a) 直立　　(b) 基部膝曲　　(c) 斜升　　(d) 斜倚　　(e) 匍匐

图 3　茎生长习性

（4）茎秆节数。开花期，随机选取 10 株(丛)，每株(丛)选 3 个枝条，计数植株茎秆的节数。自地面开始第一节数至花序以下的最末节。结果以平均值表示，精确到 1 节。

（5）叶鞘开合状态。开花期，随机选取 10 株(丛)，按照图 4 以最大相似原则确定植株茎中部叶叶鞘上端开合状态类型，分为开放、闭合。

(a) 开放　　　　　　　　　(b) 闭合

图 4　叶鞘开合状态

（6）叶舌形态。用 5.1.1（5）的样本，在叶舌尚未撕裂的情况下，按照图 5 以最大相似原则确定叶舌形态类型，分为缺、截平、圆、钝、尖、啮蚀和纤毛状。

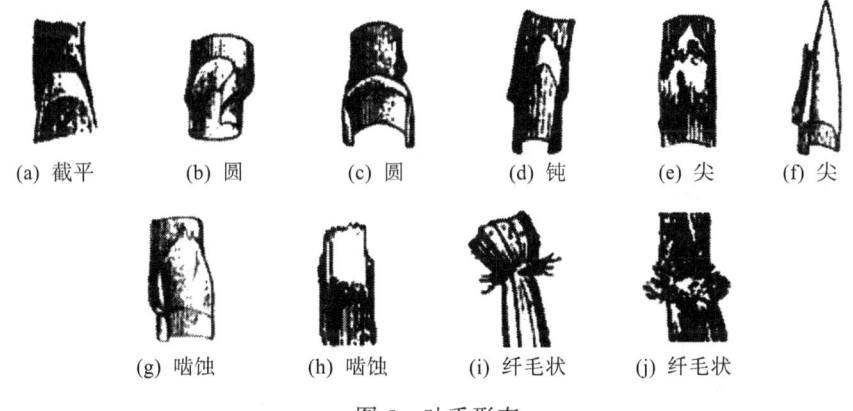

(a) 截平　(b) 圆　(c) 圆　(d) 钝　(e) 尖　(f) 尖

(g) 啮蚀　(h) 啮蚀　(i) 纤毛状　(j) 纤毛状

图 5　叶舌形态

（7）叶舌长度。用 5.1.1（5）的样本，测量植株中部叶的叶舌长度。结果以平均值表示，精确到 0.1 mm。

（8）叶舌质地。用 5.1.1（5）的样本，观测植株中部叶的叶舌质地，分为膜质、干膜质和纸质。

（9）叶耳有无。用 5.1.1（5）的样本，观测植株中部叶叶耳的有无。

（10）叶片形状。用 5.1.1（5）的样本，按照图 6 以最大相似原则确定叶片形状的类型，分为线状、条形、条状披针形、狭披针形、卵状披针形和披针状卵形。

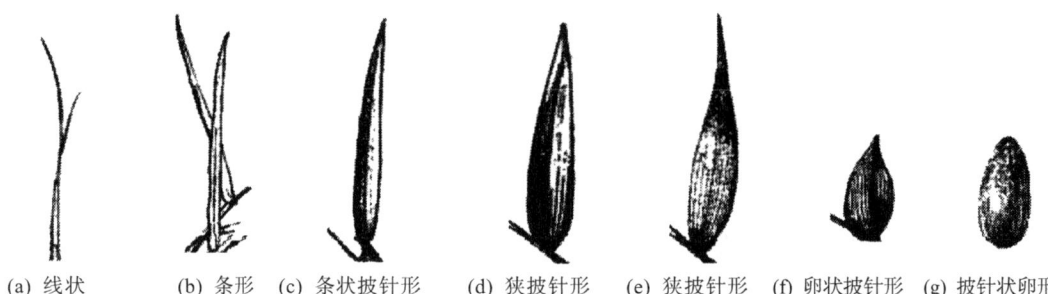

(a) 线状　　(b) 条形　(c) 条状披针形　(d) 狭披针形　(e) 狭披针形　(f) 卵状披针形　(g) 披针状卵形

图 6　叶片形状

（11）叶片形态。用 5.1.1（5）的样本，按照图 7 以最大相似原则确定叶片形态的类型，分为扁平、对折、稍内卷、内卷和稍外卷。

(a) 扁平　　　　(b) 对折　　　　(c) 稍内卷　　　(d) 内卷　　　　(e) 稍外卷

图 7　叶片形态

（12）叶片长度。用 5.1.1（5）的样本，测量中部叶片从叶颈至叶尖的长度，总样本数为 30。结果以平均值表示，精确到 0.1 cm。

（13）叶片宽度。用 5.1.1（5）的样本，测量中部叶片最宽处的长度，总样本数为 30。内卷或反卷的叶片要展开测量。结果以平均值表示，精确到 0.1 mm。

（14）叶片被毛。用 5.1.1（5）的样本，用放大镜观测茎中部叶片是否被毛及被毛的疏密程度，分为无、疏、密。

（15）叶片颜色。用 5.1.1（5）的样本，在正常一致的光照条件下，按照最大相似原则确定植株中部叶片正面的颜色，分为黄绿、蓝绿、浅绿、绿和深绿。

（16）花序类型。开花期，按照图 8 以最大相似原则确定花序类型，分为穗状、穗状花序指(伞)状排列、总状、总状花序指(伞)状排列和圆锥状。

二、牧草种质资源田间评价技术规程

(a) 穗状　(b) 穗状花序指(伞)状排列　(c) 总状　(d) 总状花序指(伞)状排列　(e) 圆锥状

图8　花序类型

（17）花序长度。开花期，从试验小区随机取样10株(丛)，按照图9测量花序主轴最基部至花序顶端的长度，总样本数为30。结果以平均值表示，精确到0.1 cm。

（18）花序宽度。用5.1.1（17）的样本，按照图9测量花序最宽处的自然长度(不含外伸的芒)，总样本数为30。结果以平均值表示，精确到1 mm。

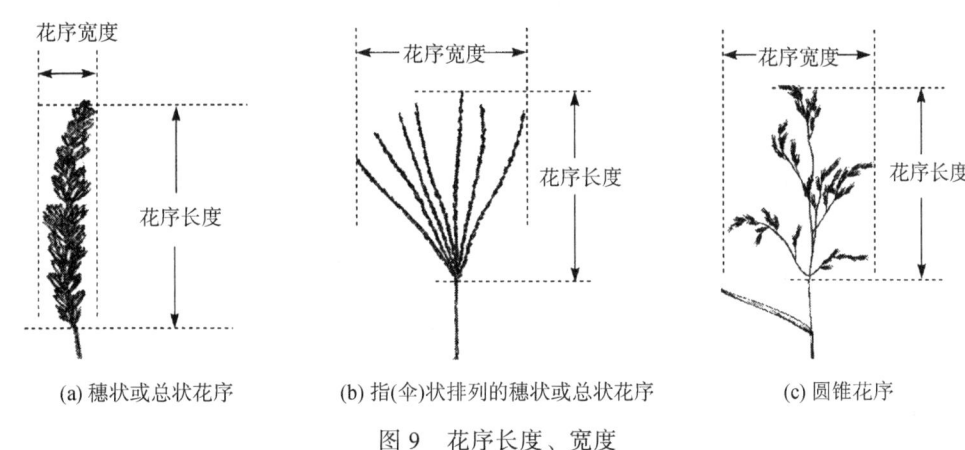

(a) 穗状或总状花序　　(b) 指(伞)状排列的穗状或总状花序　　(c) 圆锥花序

图9　花序长度、宽度

（19）小穗数。用5.1.1（17）的样本，观测记载穗轴中部每节着生的小穗数，总样本数为30，单位为枚/穗轴节（只对总状花序或穗状花序的牧草种质进行观测）。

（20）小穗形态。用5.1.1（17）的样本，按照图10以最大相似原则确定花序中部小穗的形态，分为两侧压扁、圆筒状和背腹压扁。

(a) 两侧压遍　　　　　　(b) 圆筒状　　　　　　(c) 背腹压扁

图10　小穗形态

（21）小花数。用 5.1.1（17）的样本，观测记载花序中部小穗的完整小花数，总样本数为 30。记录最小值到最大值，如每小穗 4~7 枚。

（22）第一颖有无。用 5.1.1（17）的样本，观测花序中部小穗第一颖是否存在，分为无、有。

（23）颖形状。用 5.1.1（17）的样本，按照图 11 以最大相似原则确定花序中部小穗第一颖的形状。如果第一颖缺，观测第二颖。颖形状分为芒状、锥状、条状披针形、狭披针形、披针形、椭圆状披针形、卵状披针形、三角状披针形、条状矩圆形、矩圆形、椭圆形、卵形、近方形和矩形。

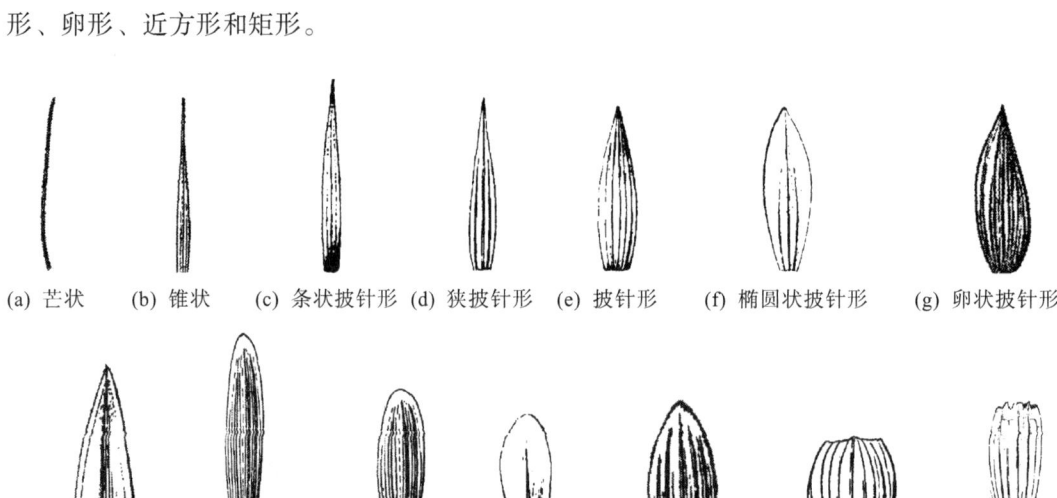

(a) 芒状　(b) 锥状　(c) 条状披针形　(d) 狭披针形　(e) 披针形　(f) 椭圆状披针形　(g) 卵状披针形

(h) 三角状披针形　(i) 条状矩圆形　(j) 矩圆形　(k) 椭圆形　(l) 卵形　(m) 近方形　(n) 矩形

图 11　颖形状

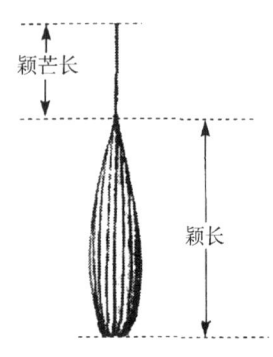

图 12　颖长度、颖芒长度

（24）颖长度。用 5.1.1（17）的样本，按照图 12 测量花序中部小穗第一颖的长度，总样本数为 30。如果第一颖缺，测量第二颖。结果以平均值表示，精确到 0.1 mm。

（25）颖芒长度。用 5.1.1（17）的样本，按照图 12 测量花序中部小穗第一颖芒的长度，总样本数为 30。如果第一颖缺，测量第二颖的芒长度。结果以平均值表示，精确到 0.1 mm（只对颖具芒的牧草种质进行观测）。

（26）外稃形状。用 5.1.1（17）的样本，按照图 13 以最大相似原则确定花序中部小穗第一外稃的形状，分为锥状披针形、披针形、卵状披针形、披针状卵形、披针状矩圆形、矩圆形、椭圆形、卵形、菱形和舟形。

（27）外稃质地。用 5.1.1（17）的样本，观测花序中部小穗第一外稃稃片的质地。分为膜质、草质和纸质。

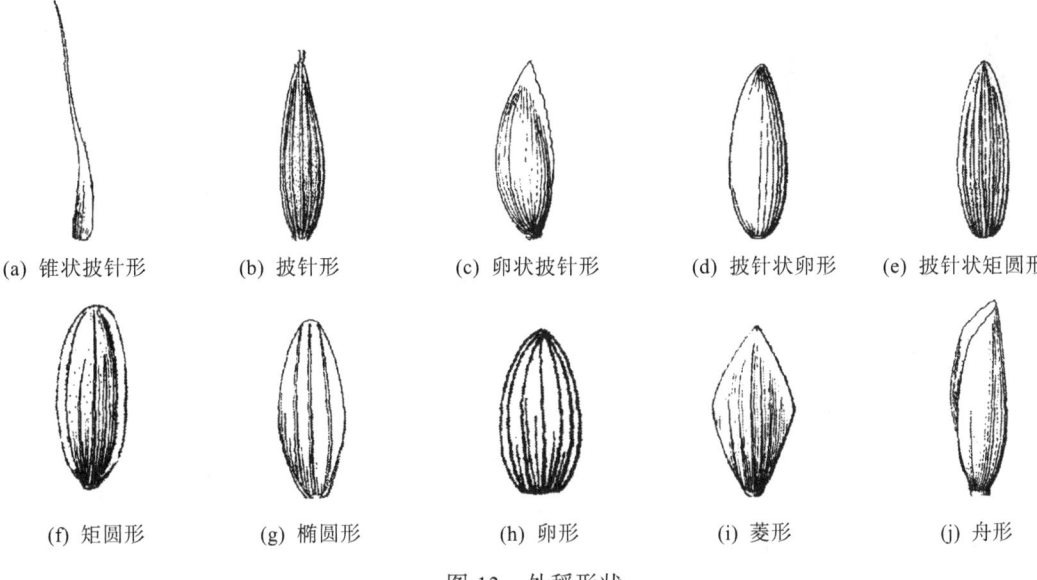

图 13 外稃形状

（28）外稃长度。用 5.1.1（17）的样本，按照图 14 测量花序中部小穗第一外稃的长度，总样本数为 30。结果以平均值表示，精确到 0.1 mm。

（29）外稃芒长度。用 5.1.1（17）的样本，按照图 14 测量花序中部小穗第一外稃芒的长度，总样本数为 30。结果以平均值表示，精确到 0.1 mm。

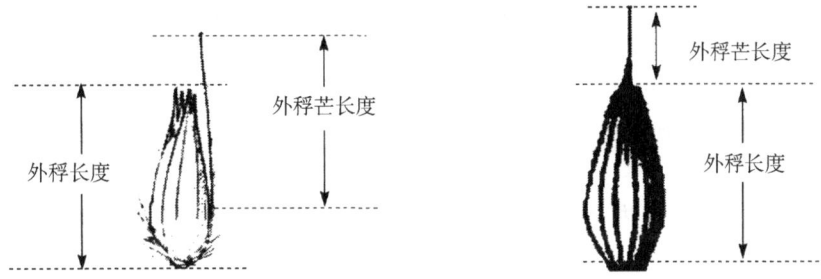

图 14 外稃长度、外稃芒长度

（30）颖果形状。成熟期，从采收的颖果中随机取样 30 粒，按照图 15 以最大相似原则确定颖果的形状。分为球状、半球状、卵状、长卵状、倒卵状、长倒卵状、椭圆状、矩圆状、矩形、披针状、纺锤状、细纺锤状和圆柱状。

 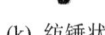 

(h) 矩圆状　　　(i) 矩形　　　(j) 拔针状　　　(k) 纺锤状　　　(l) 细纺锤状　　　(m) 圆柱状

图 15　颖果形状

（31）颖果长度。成熟期，从采收的颖果中随机取样 20 粒，利用相关仪器测量颖果最长处的长度。结果以平均值表示，精确到 0.1 mm。

5.1.2　生物学特性

（1）播种期。观察并记录禾本科牧草种子播种的日期。表示方法为"YYYYMMDD"。
（2）移栽期。观察并记录植物营养体移栽到田间的日期。表示方法为"YYYYMMDD"。
（3）出苗期。观察并记录 50%的幼苗露出地面的日期。表示方法为"YYYYMMDD"。
（4）返青期。观察并记录 50%的植株返青的日期。表示方法为"YYYYMMDD"。
（5）分蘖期。观察并记录 50%的植株分蘖的日期。表示方法为"YYYYMMDD"。
（6）拔节期。观察并记录 50%的植株拔节的日期。表示方法为"YYYYMMDD"。
（7）孕穗期。观察并记录 50%的植株孕穗的日期。表示方法为"YYYYMMDD"。
（8）抽穗期。观察并记录 50%的植株抽穗的日期。表示方法为"YYYYMMDD"。
（9）开花期。观察并记录 50%的植株开花的日期。表示方法为"YYYYMMDD"。
（10）乳熟期。观察并记录 50%的植株达到乳熟的日期。表示方法为"YYYYMMDD"。
（11）蜡熟期。观察并记录 50%的植株达到蜡熟的日期。表示方法为"YYYYMMDD"。
（12）完熟期。观察并记录 80%的植株达到完熟的日期。表示方法为"YYYYMMDD"。
（13）枯黄期。观察并记录 50%的植株达到枯黄的日期。表示方法为"YYYYMMDD"。
（14）生育天数。观察并记录试验小区植株由返青期到种子完熟期的总天数。单位为天（d）。
（15）生长天数。观察并记录试验小区植株从返青期到枯黄期的总天数。单位为天（d）。
（16）再生性。以每茬再生草产量之和占全年总产量的百分数表示。
（17）越冬率。按照 NY/T 1310 中 4.2.12 的规定执行。

5.1.3　农艺性状

（1）分蘖数。枯黄期，随机抽取 10 株，调查每一株丛的分蘖数。结果以平均值表示，精确到 1 枝/株。
（2）叶层高度。开花期，从试验小区随机取样 10 株(丛)，上繁植物测量自地面到植株最上部叶片自然状态下的最高部位的高度，下繁植物测量至叶层自然状态下的最高部位的高度。结果以平均值表示，精确到 0.1 cm。
（3）植株高度。开花期，从试验小区随机取样 10 株(丛)，分别测量自地面到植株最高点（一般为生殖枝）的高度。结果以平均值表示，精确到 0.1 cm。

（4）结实率。蜡熟期，从试验小区内随机抽取结实植株 5 株，每株分别测定 6 个果穗的小花总数（包括不孕和发育不全者）和发育正常的颖果数。用式（1）计算单株（丛）牧草的结实率，结果以平均值表示。

$$FR = \frac{N_1}{N} \times 100 \tag{1}$$

式中，FR 为结实率，单位为%；N 为每一果穗的小花总数，单位为个；N_1 为每一果穗发育正常的颖果数，单位为个。

（5）落粒性。完熟期，从试验小区观察 10 株（丛）颖果从植株上散落的程度。分为不脱落、少量脱落和脱落。

（6）茎叶比。刈割测产时，从中取不少于 10 株的样品，将茎（含叶鞘）、叶（含花序）分开，待风干后分别称重，精确到 0.1 g。然后用式（2）计算单株（丛）牧草的茎叶比，取平均数。表示方法为 1:X，X 精确到 0.01。

$$X = \frac{W_1}{W_s} \tag{2}$$

式中，W_s 为茎重，单位为 g；W_1 为叶重，单位为 g。

（7）鲜草产量。初花期，将每个试验小区分为两半，其中一半用于鲜草产量测量。收割后立即称取重量，3 次重复，结果以平均值表示，精确到 1 g/m²。最终产量为一个生长周期中单位面积牧草鲜草的累计产量，以 g/m² 表示。

（8）干草产量。用 5.1.3（7）的样木，从每个小区中抽取 1 kg 鲜草，将 3 个重复小区的样品混合均匀，从中抽取 1 kg 自然风干或烘干后称重，计算出鲜干比，并折算出干草产量。结果以平均值表示，精确到 1 g/m²。最终产量为一个生长周期中单位面积牧草干草的累计产量，以 g/m² 表示。

（9）种子产量。完熟期，利用每个试验小区鲜草产量测产余下的另一半进行种子产量测量，3 次重复。结果以平均值表示，精确到 1 g/m²，以 g/m² 表示。

（10）千粒重。按照 GB/T 2930.9 的规定执行。

（11）茎叶质地。初花期，用手触摸的方式确定茎叶质地。茎叶质地分为柔软（手抓青草时柔软而无扎手感觉）、中等（柔软度中等，感观测试居于柔软与粗糙之间）和粗糙（牧草秆硬叶糙，植物体多被粗硬毛或具刺，手抓或触及时有扎手或刺痛感，用手折断其茎秆和枝叶时难度大）。

5.2 豆科牧草种质资源评价

5.2.1 形态特征

（1）根系深度。试验结束时，采用挖掘法，每小区挖掘 1 个宽 50 cm 的剖面观察确定根系分布深度，3 次重复。分为浅根系、中间根系和深根系。

（2）根系类型。用 5.2.1（1）的样本，按照图 16 以最大相似原则确定根系类型，分为轴根型和分根型。

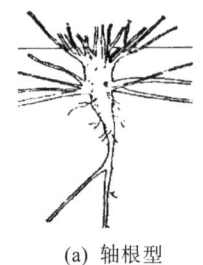 

(a) 轴根型　　　　　　　　(b) 分根型

图 16　根系类型

（3）根颈深度和宽度。越冬前观测，每个小区取样 10 株测量根颈入土深度及根颈宽度。结果以平均值表示，单位为 cm。

（4）茎生长习性。开花期，按照图 17 以最大相似原则确定茎的生长习性，分为直立茎、斜升茎、平卧茎、匍匐茎、攀援茎、缠绕茎、根蘖茎和根茎。

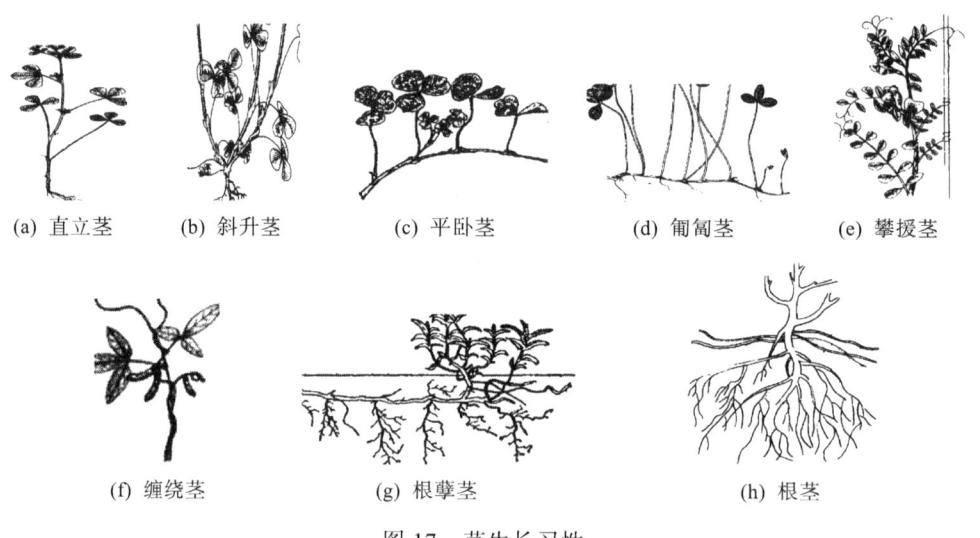

图 17　茎生长习性

（5）茎节数。开花期，随机选取植株 10 株，计数植株主茎第一个节到主茎末梢的节数，总样本数为 30。结果以平均值表示，精确到 1 节。

（6）茎直径。用 5.2.1（3）的样本，测量植株主茎第四个节间的直径，总样本数为 30。结果以平均值表示，精确到 0.1 mm。

（7）茎具刺。用 5.2.1（3）的样本，采用目测法确定茎具刺情况，分为无、疏和密。

（8）茎被毛。用 5.2.1（3）的样本，按照图 18 以最大相似原则确定茎被毛的有无及多少，分为无、疏和密。

（9）叶类型。开花期，随机选取植株 10 株，按照图 19 以最大相似原则确定叶的类型，分为奇数羽状复叶、偶数羽状复叶、掌状复叶、掌状三出复叶、羽状三出复叶和单叶。

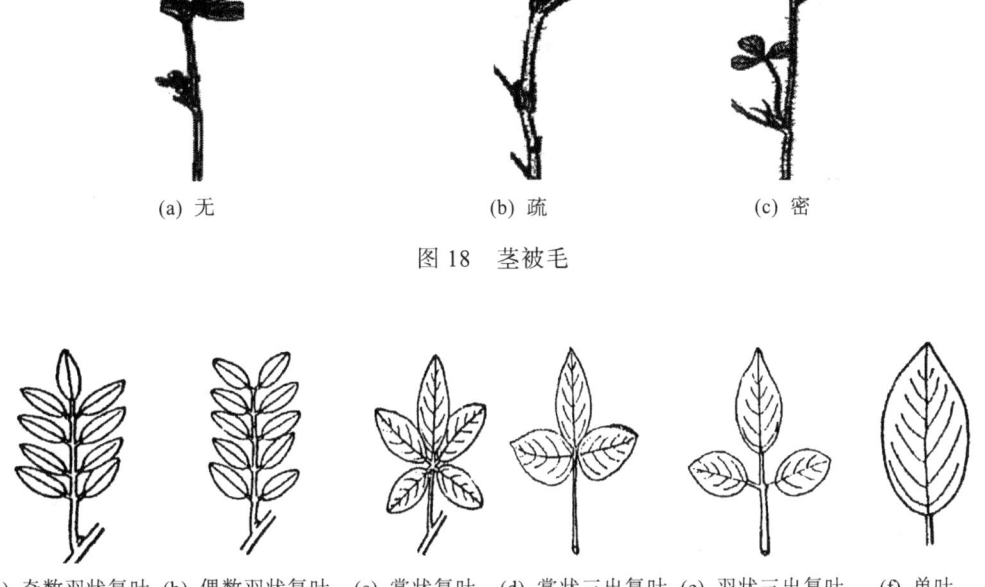

图 18 茎被毛

(a) 奇数羽状复叶 (b) 偶数羽状复叶 (c) 掌状复叶 (d) 掌状三出复叶 (e) 羽状三出复叶 (f) 单叶

图 19 叶的类型

（10）叶序。用 5.2.1（7）的样本，按照图 20 以最大相似原则确定叶在茎或枝上的排列方式，分为对生和互生。

(a) 对生　　　　　　　　　　　　(b) 互生

图 20 叶序

（11）托叶形状。用 5.2.1（7）的样本，按照图 21 以最大相似原则确定托叶的形状，分为无、刚毛状、针刺状、条形、钻形、箭头形、半箭头形、戟形、半戟形、披针形、斜卵状披针形、卵形、心形和三角形。

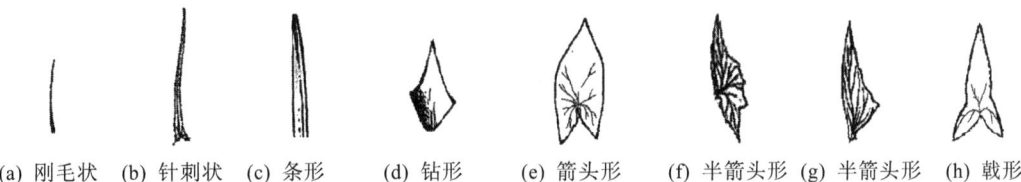

(a) 刚毛状　(b) 针刺状　(c) 条形　(d) 钻形　(e) 箭头形　(f) 半箭头形　(g) 半箭头形　(h) 戟形

(i) 半戟形　(j) 半戟形　(k) 披针形　(l) 斜卵状披针形　(m) 卵形　(n) 心形　(o) 三角形

图 21　托叶形状

（12）叶片形状。用 5.2.1（7）的样本，按照图 22 以最大相似原则确定叶片形状，分为近圆形、椭圆形、矩圆形、三角形、倒三角形、卵形、倒卵形、心形、倒心形、披针形、倒披针形和条形。

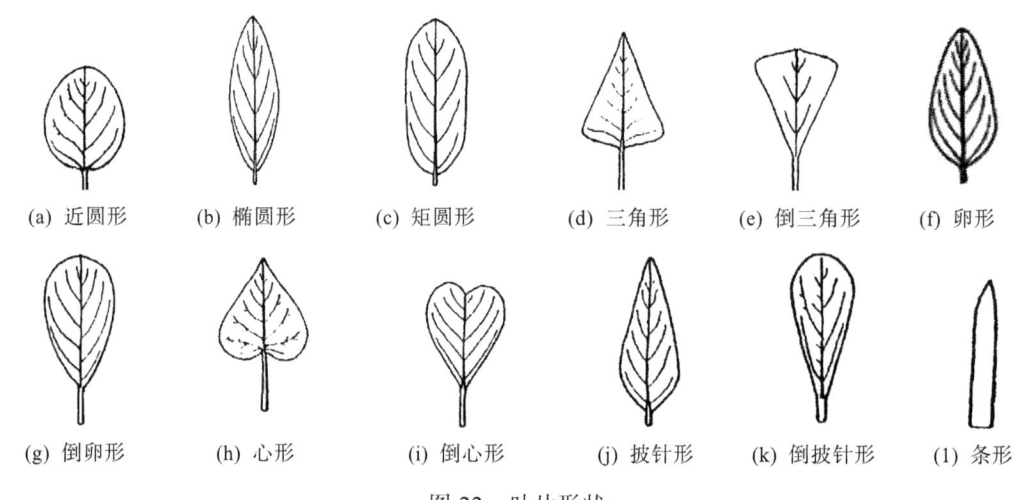

(a) 近圆形　(b) 椭圆形　(c) 矩圆形　(d) 三角形　(e) 倒三角形　(f) 卵形

(g) 倒卵形　(h) 心形　(i) 倒心形　(j) 披针形　(k) 倒披针形　(l) 条形

图 22　叶片形状

（13）叶尖。用 5.2.1（7）的样本，按照图 23 以最大相似原则确定叶尖形状，分为凹缺、微凹、截平、钝形、渐尖和锐尖。

(a) 凹缺　(b) 微凹　(c) 截平　(d) 钝形　(e) 渐尖　(f) 锐尖

图 23　叶尖形状

（14）叶缘。用 5.2.1（7）的样本，按照图 24 以最大相似原则确定叶缘类型，分为全缘、细锯齿状和锯齿状。

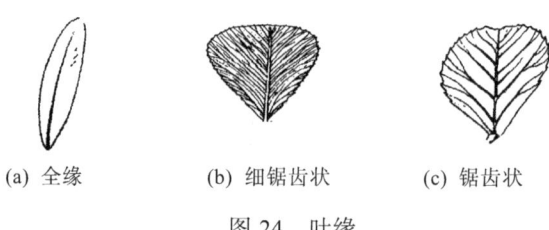

(a) 全缘　(b) 细锯齿状　(c) 锯齿状

图 24　叶缘

（15）叶基。用5.2.1（7）的样本，按照图25以最大相似原则确定叶片基部形状，分为截形、圆形、心形、阔楔形、楔形和渐狭。

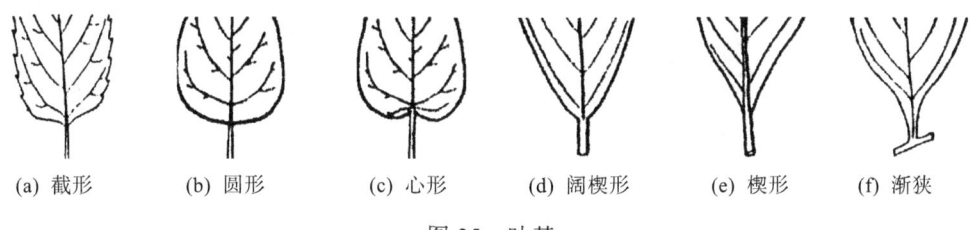

(a) 截形　　(b) 圆形　　(c) 心形　　(d) 阔楔形　　(e) 楔形　　(f) 渐狭

图25　叶基

（16）叶片被毛。用5.2.1（7）的样本，按照图26以最大相似原则确定叶片被毛情况，分为无、疏和密。

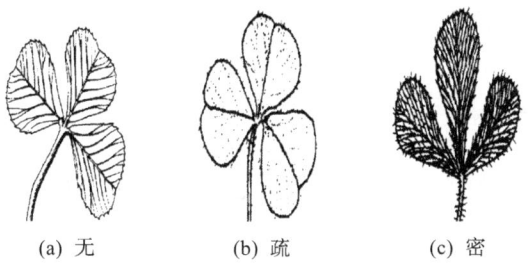

(a) 无　　(b) 疏　　(c) 密

图26　叶片被毛

（17）小叶长度。用5.2.1（7）的样本，按照图27测量中部复叶顶生小叶的长度，总样本数为30。结果以平均值表示，精确到1 mm。

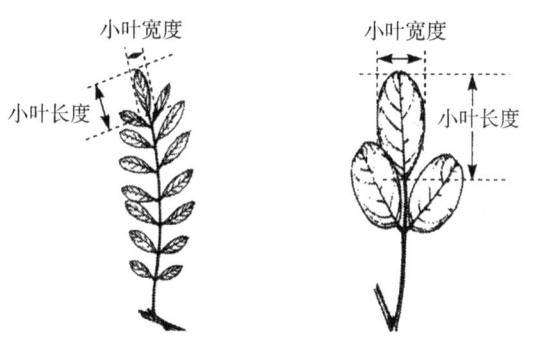

图27　小叶片长度、宽度

（18）小叶宽度。用5.2.1（7）的样本，按照图27测量中部复叶顶生小叶最宽处的长度，总样本数为30。结果以平均值表示，精确到1 mm。

（19）花序类型。盛花期，按照图28以最大相似原则确定花序类型，分为总状、圆锥状、头状、伞形状和单生花。

(a) 总状　　　(b) 圆锥状　　　(c) 头状　　　(d) 伞形状　　　(e) 单生花

图 28　花序类型

（20）花序长度。盛花期，随机抽取开花的植株 10 株，测量每株 3 个主枝中上部花序，样本数达 30 个，自花序梗最基部测至花序顶端的自然长度。结果以平均值表示，精确到 0.1 cm。

（21）花序宽度。用 5.2.1（20）的样本，测量主枝中上部花序最宽处的自然长度，总样本数为 30。结果以平均值表示，精确到 0.1 cm。

（22）花序数。用 5.2.1（20）的样本，计数每个主枝上的花序数，总样本数为 30。结果以平均值表示，精确到 1 个/主枝。花序数为主枝数/株×花序数/主枝，以花序数/株表示。

（23）花数。用 5.2.1（20）的样本，选取主枝上从上往下数第二个花节上的花序，计数花序上的花数，总样本数为 30。结果以平均值表示，精确到 1 枚/花序。

（24）花萼形状。用 5.2.1（18）的样本，按照图 29 以最大相似原则确定花萼形状，分为钟状和筒状。

(a) 钟状　　　　　　　　(b) 筒状

图 29　花萼形状

（25）花冠类型。用 5.2.1（18）的样本，按照图 30 以最大相似原则确定花冠类型，分为蝶形、钟状和辐状。

(a) 蝶形　　　　(b) 钟状　　　　(c) 辐状

图 30　花冠类型

（26）花冠颜色。盛花期，在正常一致的光照条件下，观察花冠的基本颜色，分为白色、黄色、红色、蓝色和紫色。花色类型比较多的材料，记录不同花色的比例。

（27）荚果形状。成熟期，按照图31以最大相似原则确定荚果形态，分为近球状、半球状、矩圆状、菱形、卵状、倒卵状、圆柱状、长圆柱状、条状、镰刀状、螺旋状、盘卷状、肾形、念珠状和之字状。

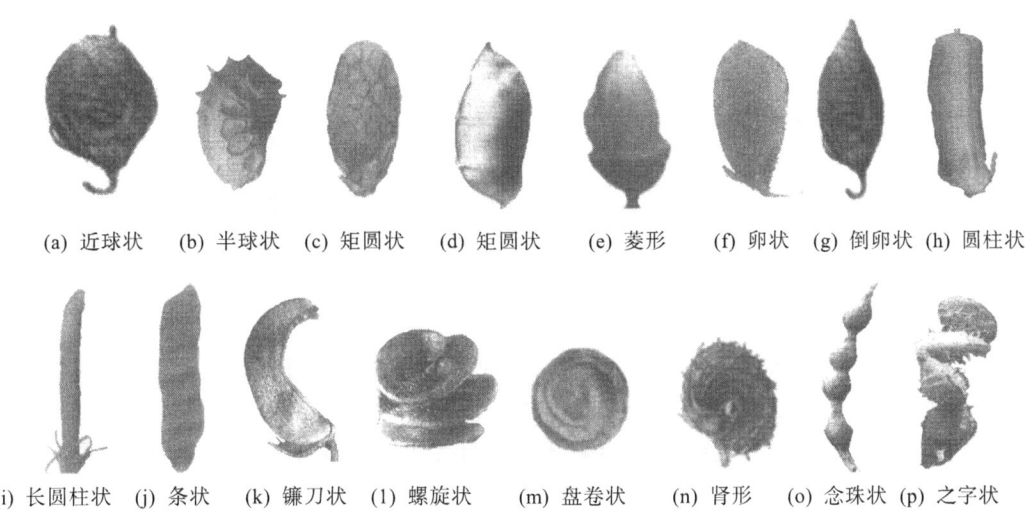

(a) 近球状　(b) 半球状　(c) 矩圆状　(d) 矩圆状　(e) 菱形　(f) 卵状　(g) 倒卵状　(h) 圆柱状

(i) 长圆柱状　(j) 条状　(k) 镰刀状　(l) 螺旋状　(m) 盘卷状　(n) 肾形　(o) 念珠状　(p) 之字状

图 31　荚果形状

（28）荚果长度。终花期与成熟期之间，随机抽取植株中下部充分生长发育的荚果10个，测量荚尖到荚尾的距离。结果以平均值表示，精确到0.1 mm。

（29）荚果宽度。用5.2.1（26）的样本，测量荚果最宽处的长度。结果以平均值表示，精确到0.1 mm。

（30）荚果颜色。成熟期，在正常一致的光照条件下，观察荚果颜色，分为灰白色、灰绿色、黄褐色、褐色、褐紫色和黑色。

（31）荚果被毛。用5.2.1（26）样本，采用目测法确定荚果的被毛情况，分为无、疏和密。

（32）种子形状。成熟期，从采收的种子中随机取样30粒，按照图32以最大相似原则确定种子形状，分为近球状、扁圆状、半圆状、矩圆状、矩形、方形、菱形、圆柱状、椭圆状、卵状、倒卵状、扁卵状、倒扁卵状、肾形、心形、二角状和斧形。

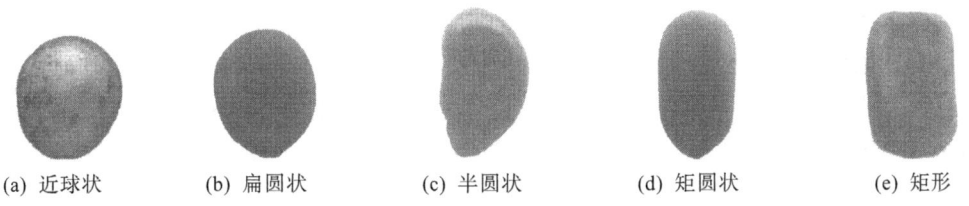

(a) 近球状　　(b) 扁圆状　　(c) 半圆状　　(d) 矩圆状　　(e) 矩形

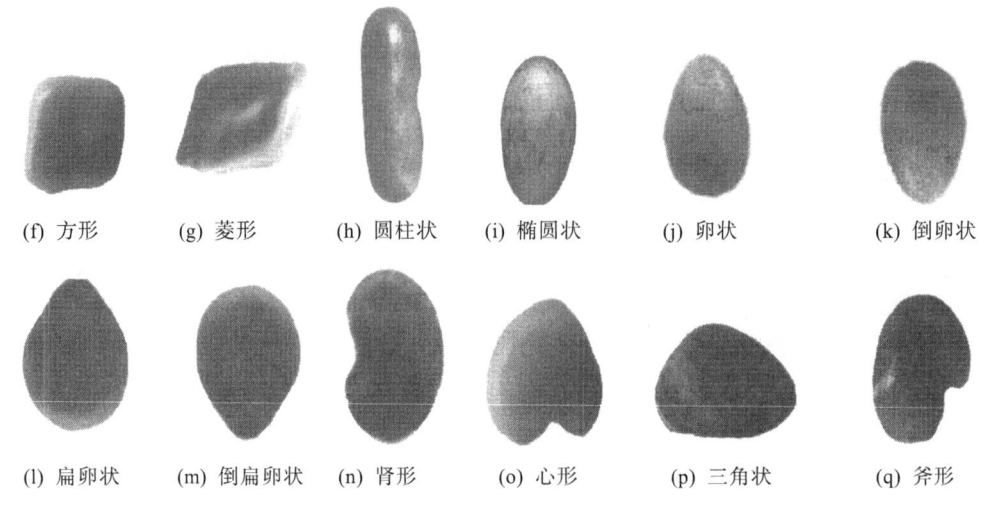

| (f) 方形 | (g) 菱形 | (h) 圆柱状 | (i) 椭圆状 | (j) 卵状 | (k) 倒卵状 |
| (l) 扁卵状 | (m) 倒扁卵状 | (n) 肾形 | (o) 心形 | (p) 三角状 | (q) 斧形 |

图 32　种子形状

（33）种子长度。以风干后的成熟饱满干籽粒为观测对象，随机抽取 10 粒干种子，测量最长处的距离。结果以平均值表示，精确到 0.1 mm。

（34）种子宽度。用 5.2.1（33）的样本，测量最宽处的距离。结果以平均值表示，精确到 0.1 mm。

（35）种皮颜色。用 5.2.1（33）的样本，在正常一致的光照条件下，观察种皮颜色，分为浅黄色、黄色、深黄色、浅褐色、褐色、深褐色、浅绿色、绿色、深绿色、褐红色、褐紫色和黑色。

（36）种皮斑纹。用 5.2.1（33）的样本，用目测法确定种皮斑纹。分为无、浅和深。

5.2.2　生物学特性

（1）播种期。观察并记录豆科牧草种子播种的日期。表示方法为"YYYYMMDD"。

（2）出苗期。观察并记录 50%的幼苗露出地面的日期。表示方法为"YYYYMMDD"。

（3）返青期。观察并记录 50%的植株返青的日期。表示方法为"YYYYMMDD"。

（4）分枝期。观察并记录 50%的幼苗从其基部叶腋产生侧芽，并形成新枝的日期。表示方法为"YYYYMMDD"。

（5）现蕾期。观察并记录 50%植株出现花蕾的日期。表示方法为"YYYYMMDD"。

（6）始花期。观察并记录 20%的植株开花的日期。表示方法为"YYYYMMDD"。

（7）盛花期。观察并记录 80%的植株开花的日期。表示方法为"YYYYMMDD"。

（8）结荚初期。观察并记录 20%的植株出现绿色荚果的日期。表示方法为"YYYYMMDD"。

（9）结荚盛期。观察并记录 80%的植株出现绿色荚果的日期。表示方法为"YYYYMMDD"。

（10）成熟期。观察并记录 60%的植株种子成熟的日期。表示方法为"YYYYMMDD"。

（11）枯黄期。观察并记录50%的植株达到枯黄的日期。表示方法为"YYYYMMDD"。

（12）生育天数。记录牧草种质由出苗期或返青期到种子成熟的总天数。单位为天（d）。

（13）生长天数。记录牧草种质由出苗期或返青期到枯黄期的总天数。单位为天（d）。

（14）再生性。按5.1.2（16）的要求。

（15）越冬率。按照NY/T 1310中5.2.12的规定执行。

5.2.3 农艺性状

（1）主枝数。开花期，随机抽取植株10株，观测计数植株自基部齐地面处长出的枝条总数；根蘖型和根茎型种质则包括由根蘖和根茎处长出的枝条数。结果以平均值表示，精确到1枝/株。

（2）分枝数。用5.2.3（1）的样本，在每一植株上取1~2主枝，观测记数主枝上的一级分枝数。结果以平均值表示，精确到1枝/主枝。

（3）植株高度。用5.2.3（1）的样本，测量植株从地面到最高点的自然高度，总样本数为30。结果以平均值表示，精确到0.1 cm。

（4）主枝长度。用5.2.3（1）的样本，测量主枝从基部到顶端的自然长度，总样本数为30。结果以平均值表示，精确到0.1 cm。

（5）株丛直径。用5.2.3（1）的样本，测量株丛冠幅的最大直径和最小直径，计算最大直径和最小直径的平均值。精确到1 cm。

（6）单荚粒数。成熟期，随机抽取植株10株，每株取3个荚果，计数荚果内所含的成熟籽粒数，结果以平均值表示，精确到1粒/荚。

（7）裂荚性。成熟期，随机抽取10个荚果，观察荚果开裂与否的情况，分为不裂、微裂和裂。

（8）熟性。根据生育天数的变幅具体确定，分为早熟、中熟和晚熟。

（9）茎叶比。刈割测产时，从中取不少于10株的样品，将茎、叶（包括叶柄、托叶和花序）分开，待风干后分别称重，精确到0.1 g。然后用式（3）计算单株（丛）牧草的茎叶比，取平均数。表示方法为1:X，X精确到0.01。

$$X = \frac{W_1}{W_s} \tag{3}$$

式中，W_s为茎重，单位为g；W_1为叶重，单位为g。

（10）鲜草产量。按5.1.3（7）的要求。

（11）干草产量。按5.1.3（8）的要求。

（12）种子产量。按5.1.3（9）的要求。

（13）千粒重。按照GB/T 2930.9的规定执行。

（14）茎叶质地。按5.1.3（14）的要求。

6 数据采集

6.1 禾本科牧草种质资源数据采集
禾本科牧草种质资源数据采集见附录 A1。

6.2 豆科牧草种质资源数据采集
豆科牧草种质资源数据采集见附录 A2。

附 录 A
(规范性附录)
牧草种质资源田间评价数据采集表

A1 禾本科牧草种质资源田间评价数据采集表见表 A1。

表 A1 禾本科牧草种质资源田间评价数据采集表

1. 种质及田间试验栽培基本信息			
种质编号		种质名称	
种质外文名		科名	
属名		学名	
评价地点		评价地经度	
评价地纬度		评价地海拔	m
评价地坡度		评价地坡向	
评价地土壤类型		评价地土壤质地	
评价地土壤 pH		评价地土壤养分	
评价地地下水位		评价地前茬	
评价地年均温	℃	评价地年降水量	mm
评价地无霜期	d	评价地早霜时间	
评价地晚霜时间		评价地极端最高温度	℃
评价地极端最低温度	℃	种植方式	
田间施肥		田间灌溉	
病虫害防治		杂草防除	
2. 形态特征			
根系疏密		分蘖类型	
茎生长习性		茎秆节数	节
叶鞘开合状态		叶舌形态	
叶舌长度	mm	叶舌质地	
叶耳有无		叶片形状	
叶片形态		叶片长度	cm
叶片宽度	mm	叶片被毛	
叶片颜色		花序类型	

续表

花序长度	cm	花序宽度	mm
小穗数	枚/穗轴节	小穗形态	
小花数	枚/小穗	第一颖有无	
颖形状		颖长度	mm
颖芒长度	mm	外稃形状	
外稃质地		外稃长度	mm
外稃芒长度	mm	颖果形状	
颖果长度	mm		
3. 生物学特性			
播种期		移栽期	
出苗期		返青期	
分蘖期		拔节期	
孕穗期		抽穗期	
开花期		乳熟期	
蜡熟期		完熟期	
枯黄期		生育天数	d
生长天数	d	再生性	%
越冬率	%		
4. 农艺性状			
分蘖数	枝/株	叶层高度	cm
植株高度	cm	结实率	%
落粒性		茎叶比	1:X
鲜草产量	g/m²	干草产量	g/m²
种子产量	g/m²	千粒重	g
茎叶质地			

A2 豆科牧草种质资源田间评价数据采集表见表 A2。

表 A2 豆科牧草种质资源田间评价数据采集表

1.种质及田间试验栽培基本信息			
种质编号		种质名称	
种质外文名		科名	
属名		学名	
评价地点		评价地经度	
评价地纬度		评价地海拔	m
评价地坡度		评价地坡向	
评价地土壤类型		评价地土壤质地	
评价地土壤 pH		评价地土壤养分	
评价地地下水位		评价地前茬	
评价地年均温	℃	评价地年降水量	mm
评价地无霜期	d	评价地早霜时间	
评价地晚霜时间		评价地极端最高温度	℃

续表

评价地极端最低温度	℃	种植方式	
田间施肥		田间灌溉	
病虫害防治		杂草防除	
2. 形态特征			
根系深度		根系类型	
根茎深度	cm	茎生长习性	
茎节数	节	茎直径	mm
茎具刺		茎被毛	
叶类型		叶序	
托叶形状		叶片形状	
叶尖		叶缘	
叶基		叶片被毛	
小叶长度	mm	小叶宽度	mm
花序类型		花序长度	cm
花序宽度	cm	花序数	个/株
花数	枚/花序	花萼形状	
萼筒被毛		花冠类型	
花冠颜色		荚果形状	
荚果长度	mm	荚果宽度	mm
荚果颜色		荚果被毛	
种子形状		种子长度	mm
种子宽度	mm	种皮颜色	
种皮斑纹			
3. 生物学特性			
播种期		出苗期	
返青期		分枝期	
现蕾期		始花期	
盛花期		结荚初期	
结荚盛期		成熟期	
枯黄期		生育天数	d
生长天数	d	再生性	cm/d
越冬率	%		
4. 农艺性状			
主枝数	枝/株	分枝数	枝/主枝
植株高度	cm	主枝长度	cm
株丛直径	cm	单荚粒数	粒/荚
裂荚性		熟性	
茎叶比	1:X	鲜草产量	g/m^2
干草产量	g/m^2	种子产量	g/m^2
千粒重	g	茎叶质地	

（高洪文、工赞、孙桂枝、工学敏、陈志宏、李晓芳）

三、草种引种技术规范

1 范围

本标准规定了草种引种的基本原则、程序和主要技术要求。

本标准适用于有目的的从境外或外地引入草种。

2 规范性引用文件

下列文件中的条款通过本标准的引用而成为本标准的条款。凡是注日期的引用文件，其随后所有的修改单（不包括勘误的内容）或修订版均不适用于本标准，然而，鼓励根据本标准达成协议的各方研究是否可使用这些文件的最新版本。凡是不注日期的引用文件，其最新版本适用于本标准。

NY/T 634 草坪质量分级

《中华人民共和国进出口动植物检疫条例》

3 术语与定义

3.1 草种 forage and turfgrass germplasm

用于动物饲养、生态建设、绿化美化等用途的草本植物及饲用灌木的种或品种。

3.2 引种 introduction

从异地引进优良品种、品系或其他种质资源在当地种植的过程。

3.3 检疫 quarantine

防止植物有害生物的传入、传出和(或)扩散，确保其官方控制的一切活动。

3.4 引种材料 materials for introduction

引进种植的籽实、果实、根、茎、苗、叶、芽等种植或繁殖材料。

4 引种原则

4.1 安全性

引进的草种不能携带国家或地方公布的植物检疫性以及限定的非检疫性有害生物。

4.2 生态性

草种在一定的生态环境范围内形成特定的植物生态型。从与本地区生态环境相似的地区引种，或从相同纬度的地区引种。

4.3 需求性

根据生产和生活的需要，引入当地缺少的某个优质、专用的资源或品种。

5 引种程序

5.1 草种的确定

根据引种的目的，在分析引种的可行性，并防止传播危险性病、虫、杂草，以及造成有害生物入侵等风险评估的基础上，确定要引进的草种。

5.2 材料的获取

引种材料的获得方式主要包括合法购买、采集、交换、赠送等。

5.3 材料的登记

5.3.1 原始资料登记

引入草种的来源和系谱等原始材料应详细记载，填写草种引种原始资料登记表，见附录A。

5.3.2 其他资料的收集

（1）草种的分类学地位、生物学特性、地理分布、起源中心、分布区的生境。
（2）草种在原产地的生长发育特性、适应性、病虫害及其防治。
（3）草种在原产地的栽培技术。
（4）草种在原产地的生产用途、经济价值与市场状况。草种在各地的引种与利用情况。

5.4 引种检疫

从国外引种的材料，检疫按照《中华人民共和国进出口动植物检疫条例》的规定，应送交国家指定的检疫部门进行检疫，由检疫部门出具检疫报告，获得许可后方可引种。国内引种的材料，检疫按照《中华人民共和国植物检疫条例》的规定进行。

5.5 引种材料的管理

引种材料应妥善保管，严格管理。

6 引种试验

观测引进草种的生物学特性、适应性和生产性能等表现，掌握其生长发育规律，作为分析引种成败、提出相应栽培技术与草种改良的参考依据。

6.1 隔离试种

6.1.1 隔离措施

6.1.1.1 检疫隔离

隔离试种的地址应选在无危险性有害生物分布的地区，并有自然隔离屏障（如山、河、湖、海等）或远离同类作物的生产地；气候、土质等生态条件适合所试种作物的生长、发育；交通比较方便，隔离场所四周应有防护屏障；有不受病、虫、草害污染的水源，能满足试种的需要；有具有一定理论基础和实践经验的作物栽培、植物保护等方面的技术人员。

6.1.1.2 生物学隔离

生态隔离，草种种植在同一地区，但生长在不同的生境，彼此之间不产生杂交；

时间隔离，使草种的盛花期不同，避免杂交；

机械隔离，阻止花粉传送；

配子隔离，使雌雄配子不能互相吸引，花粉在柱头上没有生活力。

6.1.2 种或品种的真实性测定

在隔离种植区，至少一个生长季内，根据明确的植物分类学特征或品种特性，确定引种材料种或品种的真实性。

6.1.3 生物学测定及适应性鉴定

在隔离种植区，对初次引进的草种，特别是从生境差异较大的地区和国外引进的草种，必须进行小区试种观察，初步鉴定草种的适应性和生产利用价值。鉴定指标包括：生育期（附录B）；形态学特征（附录C）；越冬（夏）性、抗病虫能力和抗逆性（附录D）；栽培条件（附录E）。

对草坪草的观测需填写草坪生物学特性观测登记表（附录F）。

6.1.4 生产性能及草坪用性状的测定

在隔离种植区，应对引种材料进行产草量、饲用价值、繁殖类型与结实率、种子产量等生产性能测定（附录G）。

对于草坪草，应在隔离种植区，按照NY/T 634的规定对草坪草的坪用性状进行测定（附录H）。

7 引种评价

7.1 适应性评价

（1）引进草种是否适应当地生境条件；是否适应当地管理水平。

（2）引进草种能否完成生长发育周期。

（3）引进草种抵御病虫害及杂草危害的能力。

7.2 效益评价

（1）引进草种有无生态风险。

（2）引进草种的生产能力及经济效益。

（3）引进草种的生态效益。

8 建立技术档案

8.1 建档

技术资料应当及时建立档案，内容包括调查登记表格、原始记录、试验方案、图表、照片、分析整理的资料、技术管理文件及引种试验总结等。

8.2 档案管理

引种技术档案应及时整理、归档。

9 申请品种审定

草种隔离试种完成后,按照新草品种审定程序对品种进行审定,审定登记后方可推广应用。

附 录 A
(规范性附录)
草种引种原始资料登记表

序号	引入编号	原编号	草种名称			系谱(父本、母本、选育人、年份、单位)	产地			材料提供者	材料数量/g	引种途径、发送单位及发送人	收到日期(年月日)	对本批材料处理的意见
			种名	学名	品种名		国家或地区	海拔/m	经纬度					

附 录 B
(规范性附录)
禾本科牧草及饲料作物生育期观测记载表

序号	引入编号	原编号	草种名称	播种期	出苗期(返青期)	分蘖期	拔节期	孕穗期	孕穗期株高	抽穗期	开花期	成熟期			完熟期株高/cm	生育天数/d	枯黄期	生长天数/d
												乳熟	蜡熟	完熟				

备注:对营养繁殖的草种,将移植期填入播种期。

试验地点:　　　年份:　　　年　月　日~　　　年　月　日　　填表人:

附 录 C
(规范性附录)
豆科牧草及饲料作物生育期观测记载表

序号	引入编号	原编号	草种名称	播种期	出苗期(返青期)	分枝期	现蕾期	现蕾期株高/cm	开花期初花	开花期盛花	开花期株高/cm	结荚期	成熟期	成熟期株高	生育天数/d	枯黄期	生长天数/d

试验地点：　　　　年份：　　　年　月　日~　　　年　月　日　　　填表人：

附 录 D
(规范性附录)
块根及块茎饲料作物生育期观测记载表

序号	引入编号及原编号	草种名称	播种期	出苗期	块根(茎)膨大期	块根(茎)收获期	产量/(kg/hm²) 茎叶	产量/(kg/hm²) 块根(茎)	母根种植期	萌发期	抽薹期	开花期	结实期	种子采收期	生育天数/d

试验地点：　　　　年份：　　　年　月　日~　　　年　月　日　　　填表人：

附 录 E
(规范性附录)
引种材料形态学特征观察登记表

序号	引入编号	原编号	草种名称	根	根蘖(分枝)方式	茎	叶	花	果实	种子

试验地点：　　　年份：　　年　月　日~　　年　月　日　　填表人：

附 录 F
(规范性附录)
引种材料适应性观测登记表

序号	引入编号	原编号	草种名称	越冬(夏)率/%	耐热性	耐旱性	抗病性	抗虫性	耐淹性	耐盐碱性

试验地点：　　　年份：　　年　月　日~　　年　月　日　　填表人：

附 录 G
(规范性附录)
引种材料田间试验栽培条件登记表

序号	引入编号	原编号	草种名称	地理位置		坡度	坡向	海拔/m	土壤类型	土壤pH	土壤养分/%				地下水位/m	前茬	底肥	整地情况
				经度	纬度						全N	全P	全K	腐殖质含量				

试验地点：　　　　年份：　　　年　月　日~　　　年　月　日　填表人：

附 录 H
(规范性附录)
草坪草生物学特征记载表

序号	引入编号	原编号	草种名称	播种期	(返青期)出苗期	抽穗(现蕾)期	抽穗(现蕾)期株高/m	开花期	成熟期	成熟期株高/m	生育天数/d	枯黄期	绿期

试验地点：　　　　年份：　　　年　月　日~　　　年　月　日　填表人：

附 录 I
(规范性附录)
引种材料生产性能测定登记表

序号	引入编号	原编号	草种名称	产量/(kg/hm²)		饲用价值					繁殖类型	结实率/%	种子产量/(kg/hm²)
				鲜重	干物质	适口性	粗蛋白含量/%	干物质消化率/%	NDF/%	ADF/%			

试验地点：　　　　年份：　　　年　月　日~　　　年　月　日　　　填表人：

附 录 J
(规范性附录)
草坪坪用性状观测记载表

序号	引入编号	原编号	草种名称	色泽	高度/cm	生长速度	盖度	密度	叶片质地	草皮根层厚度/cm	均一性	硬度	病虫侵害度

试验地点：　　　　年份：　　　年　月　日~　　　年　月　日　　　填表人：

(余鸣、尹晓飞、马金星、王赞文、陈志宏、汪玺、李存福、李玉荣、刘芳、石守定)

四、豆科草种子质量分级

1 范围

本标准规定了豆科草种子质量分级指标及评定方法。

本标准适用于生产、销售和使用的豆科草种子的质量分级。同属近似植物种和品种可参照执行。

2 规范性引用文件

下列文件中的条款通过本标准的引用而成为本标准的条款。凡是注日期的引用文件，其随后所有的修改单（不包括勘误的内容）或修订版均不适用于本标准，然而，鼓励根据本标准达成协议的各方研究是否可使用这些文件的最新版本。凡是不注日期的引用文件，其最新版本适用于本标准。

  GB/T 2930.1 牧草种子检验规程 扦样

  GB/T 2930.2 牧草种子检验规程 净度分析

  GB/T 2930.3 牧草种子检验规程 其他植物种子数测定

  GB/T 2930.4 牧草种子检验规程 发芽试验

  GB/T 2930.8 牧草种子检验规程 水分测定

  国际种子检验规程 国际种子检验协会（ISTA）

3 术语和定义

下列术语和定义适用于本标准。

3.1 种子用价　seed utilization value

种子用价也称为种子利用率，是指真正有利用价值的种子所占的百分率。计算公式为

$$种子用价（\%）= 净度 \times 发芽率 \times 100$$

4 质量分级

4.1 分级原则

依据净度、发芽率、其他植物种子数、水分进行质量分级。发芽率中可含有硬实种子。当净度、发芽率不在同一级别时，用种子用价取代净度与发芽率。

4.2 检验方法

净度、发芽率、其他植物种子数、水分的检验方法遵照 GB/T 2930.1、GB/T 2930.2、GB/T 2930.3、GB/T 2930.4、GB/T 2930.8 和《国际种子检验规程》。

4.3 质量分级

豆科牧草种子质量分为一级、二级、三级。表1给出了豆科牧草种子的质量分级。

表1 豆科牧草种子质量分级

序号	中文名	学名	级别	净度/%≥	发芽率/%≥	种子用价/%≥	其他植物种子数/(粒/kg)≤	水分/%≤
1	沙打旺	*Astragalus adsurgens* Pall.	一	98.5	90	88.2	1000	12.0
			二	95.0	80	76.0	3000	
			三	90.0	70	63.0	5000	
2	草木樨状黄芪	*Astragalus Melilotoides* Pall.	一	98.0	90	88.2	500	12.0
			二	95.0	85	80.8	1000	
			三	90.0	80	72.0	2000	
3	紫云英	*Astragalus Sinicus* L.	一	98.0	90	88.2	500	12.0
			二	95.0	85	80.8	1000	
			三	90.0	80	72.0	2000	
4	平托花生	*Arachir pintoi*	一	98.0	90	88.2	250	14.0
			二	95.0	80	76.0	500	
			三	92.0	70	64.4	1000	
5	紫穗槐	*Amorpha ftuticosa* L.	一	98.0	80	78.4	500	13.0
			二	95.0	70	66.5	1000	
			三	90.0	60	54.0	2000	
6	鹰嘴豆	*Cicer crielinum* L.	一	98.0	90	88.2	100	13.0
			二	95.0	85	80.8	200	
			三	92.0	80	73.6	400	
7	中间锦鸡儿	*Caragana intermedia* Kuang et H.C.Fu	一	98.0	80	78.4	200	13.0
			二	95.0	70	66.5	400	
			三	92.0	60	55.2	600	
8	柠条锦鸡儿	*Caragama korshinskii* Kom.	一	98.0	85	83.3	200	13.0
			二	95.0	75	71.2	400	
			三	92.0	65	59.8	600	
9	小叶锦鸡儿	*Caragana microphylla* Lam.	一	98.0	80	78.4	200	13.0
			二	95.0	70	66.5	400	
			三	92.0	60	55.2	600	
10	多变小冠花	*Coronilla varia* L.	一	98.0	90	88.2	500	12.0
			二	95.0	80	76.0	1000	
			三	90.0	70	63.0	2000	
11	绿叶山蚂蝗	*Desmodium intortum* Urd.	一	98.0	90	88.2	500	14.0
			二	95.0	85	80.8	1000	
			三	90.0	75	67.5	2000	
12	银叶山蚂蝗	*Desmodium uncinatum* DC.	一	98.0	90	88.2	500	14.0
			二	95.0	85	80.8	1000	
			三	90.0	75	67.5	2000	
13	饲用大豆	*Glycine max*(L.) Merr.	一	98.0	95	93.1	50	13.0
			二	95.0	90	85.5	100	
			三	92.0	85	78.2	200	

续表

序号	中文名	学名	级别	净度/%≥	发芽率/%≥	种子用价/%≥	其他植物种子数/（粒/kg）≤	水分/%≤
14	甘草	*Glycyrrhiza uralensis* Fisch.	一	98.0	90	88.2	200	12.0
			二	95.0	80	76.0	400	
			三	92.0	70	64.4	600	
15	山竹岩黄芪	*Hedysarum frutiacsum* Pall.	一	98.0	80	78.4	200	13.0
			二	95.0	70	66.5	400	
			三	92.0	60	55.2	600	
16	塔落岩黄芪	*Hedysarum laeve* Maxim.	一	98.0	70	68.6	200	13.0
			二	95.0	65	61.8	400	
			三	92.0	60	55.2	600	
17	蒙古岩黄耆	*Hedysarum mongolicum* Turcz	一	98.0	70	68.6	200	13.0
			二	95.0	65	61.8	400	
			三	92.0	60	55.2	600	
18	细枝岩黄耆	*Hedysarum scoparium* Fisch. Et Mey.	一	98.0	80	78.4	200	13.0
			二	95.0	70	66.5	400	
			三	92.0	60	55.2	600	
19	多花木蓝	*Indigofera amblyantha* Craib	一	96.0	90	86.4	500	13.0
			二	93.0	80	74.4	1000	
			三	90.0	70	63.0	2000	
20	马棘	*Indigofero pseudotinctaria* Mats	一	96.0	90	86.4	500	13.0
			二	93.0	80	74.4	1000	
			三	90.0	70	63.0	2000	
21	山黧豆	*Lathyrus sativus* L.	一	98.0	95	93.1	50	13.0
			二	95.0	90	85.5	100	
			三	90.0	85	76.5	200	
22	二色胡枝子	*Lespedeza bicolor* Turcz.	一	98.0	85	83.3	500	13.0
			二	95.0	80	76.0	2000	
			三	90.0	70	63.0	3000	
23	达乌里胡枝子	*Lespedeza davurica* (Laxm) Schindl.	一	98.0	90	88.2	500	12.0
			二	95.0	85	80.8	2000	
			三	90.0	80	72.0	4000	
24	百脉根	*Lotus corniculatus* L.	一	98.0	90	88.2	500	12.0
			二	95.0	85	80.8	1000	
			三	90.0	80	72.0	2000	
25	银合欢	*Leucaena leucocephala* (Lam.) de Wit	一	98.0	85	83.3	50	14.0
			二	95.0	80	76.0	100	
			三	92.0	70	64.4	200	
26	罗顿豆	*Lotononis bainesii* Baker	一	98.0	95	93.1	50	14.0
			二	95.0	85	80.8	100	
			三	90.0	75	67.5	200	
27	大翼豆	*Macroptilium atropurpureum* (DC.) Urb	一	98.0	90	88.2	200	12.0
			二	95.0	80	76.0	500	
			三	90.0	70	63.0	1000	

续表

序号	中文名	学名	级别	净度/%≥	发芽率/%≥	种子用价/%≥	其他植物种子数/(粒/kg)≤	水分/%≤
28	紫花苜蓿	*Medicago sativa* L.	一	98.0	90	88.2	1000	12.0
			二	95.0	85	80.8	3000	
			三	90.0	80	72.0	5000	
29	南苜蓿（金花菜）	*Medicago polymorpha* L.	一	98.0	90	88.2	1000	12.0
			二	95.0	85	80.8	3000	
			三	90.0	80	72.0	5000	
30	杂花苜蓿	*Medicago varia* Martin.	一	98.0	90	88.2	1000	12.0
			二	95.0	85	80.8	3000	
			三	90.0	80	72.0	5000	
31	扁蓿豆	*Melilotaides ruthenica* (L.) Sojak	一	98.0	90	88.2	500	12.0
			二	95.0	85	80.8	1000	
			三	90.0	80	72.0	2000	
32	白花草木樨	*Melilotus albus* Desr.	一	98.0	95	93.1	1000	12.0
			二	95.0	90	85.5	3000	
			三	90.0	80	72.0	5000	
33	黄花草木樨	*Melilotus officinalis* Lam.	一	98.0	95	93.1	1000	12.0
			二	95.0	90	85.5	3000	
			三	90.0	80	72.0	5000	
34	大结豆	*Macrotyloma axillaris* (E. Meyer) Verde.	一	98.0	85	83.3	250	14.0
			二	95.0	80	76.0	500	
			三	90.0	70	63.0	1000	
35	红豆草	*Onobrychis viciifolia* Scop.	一	98.0	90	88.2	50	13.0
			二	95.0	85	80.8	100	
			三	92.0	75	69.0	200	
36	豌豆	*Pisum sativum* L.	一	98.0	95	93.1	50	13.0
			二	95.0	90	85.5	100	
			三	90.0	85	76.5	200	
37	葛藤	*Pueraria lobata* (Willd.) Obwi	一	98.0	90	88.2	250	14.0
			二	95.0	85	80.8	500	
			三	90.0	75	67.5	1000	
38	圭亚那柱花草	*Stylosanthes guianensis* (Aubl) Sw.	一	98.0	90	88.2	500	14.0
			二	95.0	80	76.0	1000	
			三	90.0	70	63.0	2000	
39	有钩柱花草	*Stylosanthes hamata* (L.) Taub.	一	98.0	90	88.2	500	14.0
			二	95.0	80	76.0	1000	
			三	90.0	70	63.0	2000	
40	西卡柱花草	*Stylosanthes scabra* Vog.	一	98.0	90	88.2	500	14.0
			二	95.0	80	76.0	1000	
			三	90.0	70	63.0	2000	
41	红三叶	*Trifolium pratense* L.	一	98.0	90	88.2	500	12.0
			二	95.0	85	80.8	2000	
			三	90.0	80	72.0	4000	

续表

序号	中文名	学名	级别	净度/%≥	发芽率/%≥	种子用价/%≥	其他植物种子数/(粒/kg)≤	水分/%≤
42	白三叶	Trifolium repens L.	一	98.0	90	88.2	500	12.0
			二	95.0	85	80.8	2000	
			三	90.0	80	72.0	4000	
43	草莓三叶	Trifolium fragiferum L.	一	98.0	90	88.2	500	12.0
			二	95.0	85	80.8	2000	
			三	90.0	80	72.0	4000	
44	杂三叶	Trifolium hybridum L.	一	98.0	90	88.2	500	12.0
			二	95.0	85	80.8	2000	
			三	90.0	80	72.0	4000	
45	绛三叶	Trifolium incarnatum L.	一	98.0	90	88.2	500	12.0
			二	95.0	85	80.8	2000	
			三	90.0	80	72.0	4000	
46	胡卢巴	Trigonella foenum-graecum L.	一	98.0	90	88.2	500	12.0
			二	95.0	85	80.8	1000	
			三	90.0	80	72.0	2000	
47	山野豌豆	Vicia amoena Fisch.	一	98.0	95	93.1	50	12.0
			二	95.0	90	85.5	100	
			三	92.0	85	78.2	200	
48	春箭筈豌豆	Vicia sativa L.	一	98.0	95	93.1	50	13.0
			二	95.0	90	85.5	100	
			三	92.0	85	78.2	200	
49	长柔毛野豌豆（毛苕子）	Vicia villosa Roth	一	98.0	95	93.1	50	13.0
			二	95.0	90	85.5	100	
			三	92.0	85	78.2	200	
50	光叶紫花笞	Vicia villosa Roth var. glabrescens	一	98.0	95	93.1	50	13.0
			二	95.0	90	85.5	100	
			三	92.0	85	78.2	200	
51	饲用豇豆	Vigna unguiculata (L.) Walp	一	98.0	95	93.1	50	14.0
			二	95.0	85	80.8	100	
			三	92.0	75	69.0	200	

5 质量等级评定方法

5.1 单项指标定级

根据表1可对净度、发芽率、其他植物种子数、水分进行单项指标的定级，三级以下定为等外。

5.2 4项指标综合定级

（1）4项指标均在表1给出的同一质量等级时，直接定级。

（2）4项指标有一项在三级以下，定为等外。

（3）4项指标均在三级以上，其中净度与发芽率不在同一级别时，先计算种子用价，用种子用价取代净度与发芽率。种子用价和其他植物种子数在同一级别，则按该级别定级；不在同一级别，按较低的指标定级。

6　要求

（1）分级的同时应给出发芽率中所含硬实种子的百分率。

（2）种子中不应含有检疫性植物种子。

（李淑君、巴图尔江·贾帕尔、张德英、张步廉、李存福、

何剑、张聚美、艾尼库尔班、玉格、李宏、达丽）

五、禾本科草种子质量分级

1 范围

本标准规定了禾本科草种子质量分级指标及评定方法。

本标准适用于生产、销售和使用的禾本科草种子的质量分级，同属近似植物种和品种可参照执行。

2 规范性引用文件

下列文件中的条款通过本标准的引用而成为本标准的条款。凡是注日期的引用文件，其随后所有的修改单（不包括勘误的内容）或修订版均不适用于本标准，然而，鼓励根据本标准达成协议的各方研究是否可使用这些文件的最新版本。凡是不注日期的引用文件，其最新版本适用于本标准。

GB/T 2930.1　牧草种子检验规程　扦样

GB/T 2930.2　牧草种子检验规程　净度分析

GB/T 2930.3　牧草种子检验规程　其他植物种子数测定

GB/T 2930.4　牧草种子检验规程　发芽试验

GB/T 2930.8　牧草种子检验规程　水分测定

国际种子检验规程　国际种子检验协会

3 术语和定义

下列术语和定义适用于本标准。

3.1 种子用价 seed utilization value

真正有利用价值的种子所占的百分率，也称为种子利用率。计算公式为

$$种子用价（\%）= 净度 \times 发芽率$$

4 质量分级

4.1 分级原则

以净度、发芽率、其他植物种子数和水分 4 项指标进行质量单项定级和综合评定。当 4 项分级指标均在三级以上，净度、发芽率不在同一级时，用种子用价取代净度与发芽率。

4.2 检验方法

扦样、净度、其他植物种子数、发芽率、水分的测定方法遵照 GB/T 2930.1、GB/T 2930.2、GB/T 2930.3、GB/T 2930.4、GB/T 2930.8 和《国际种子检验规程》。

4.3 质量分级

禾本科草种子质量分为一级、二级和三级，表1给出了禾本科草种子质量分级的指标。

表1 禾本科草种子质量分级

序号	中文名	学名	级别	净度/%≥	发芽率/%≥	种子用价/%≥	其他植物种子数/（粒/kg）≤	水分/%≤
1	羽茅	*Achnatherum sibiricum* （Linn.）Keng	一	95.0	85	80.7	1000	11.0
			二	90.0	80	72.0	2000	11.0
			三	85.0	70	59.5	3000	11.0
2	冰草	*Agropyron cristatum* （Linn.）Gaertn.	一	95.0	90	85.5	2000	11.0
			二	90.0	85	76.5	3000	11.0
			三	85.0	80	68.0	5000	11.0
3	沙生冰草	*Agropyron desertorum* （Fisch.）Schult	一	95.0	85	80.7	2000	11.0
			二	90.0	80	72.0	3000	11.0
			三	85.0	75	63.7	5000	11.0
4	沙芦草	*Agropyron mongolicum* Keng	一	95.0	85	80.7	2000	11.0
			二	90.0	80	72.0	3000	11.0
			三	85.0	75	63.7	5000	11.0
5	小糠草	*Agrostis alba* L.	一	95.0	85	80.7	2000	11.0
			二	90.0	80	72.0	3000	11.0
			三	85.0	75	63.7	5000	11.0
6	匍匐剪股颖	*Agrostis stolonifera* Linn.	一	95.0	85	88.2	2000	11.0
			二	90.0	80	72.0	3000	11.0
			三	85.0	75	63.7	5000	11.0
7	草原看麦娘	*Alopecurus pratensis* Linn.	一	95.0	80	76.0	2000	11.0
			二	90.0	75	67.5	3000	11.0
			三	85.0	70	59.5	5000	11.0
8	黄花茅	*Anthoxanthum odoratum* Linn.	一	95.0	85	80.7	2000	11.0
			二	90.0	80	72.0	3000	11.0
			三	85.0	75	63.7	5000	11.0
9	燕麦草	*Arrhenatherum elatius* （Linn.）Presl	一	95.0	85	80.7	2000	11.0
			二	90.0	80	72.0	3000	11.0
			三	85.0	75	63.7	5000	11.0
10	燕麦	*Avena sativa* Linn	一	98.0	90	88.2	200	12.0
			二	95.0	85	80.7	500	12.0
			三	90.0	80	72.0	1000	12.0
11	地毯草	*Axonopus compressus* （Swartz）Beauv	一	95.0	85	80.7	1000	11.0
			二	90.0	80	72.0	2000	11.0
			三	85.0	75	63.7	3000	11.0
12	扁穗雀麦	*Bromus catharticus* Vahl	一	95.0	85	80.7	1000	11.0
			二	90.0	80	72.0	2000	11.0
			三	85.0	75	63.7	3000	11.0
13	无芒雀麦	*Bromus inermis* Leyss	一	95.0	85	80.7	1000	11.0
			二	90.0	80	72.0	2000	11.0
			三	85.0	75	63.7	3000	11.0

续表

序号	中文名	学名	级别	净度/%≥	发芽率/%≥	种子用价/%≥	其他植物种子数/（粒/kg）≤	水分/%≤
14	野牛草	Buchloe dactyloides (Nutf.) Engelm.	一	95.0	85	80.7	100	12.0
			二	90.0	80	72.0	200	12.0
			三	85.0	75	63.7	300	12.0
15	无芒虎尾草	Chloris gayana Kunth	一	95.0	80	76.0	2000	11.0
			二	90.0	75	67.5	3000	11.0
			三	85.0	70	59.5	5000	11.0
16	虎尾草	Chloris virgata Swartz	一	95.0	80	76.0	2000	11.0
			二	90.0	75	67.5	3000	11.0
			三	85.0	70	59.5	5000	11.0
17	狗牙根	Cynodon dactylons (L.) Pers.	一	95.0	85	80.7	1000	11.0
			二	90.0	80	72.0	2000	11.0
			三	85.0	75	63.7	3000	11.0
18	鸭茅	Dactylis glomerata L.	一	95.0	80	76.0	1000	11.0
			二	90.0	75	67.5	2000	11.0
			三	85.0	70	59.5	3000	11.0
19	稗	Echinochloa crusgallis (L.) Beauv.	一	95.0	85	80.7	1000	11.0
			二	90.0	80	72.0	2000	11.0
			三	85.0	75	63.7	3000	11.0
20	墨西哥类玉米	Euchlaena mexicana Schrad.	一	98.0	85	83.3	100	12.0
			二	95.0	80	76.0	300	12.0
			三	90.0	75	67.5	500	12.0
21	披碱草	Elymus dahuricus Turcz.	一	95.0	85	80.7	2000	11.0
			二	90.0	80	72.0	3000	11.0
			三	85.0	75	63.7	5000	11.0
22	垂穗披碱草	Elymus nutans Griseb.	一	95.0	85	80.7	2000	11.0
			二	90.0	80	72.0	3000	11.0
			三	85.0	75	63.7	5000	11.0
23	老芒麦	Elymus sibiricus Linn.	一	95.0	85	80.7	2000	11.0
			二	90.0	80	72.0	3000	11.0
			三	85.0	75	63.7	5000	11.0
24	长穗偃麦草	Elytrigia elongata (Host)Nevski	一	95.0	85	80.7	1000	11.0
			二	90.0	80	72.0	2000	11.0
			三	85.0	75	63.7	3000	11.0
25	弯叶画眉草	Eragrostis curvula (Schrad.)Nees	一	95.0	85	80.7	2000	11.0
			二	90.0	80	72.0	3000	11.0
			三	85.0	75	63.7	5000	11.0
26	假俭草	Eremochloa ophiuroides (Munro)Hack.	一	98.0	85	83.3	1000	11.0
			二	95.0	80	76.0	2000	11.0
			三	90.0	75	67.5	3000	11.0
27	苇状羊茅	Festuca arundinacea Schreb.	一	98.0	90	88.2	1000	11.0
			二	95.0	85	80.7	2000	11.0
			三	90.0	80	72.0	3000	11.0

续表

序号	中文名	学名	级别	净度/%≥	发芽率/%≥	种子用价/%≥	其他植物种子数/（粒/kg）≤	水分/%≤
28	羊茅	Festuca ovina L.	一	98.0	85	83.3	1000	11.0
			二	95.0	80	76.0	2000	11.0
			三	90.0	75	67.5	3000	11.0
29	牛尾草	Festuca pratensis Huds.	一	98.0	85	83.3	1000	11.0
			二	95.0	80	76.0	2000	11.0
			三	90.0	75	67.5	3000	11.0
30	紫羊茅	Festuca rubra L.	一	98.0	90	88.2	1000	11.0
			二	95.0	85	80.7	2000	11.0
			三	90.0	80	72.0	3000	11.0
31	羊茅黑麦草	Festulolium braunii (K. Richt.)A Camus	一	98.0	90	88.2	1000	11.0
			二	95.0	85	80.7	2000	11.0
			三	90.0	80	72.0	3000	11.0
32	绒毛草	Holcus lanatus Linn.	一	95.0	85	80.7	1000	11.0
			二	90.0	80	72.0	2000	11.0
			三	85.0	75	63.7	3000	11.0
33	布顿大麦	Hordeum bogdanni Wilensky	一	95.0	85	80.7	1000	11.0
			二	90.0	80	72.0	2000	11.0
			三	85.0	75	63.7	3000	11.0
34	野大麦	Hordeum brevisubulatum (Trin.)Link	一	95.0	85	80.7	1000	11.0
			二	90.0	80	72.0	2000	11.0
			三	85.0	75	63.7	3000	11.0
35	大麦	Hordeum vulgare L.	一	98.0	90	88.2	300	12.0
			二	95.0	85	80.7	500	12.0
			三	90.0	80	72.0	1000	12.0
36	羊草	Leymus chinensis (Trin.)Tzvel.	一	95.0	80	76.0	2000	11.0
			二	90.0	70	63.0	3000	11.0
			三	85.0	60	51.0	5000	11.0
37	多年生黑麦草	Lolium perenne L.	一	98.0	90	88.2	1000	11.0
			二	95.0	85	80.7	2000	11.0
			三	90.0	80	72.0	3000	11.0
38	多花黑麦草	Lolium multiflorum Lam.	一	98.0	90	88.2	1000	11.0
			二	95.0	85	80.7	2000	11.0
			三	90.0	80	72.0	3000	11.0
39	大黍	Panicum maximum Jacq.	一	95.0	65	61.7	500	12.0
			二	90.0	60	54.0	1000	12.0
			三	85.0	55	46.7	2000	12.0
40	毛花雀稗	Paspalum dilatatum Poir.	一	95.0	80	76.0	500	11.0
			二	90.0	75	67.5	1000	11.0
			三	85.0	70	59.5	2000	11.0
41	巴哈雀稗	Paspalum notatum Flüggé	一	98.0	80	78.4	500	11.0
			二	95.0	75	71.2	1000	11.0
			三	90.0	70	63.0	2000	11.0
42	小花毛花雀稗	Paspalum urvillei Steud.	一	95.0	80	76.0	500	11.0
			二	90.0	75	67.5	1000	11.0
			三	85.0	70	59.5	2000	11.0

续表

序号	中文名	学名	级别	净度/%≥	发芽率/%≥	种子用价/%≥	其他植物种子数/（粒/kg）≤	水分/%≤
43	宽叶雀稗	*Paspalum wettsteinii* Hack.	一	95.0	80	76.0	500	11.0
			二	90.0	75	67.5	1000	11.0
			三	85.0	70	59.5	2000	11.0
44	御谷(珍珠粟)	*Pennisetum glaucum* (L.) R. Br.	一	98.0	90	88.2	500	11.0
			二	95.0	85	80.7	1000	11.0
			三	90.0	80	72.0	2000	11.0
45	虉草	*Phalaris arundinacea* L.	一	95.0	85	76.0	2000	11.0
			二	90.0	80	72.0	3000	11.0
			三	85.0	70	59.5	5000	11.0
46	猫尾草	*Phleum pratense* L.	一	98.0	85	83.3	2000	11.0
			二	95.0	80	76.0	3000	11.0
			三	90.0	75	67.5	5000	11.0
47	草地早熟禾	*Poa pratensis* L.	一	96.0	85	81.6	2000	11.0
			二	93.0	80	74.4	3000	11.0
			三	90.0	75	67.5	5000	11.0
48	普通早熟禾	*Poa trivialis* L.	一	96.0	85	81.6	2000	11.0
			二	93.0	80	74.4	3000	11.0
			三	90.0	75	67.5	5000	11.0
49	新麦草	*Psathyrostachys juncea* (Fisch.) Nevski	一	95.0	85	80.7	1000	11.0
			二	90.0	80	72.0	2000	11.0
			三	85.0	75	63.7	3000	11.0
50	朝鲜碱茅	*Puccinellia chinampoensis* Onwi	一	95.0	85	80.7	2000	11.0
			二	90.0	80	72.0	3000	11.0
			三	85.0	75	63.7	5000	11.0
51	星星草	*Puccinellia tenuiflora* (Turcz.)Scribn. & Merr.	一	95.0	85	80.7	2000	11.0
			二	90.0	80	72.0	3000	11.0
			三	85.0	75	63.7	5000	11.0
52	碱茅	*Puccinellia distans* (L.) Parl.	一	95.0	85	80.7	2000	11.0
			二	90.0	80	72.0	3000	11.0
			三	85.0	75	63.7	5000	11.0
53	青海鹅观草	*Roegneria kokonorica* Keng	一	95.0	85	80.7	2000	11.0
			二	90.0	80	72.0	3000	11.0
			三	85.0	75	63.7	5000	11.0
54	无芒鹅观草	*Roegneria mutica* Keng	一	95.0	85	80.7	2000	11.0
			二	90.0	80	72.0	3000	11.0
			三	85.0	75	63.7	5000	11.0
55	黑麦	*Secale cereale* Linn.	一	98.0	90	88.2	300	12.0
			二	95.0	85	80.7	500	12.0
			三	90.0	80	72.0	1000	12.0
56	非洲狗尾草	*Setaria anceps* Stapf ex Massey	一	95.0	80	76.0	1000	11.0
			二	90.0	75	67.5	2000	11.0
			三	85.0	70	59.5	3000	11.0
57	苏丹草	*Sorghum sudanense* (Piper) Stapf	一	98.0	90	88.2	100	12.0
			二	95.0	85	80.7	300	12.0
			三	90.0	80	72.0	500	12.0

续表

序号	中文名	学名	级别	净度/%≥	发芽率/%≥	种子用价/%≥	其他植物种子数/（粒/kg）≤	水分/%≤
58	粟	*Setaria italica* (L.) P. Beauv.	一	98.0	90	88.2	500	12.0
			二	95.0	85	80.7	1000	12.0
			三	90.0	80	72.0	2000	12.0
59	高粱苏丹草杂交种	*Sorghum bicolor* (L.) Moench ×*S. sudanense* (Piper) Stapf	一	98.0	90	88.2	200	12.0
			二	95.0	85	80.7	300	12.0
			三	90.0	80	72.0	500	12.0
60	克氏针茅	*Stipa krylovii* Roshev.	一	95.0	80	76.0	1000	11.0
			二	90.0	75	67.5	2000	11.0
			三	85.0	70	59.5	3000	11.0
61	小黑麦	*Triticale wittmack*	一	98.0	90	88.2	200	12.0
			二	95.0	85	80.7	300	12.0
			三	90.0	80	72.0	500	12.0
62	饲用玉米	*Zea mays* L.	一	98.0	90	88.2	100	14.0
			二	95.0	85	80.7	200	14.0
			三	90.0	80	72.0	300	14.0
63	结缕草	*Zoysia japonica* Steud.	一	98.0	80	78.4	500	11.0
			二	95.0	75	71.2	1000	11.0
			三	90.0	70	63.0	2000	11.0

5 质量等级评定方法

（1）根据表1净度、发芽率、其他植物种子数、水分进行单项指标的定级，三级以下定为等外。

（2）根据表1，用净度、发芽率、其他植物种子数、水分4项指标进行综合定级。

4项指标在表1同一质量等级时，直接定级。

4项指标有一项在三级以下定为等外。

4项指标均在三级以上（包括三级），其中净度和发芽率不在同一级时，先计算种子用价，用种子用价取代净度与发芽率。种子用价和其他植物种子数在同一级别，则按该级别定级；若不在同一级别，按低的等级定级。

6 要求

种子中不应有检疫性植物种子。

（韩建国、孙彦、毛培胜、王赟文、秦歌菊）

六、牧草种子检验规范：种及品种鉴定

1 范围

本标准规定了种及品种的鉴定方法。

本标准适用于牧草种子、草坪草种子和饲料作物种子质量检验的种及品种鉴定。

2 引用标准

下列标准所包含的条文，通过在本标准中引用而成为本标准的条文。本标准出版时，所示版本均为有效。所有标准都会被修订，使用本标准的各方应探讨使用下列标准最新版本的可能性。

GBIT 2930.1—2001　牧草种子检验规程　扦样

GB/T 2930.4—2001　牧草种子检验规程　发芽试验

GB/T 8170—1987　数值修约规则

3 检验目的

种及品种的鉴定目的是测定送验样品或送验样品所代表种批与所提及的种或品种的符合程度。

4 定义

本标准采用下列定义。

4.1　种子真实性 genuineness of seed

供检种及品种与文件记录(如标签等)是否相符。

4.2　品种纯度 variety purity

品种在特征、特性方面典型一致的程度。用本品种的种子数占供检本植物样品种子数的百分率表示。

4.3　变异株 off-type

一个或多个性状(特征特性)与原品种育成者所描述的性状明显不同的植株。

5 原则

只有当样品的送验者对报检种或品种已有说明，并且具有一个可供比较的可靠标准样品时，鉴定才有效。供比较的性状包括形态、生理、细胞或化学等方面。

进行种或品种鉴定时，可用种子、幼苗或在实验室、温室、培养室或田间小区中长成的较成熟植株。

通常把种子和标准样品的种子进行比较，将幼苗和植株与同期邻近种植在相同的环境条件下处于同一发育阶段的标准样品的幼苗和植株进行比较。在特殊情况下，如果测定的结果确实可信(如测定染色体倍数)，不一定要和标准的对照样品作比较。

当种或品种的一个或几个鉴别性状相当一致时(如自花授粉的种)，就可对异种或异品种的种子、幼苗或植株进行计数。当种或品种不够一致时(如异花授粉的种)，则对明显的变异株进行计数，并对供检样品的真实性作出总体判断。

6 器具及试剂

6.1 器具

检验所用仪器设备随方法的差异而不同。

（1）实验室：适当地配备仪器、器具及试剂，以供形态、生理及细胞学的检查、化学测定及种子发芽之用。

（2）温室和培养箱：需配备能调节环境条件的设备，以诱导幼苗或植株鉴别性状的发育。

（3）田间小区：需具有能使鉴别性状正常发育的气候、土壤及栽培条件，并对防治病虫害有充分的保护措施。

6.2 试剂

碘、碘化钾、盐酸、氯化钠、苯酚、氢氧化铵。

聚丙烯酰胺凝胶电泳法所需仪器及试剂参见附录 A 及附录 B(标准的附录)。

7 检验程序

7.1 送验样品的重量

送验样品的最低重量应符合表 1 的规定。

表 1 种及栽培品种鉴定的送验样品最低重量

种　类	限于实验室测定/g	田间小区及实验室测定/g
豌豆属（*Pisum*）、野豌豆属(*Vicia*)、羽扇豆属(*Lupinus*)及种子大小类似的其他属	1000	2000
大麦属（*Hordeum*）、燕麦属（*Avena*）、黑麦属（*Secale*）及种子大小类似的其他属	500	1000
甜菜属（*Beta*）及种子大小类似的其他属	250	500
所有其他属	100	250

7.2 种子鉴定

7.2.1 试验样品

按 GB/T 2930.1—2001 中 7.2 的规定分取试验样品，随机从试验样品中数取至少 400

粒种子，检验时必须设重复，每个重复不超过 100 粒种子。如采用电泳法，试验样品的量可适当减少[见附录 A(标准的附录)]。

7.2.2 鉴定

7.2.2.1 形态鉴定

根据种子形态特征鉴定种及品种时，如有必要，可借助放大镜进行观察；测定种子色泽时，可在自然光或特定光谱(如波长为 360 nm 的紫外灯)下观察。

大麦属最有效的鉴定特征是籽粒形状、外稃基部、籽粒颜色、腹沟基刺、腹沟宽度、小穗轴茸毛多少、侧背脉纹齿状突起、内外稃褶皱、鳞被形状及茸毛稀密等。

燕麦属的籽粒颜色是有效特征，可分为白色、灰黄色、黑色等。

燕麦属和大麦籽粒颜色可在紫外光下加以区别，如白色燕麦种子显现荧光，黄色燕麦种子不显现荧光。

豌豆属和羽扇豆属植物种在种子颜色、大小和形状上存在着可供鉴别的差异，可在日光或紫外光下直接用肉眼进行观察。

7.2.2.2 化学测定

化学测定通常是借助某种特别的化学试剂与种子特有成分反应来鉴定品种。

（1）羽扇豆属植物碱测定：羽扇豆属种子中是否含有生物碱是一种种间鉴别特征。先将种子放入水中浸泡 24 h，然后将每粒种子切一薄片置于玻璃板上，衬以白色背景，加 1~2 滴 Lugol 溶液[卢戈氏液：将 0.39 g 碘（I）和 0.6g 碘化钾（KI）溶于 100 mL 水中]，若切片产生棕红色沉淀，即表明含生物碱。记录含或不含生物碱的种子数。

（2）燕麦盐酸(HCl)测定：当对燕麦种子荧光测定有怀疑时，特别是对经处理或恶劣气候条件下收获的种子，则可用盐酸溶液测定。

将种子浸入盐酸溶液（1 份 38%盐酸溶液和 4 份蒸馏水配制而成）中 6 h，捞出种子置于滤纸上，使其自然风干 1 h，根据棕褐色或黄色进行鉴定。

（3）燕麦(*A. sativa*)、大麦(*H. vulgare*)、黑麦草(*L. perenne*)和普通早熟禾(*Poa pratensis*)等种子的苯酚测定：根据种子内外稃染色鉴定大麦、燕麦和黑麦草种子。

采用纸上法，于 25℃下预湿 18~24 h。将种子移入经 1.0%苯酚溶液（5 g 结晶苯酚加入 500 mL 蒸馏水）湿润的滤纸上，室温下进行处理，燕麦 2 h，大麦 4 h，黑麦草和普通早熟禾 24 h，检查和记录颜色反应，与标准样品进行比较。颜色通常分为不着色、浅褐色、褐色、深褐色、黑褐色和黑色。

7.2.3 鉴定豌豆和黑麦草品种的聚丙烯酰胺凝胶电泳（PAGE）的标准参照方法见附录 A（标准的附录）

7.2.4 鉴定燕麦品种的聚丙烯酰胺凝胶电泳（PAGE）的标准参照方法见附录 B（标准的附录）

7.3 幼苗鉴定

7.3.1 试验样品

按 GB/T 2930.1—2001 中 7.2 规定分取试验样品，从试验样品中随机数取至少 400 粒种子，4 次重复，每个重复 100 粒种子，如作染色体倍数的初始测定，可用 100 粒；当初始鉴定不能得出结论时，必须再取 100 粒种子进行鉴定。

7.3.2 鉴定

将种子置于适宜发芽床上萌发，当幼苗达到适当的生长阶段时，对全部或部分幼苗进行鉴定，有的需要进一步处理，有的可直接鉴定。在测定染色体倍数时，切开根尖或其他细胞在显微镜下进行鉴定。

7.3.2.1 禾谷类

有些品种可根据其芽鞘颜色分类。将种子放在垫有潮湿滤纸的培养皿里萌发，当幼苗发育达到适当阶段时，鉴定芽鞘的颜色，其变异范围可以从绿色到紫色。可用 1%氯化钠或盐酸溶液湿润滤纸使其加深颜色，或在鉴定前用紫外光照射幼苗 1~2 h。

7.3.2.2 黑麦草属（*Lolium*）

大部分多花黑麦草（*L. multiflorum*）品种的大多数幼苗根迹在紫外光下显现荧光，而大部分多年生黑麦草（*L. perenne*）品种的大多数幼苗根迹不显现荧光。

为了测定幼苗根迹对紫外光的反应，可将种子放在合适的无荧光的白色湿润滤纸上，在 20/30℃变温或 20℃恒温、黑暗或弱光(不超过 250 lx)条件下萌发，种子分开排列，以防止根相互缠绕使显现荧光的根迹混淆不清。休眠种子可采用预先冷冻（见 GB/T 2930.4—2001 中表 1 的规定）的方法进行处理。当根系发育到足够程度（幼苗根迹产生的荧光都能被检查出来）时即可在紫外光灯下进行鉴定。为了看清伸入纸层内的根有无荧光，必须将不显现荧光的幼苗从滤纸上取出。记载每重复显现荧光及无荧光的幼苗数及正常幼苗数。其结果用整数填报。

7.3.2.3 羊茅属（*Festuca*）

紫羊茅(*F. rubra*)和羊茅（*F. ovina*）可用与黑麦草属相同的方法进行鉴别。在含有氨的空气中，其根部本身会发出荧光。在紫外光照射下，紫羊茅根显现黄绿色的荧光，而羊茅根则显现蓝绿色荧光。

种子可按 7.3.2.2 规定的黑麦草属方法进行发芽。当幼苗充分发育后，便可进行鉴定，鉴定前可用 0.5%氢氧化铵（NH_4OH）（取 1.67 mL 浓 NH_4OH，加入 98.33 mL 蒸馏水）喷施幼苗上，1 min 后在紫外灯下进行鉴定，记录每重复显现黄绿色或蓝绿色荧光的幼苗数。

7.4 温室或培养室的植株鉴定

7.4.1 试验样品

所播种子量要充足以保证能长成 100 株植株，但攀援的或匍匐的种数量可减少。种子按 GB/T 2930.1—2001 中 7.2 的规定取得。

7.4.2 鉴定

种子播种于适宜的容器内,并保持在对鉴别性状发育所需要的环境条件,当植株达到适当的发育阶段时,观察记载每个植株的鉴定性状。

7.5 田间小区植株鉴定

送验样品收到后,要尽快播种。

每个样品至少播种两个重复小区。为避免失败,重复应适当布置在不同田块或同一田块不同位置。小区大小要能为准确鉴定提供足够的植株。播种方式可采取条播,具有足够的行、株距离,以便所要鉴定的性状能充分发育。一般建议牧草行长约 15 m,行距为 30~45 cm。为减少移栽和间苗可能引起的误差,应调整播量,使试验区和对照区植株数大约相等。必要时可采取间苗或补苗的办法。

当通过考查单株就能区别两个或更多的品种时,则应采用穴播。可在实验室或温室将种子分开播种而获得单株。当植株已长到适当大小时,即移栽到田间小区。如果条件适宜种子可直接播在小区,以后可通过间苗使其成单株状态。各植株的间距至少达 60 cm。同时应栽种标准样品的单株以作对比。株数多少取决于重复次数和所用的统计处理。

不同品种植株需经过全生育期才能充分表现出差异,因此,鉴定工作应延续到整个生育时期。但从开花(豆科牧草)或抽穗(禾本科牧草)开始至生育终期是鉴定样品的最好时期。在此期间对植株需进行数次观察。凡可看出是属于另外品种或种的植株或者变异株均应计数和记载。

如果有可能最好在鉴定植株的同时,实际计算或估算小区内的植株数。

8 结果计算和表示

当鉴定的种子、幼苗或植株数不多于 2000 时,用所发现的变异数占供验样品数的整数百分率表示;如果多于 2000,则百分率取一位小数。数值修约按 GB/T 8170—1987 的规定进行。

在实验室、温室及培养室所测定的结果必须注明受检种子数、幼苗数或植株数。

8.1 种子和幼苗

计算鉴定种或品种的种子(幼苗)、其他种或品种的种子(幼苗)占供试种子(幼苗)的百分率。

8.2 田间小区鉴定

凡有可能,应分别计算所发现的其他种、品种或变异株数占鉴定株数的百分率。

对窄行条播的牧草,当难以估计每小区中鉴定植株的总数时,其结果可用播种重量中所产生的变异株数表示。

如果性状是经过测量的,还可算出平均数和其他统计数值。

异花授粉的品种,通常植株性状的变异达到难以准确地确定各种异型植株的程度。此种情况下,在填写各种杂株百分率的计算结果时,应补充一些有关供检样品真实性状的适当评语。

在特殊情况下，如果未设对照样品，应该予以注明。

附录 A
(标准的附录)
鉴定豌豆和黑麦草品种的聚丙烯酰胺凝胶电泳(PAGE)的标准参照方法

A1 原理

由单粒豌豆种子或黑麦草种子粗粉中提取的种子蛋白质，经用 SDS(十二烷基硫酸钠)处理后可在不连续的 SDS 聚丙烯酰胺凝胶电泳过程中得到分离。胶片上的蛋白质谱带类型即能表现出品种特征。

A2 器具及试剂

A2.1 仪器设备

（1）任何适宜的垂直电泳设备(如 Pharmacia GE2/4 Bio-rad"Protean")；

（2）离心机、离心管；

（3）天平（0.001 g）；

（4）粉碎机或碾磨机；

（5）水浴锅；

（6）水泵式油泵、真空干燥器；

（7）不同规格的移液管、微量进样器、试剂瓶、烧杯、容量瓶、三角烧瓶、滴管、培养皿、注射器（25 mL）及针头等。

A2.2 试剂

所有化学试剂都应是分析纯级或相当的等级：

丙烯酰胺（经专门纯化后用于电泳）；

亚甲基双丙烯酰胺（经专门纯化后用于电泳）（BIS）；

三羟甲基氨基甲烷（Tris）；

甘氨酸；

盐酸；

十二烷基硫酸钠（SDS）；

甘油；

2-巯基乙醇；

二甲基甲酰胺（DMF）；

过硫酸铵（APS）（或核黄素）；

N, N, N', N'-四甲基乙二胺（TEMED）；

甲醇；

冰乙酸；

三氯乙酸（TCA）；

PAGE 蓝 G-90（或 PAGE 蓝 83，或任何相当于"考马斯亮蓝"G 或 R 系列染料的试剂）；

溴酚蓝。

A2.3 溶液

A2.3.1 主体分离胶缓冲溶液

1 mol/L Tris-HCl, pH8.8：121.1 g Tris 溶解于约 750 mL 蒸馏水中，滴加 1 mol/L 的盐酸溶液调节 pH 至 8.8（1 mol/L 盐酸约为每升蒸馏水中含 90 mL 盐酸原液，滴加这种溶液约 15 mL），然后定容至 1 L，存放于 4℃下。

A2.3.2 浓缩胶缓冲溶液

1 mol/L Tris-HCl, pH6.8：30.3 g Tris 溶解于约 200 mL 蒸馏水中，用盐酸溶液调节 pH 至 6.8（开始滴加盐酸原液约 8 mL，之后再用 1 mol/L 盐酸溶液加调），然后定容至 250 mL，存放于 4℃下。

A2.3.3 SDS 溶液

10 g SDS 溶于蒸馏水中（溶解时需加温和轻摇），定容至 100 mL，此液可室温下存放，如果出现 SDS 析出，可稍加温使其重新溶解。

A2.3.4 1%过硫酸铵溶液

0.1 g 过硫酸铵溶解于 10 mL 蒸馏水中，此液必须在每次使用前新配。

A2.3.5 样品提取缓冲原液

在 12.5 mL 浓缩胶缓冲原液（A2.3.2）中加入 20 mL 甘油，24.1 mL 蒸馏水，4 g SDS 和 12 mg 溴酚蓝（也可不加溴酚蓝），混合均匀后室温存放，如出现 SDS 析出，可稍加温使其重新溶解。

A2.3.6 凝胶固定液

在 400 mL 甲醇中加入冰乙酸 100 mL，用蒸馏水定容至 1 L。每块胶片约需 200 mL。

注：可用三氯乙酸取代冰乙酸，三氯乙酸的最终浓度控制在 15%~20%（约 2.3 g）。

A2.3.7 凝胶染色液

（1）15%三氯乙酸（TCA）（375 g TCA 用水配溶至 2.5 L）；

（2）1%PAGE 蓝或同类试剂的甲醇溶液（1 g 试剂溶于 100 mL 甲醇中）。

（3）号液 200 mL 加（2）号液 10 mL 可染色一块胶片。

A3 程序

一般每个样品测定 100 粒种子，如要求更为精确地估测品种纯度，则需测定较多的种子样品。如果是仅同标准值比较，后续测定则可只测定 50 粒种子，如果仅对种子批中某一主要成分的一致性作简单核查，则可测定少于 50 粒的种子。

对于黑麦草属，通常是分析较大量种子的群体样品，绝大多数情况下，仅用于测定种子批的一致性，而不允许用于检测两个或更多品种的混合种子。

A3.1 样品提取

A3.1.1 豌豆

用电动粉碎机（也可以采用研钵或类似设备）将单粒种子的子叶打碎成细粉。稀释的提取缓冲液可用下述方法配制：17 份提取缓冲原液（见 A2.3.5）；3 份巯基乙醇；40 份蒸馏水。一般只配足当天所需用量。

细粉与稀释的提取缓冲液以 40 mg：1.0 mL 比例放入 1.5 mL 的聚乙烯离心管中提取，室温下放置约 1 h，用转动搅和器使细粉重新悬浮，并在沸水浴中加热 10 min（离心管盖时留一条小缝，以免管内压力升高），冷却后于 18 000×g 条件下离心 5 min，取清澈的上清液用于电泳。

A3.1.2 黑麦草

用锤式碾磨机（也可以采用滚刀式咖啡粉碎机或其他搅拌式粉碎机）将 0.5~2.0 g 种子碾磨成粗粉后用于分析。稀释的提取缓冲液可用下述方法配制：17 份提取缓冲原液；6 份巯基乙醇；10 份二甲基甲酰胺；17 份蒸馏水。一般只配足当天所需用量。研磨成的种子粗粉与稀释提取缓冲液以 80 mg：1.0 mL 比例进行提取。其提取方法完全与 A3.1.1 相同。

A3.2 凝胶制备

根据电泳设备的结构和类型安装好清洁干净的胶膜。如果电泳装置是采用粘贴式密封条，则以至少提前一天安装胶膜为好，这样可使密封条粘贴得更充分更紧密。建议凝胶厚度为 1.5 mm 或更薄为好。

下面介绍制备 12.5%丙烯酰胺浓度的分离胶和 5%浓缩胶的方法。

A3.2.1 主体分离胶

如欲制备 4 块凝胶（180 mm×140 mm×1.5 mm），需用下述数量的溶液。

56.4 mL 1 mol/L Tris-HCl pH 8.8 的缓冲溶液（A2.3.1）。

86.25 mL 凝胶溶液（19.6g 丙烯酰胺+0.26 g BIS，用蒸馏水定容至 90 mL）。

于抽气瓶中抽去溶液里的空气，然后加入 3.75 mL 1%APS（A2.3.4），1.5 mL 10%SDS（A2.3.3）和 75 mL TEMED（直接取用原液），小心混匀（勿形成泡沫）后，凝胶缓慢倒入胶膜，也可用 25 mL 的注射器灌胶。胶液灌注至距顶部 3~4 cm 处（这部分将用于灌浓缩胶）。在主体分离胶上部注入 1 cm 厚的蒸馏水（或异丙醇），然后静置让其聚合（约 1 h）。

注：如无条件抽气，则可略去这一步换用浓度高 3 倍的 APS 溶液[即 3.75 mL 3%的 APS（0.3 g APS 溶解于 10 mL 蒸馏水中）]。

A3.2.2 浓缩胶

用吸管吸去分离胶表面的覆水（或异丙醇），并用稀的浓缩胶缓冲液（将浓缩胶缓冲液与蒸馏水按 1:8 比例稀释）简单冲洗，小心倒去稀释液，再用滤纸吸干。欲制备 4 份浓缩胶需用下述数量的溶液。

10 mL 1 mol/L Tris-HCl pH6.8 的缓冲溶液（A2.3.2）。

67.2 mL 凝胶溶液（4.0 g 丙烯酰胺加 0.07 g BIS 用蒸馏水定容至 67.2 mL）。

放在抽气瓶中抽气。然后加入 3.0 mL 1%APS（A2.3.4），0.8 mL 10% SDS（A2.3.3）和 80 mL TEMED（直接取用原液）。浓缩胶倒在胶模中的上部，插入用丙烯酰胺制成的梳子，确保"梳齿"下方无气泡，然后静置让其聚合（约 1 h）。同样，如果采用较高浓度的 APS 溶液 [3.0 mL 2 %的 APS（0.2 g APS 溶于 10 mL 蒸馏水中）]，则可省去抽气这一环节。

对于浓缩胶的聚合反应，可以用 0.008%核黄素溶液取代 APS，胶液放在一般光线下会发生聚合，但欲使其聚合良好，需用紫外灯。确切的用量需经试验来决定，要求在 30~60 min 内完成聚合。建议 50 mL 浓缩胶混合液加 7.5 mL 核黄素溶液。

A3.3　电泳

电泳缓冲液（或称为电极缓冲液）的组成为：3.0 g Tris；14.1 g 甘氨酸；1.0g SDS。

用蒸馏水定容至 1 L（或许需要稍作加温以溶解 SDS），往电泳槽的上槽和下槽中倒入足够量的电极缓冲液（新配制）。

由浓缩胶上拔出梳子（此胶相当稀软），形成的小槽冲洗后加入适量的电极缓冲液。用进样器将样品加入小槽（即样品槽）中，进样量的多少主要由凝胶厚度和样品槽大小来决定。大多数情况下 5~15 mL 较为适宜。如果需要，可加入 5 μL 1%的溴酚蓝水溶液(含10%的甘油)于各样品槽中作为指示剂[也可预先混入提取缓冲原液（A2.3.5）中]。如果胶模原先用黏条密封，此时可将下方（即底部）的黏条取掉。用电极缓冲液将样品槽充满（需小心，不要使样品液搅动）。凝胶放置于电泳槽中，开始每块胶先用 25 mA 的电流电泳，当前沿指示剂迁移出浓缩胶后，电流增加至 45 mA，直至溴酚蓝指示剂迁移到凝胶底部。温度应保持在 15~20℃范围，电极缓冲液可用自来水或冷却液进行循环冷却。

A3.4　固定与染色

有数种不同的方法可用来固定和染色蛋白质。如果无需立即得出结果，在电泳结束后从胶模中取出凝胶放在固定液（A2.3.6）中，并缓缓摇动至少 1 h，再用蒸馏水漂洗 5 min，然后放于染色液（A2.3.7）中至少 2 h（通常过夜）。将染色后的凝胶用蒸馏水漂洗 2~3 h（如果背景颜色较深，可加入 TCA），然后密封于聚乙烯袋中，供检查或拍照。如果密封得当，凝胶可于 4℃下保存若干个月。

如需快速染色，凝胶可放在较高温度（80℃）下固定和染色 30 min，然后冷却，再放入 10%冰乙酸和 35%乙醇的溶液中脱色 30~60 min，其间常摇动。

A4　结果鉴定

通常采用比较方法，即比较样品的蛋白质谱带类型是否与标准对照品种的相一致。应在每块胶片上都配加一个已知样品作为对照，该对照品种应具有确定的蛋白质谱带及其详尽描述。如果对照品种的谱带清晰可辨，可作为该胶片的定性标准，对该胶进行分析比较，鉴定种子真实性及品种纯度。此外，由于每块胶片中都有一已知分子质量的标准蛋白，不同的胶片可以借其得到校核,并计算出那些主要蛋白质谱带的分子质量。

附 录 B
(标准的附录)
鉴定燕麦品种的聚丙烯酰胺凝胶电泳(PAGE)的标准参照方法

B1 原理

从种子中提出来的脲蛋白或乙二醇溶蛋白(初级燕麦蛋白)可用 pH3.2 的聚丙烯酰胺凝胶电泳(PAGE)进行分离,所产生的蛋白质谱带可作为品种的"指纹",这种指纹可用来鉴定未知品种,并通过分析单粒种子来测定品种的混杂程度(即对品种进行鉴定)。

一般推荐测定样品为 100 粒种子。如要求非常准确地测定品种纯度,则需较大样品数。如仅同标准值比较,或仅对种子批中某一主要组分的一致性作简单地核对,则可只测定 50 粒种子。

B2 仪器设备及试剂

B2.1 仪器设备

采用的仪器设备与鉴定豌豆属相同[见附录 A(标准的附录)]。

B2.2 试剂

所有化学试剂都应是分析纯级或更好等级。

丙烯酰胺(经专门纯化后用于电泳);

亚甲基双丙烯酰胺(经专门纯化后用于电泳);

尿素;

冰乙酸;

甘氨酸;

硫酸亚铁;

抗坏血酸;

过氧化氢;

焦宁 G(或焦宁 Y);

三氯乙酸;

乙二醇;

甲醇;

考马斯亮蓝 G-250 或 Serva Blue G(或同类试剂)。

B2.3 溶液

B2.3.1 提取液

在乙二醇水溶液[乙二醇与水的比例为 75:25(V/V)]中加入焦宁 G(或焦宁 Y)(0.05%

W/V）和 3 mol/L 的尿素（180% W/V），低温保存或新配。

B2.3.2 电极缓冲溶液

冰乙酸 4 mL，甘氨酸 0.4 g，加无离子水定容至 1 L，低温保存。

B2.3.3 凝胶缓冲溶液

冰乙酸 20 mL，甘氨酸 1.0 g，加无离子水定容至 1 L 低温保存。

B2.3.4 固定及染色液

把考马斯亮蓝 G 250 或 Serva Blue G 1 g、同类试剂 1 g、甲醇 250 mL 和三氯乙酸 100 g 容于 800 mL 无离子水中。

B3 程序

B3.1 样品提取

除去内稃、外稃，用手钳夹碎样品，或用研磨或电动搅碎机将样品打碎成细粉。细粉放入 1.5 mL 的聚乙烯离心管中提取，加入提取液（A2.3.1）（0.1 mL/粉碎种子），将细粉和提取液充分混合，于室温下放置 2 h 或一夜，于 14 000×g 条件下离心 15 min，取清澈的上清液用于电泳。

B3.2 凝胶制备

根据设备的结构和类型安装好清洁干净的胶膜。事先用硅处理玻璃板，可使电泳后的凝胶容易剥离。胶膜可以固定在塑料支架上，这样就可以在灌胶时保持住凝胶。

制备两块凝胶(160 mm × 180 mm × 1.5 mm)的办法如下：取凝胶缓冲液 60 mL，加入 12.5 g 丙烯酰胺，0.4 g 亚甲基双丙烯酰胺，6 g 尿素，0.1 g 抗坏血酸，0.005 g 硫酸亚铁，摇匀后再用凝胶缓冲液定容至 100 mL，加入新配的 0.6%(V/V)的过氧化氢溶液（每 100 mL 凝胶溶液加 0.2 mL），快速混匀后倒入胶膜。在加入过氧化氢溶液之前，凝胶可先冷却至冰点，聚合前在胶膜上方插入丙烯酸样品梳，以使在凝胶上部形成样品槽。

凝胶混合液应充满胶膜，或在胶液上面加一层水以保证凝胶的上表面聚合良好。凝胶的聚合在 5~10 min 内完成。

B3.3 电泳

从已聚合凝胶上取出样品梳，在样品槽中注入电极缓冲液，再将适量的缓冲溶液(依所使用的仪器而定)注入电极。分别将 18 μL 样品提取液加入各样品槽中，胶膜放入电泳槽内，并保证样品槽中充满电极缓冲液。然后进行电泳，所需时间为：200 V(稳压)10 min，500 V（稳压）20 min，以使前沿指示剂焦宁 G 通过凝胶的 2 倍。用水循环流过缓冲液槽内的冷却管，以保持温度在 15~20℃。

B3.4 固定和染色

从电泳槽中取出胶膜，拆开，然后将胶片放入已盛有 200 mL 固定液和染色液的塑料盒中。染色在 1 天内即可完成。经适当染色后，取出胶膜在蒸馏水中漂洗 2~3 h，以便使染色部位清晰，然后进行拍照，凝胶片上各种蓝色背景可用 10%三氯乙酸洗去。

B4　燕麦醇溶蛋白质谱带的定名和鉴定

最好的方法是比较方法，即比较燕麦的一个未知样品的蛋白质谱带的轮廓外形与提取的可靠的参照样品是否一致，同时加以分析。对于燕麦醇溶蛋白质国际上没有统一的命名体制，而且燕麦的蛋白质谱带是按顺序记数或者测定它们的相对迁移率。

（王彦荣、孙建华、余玲、王赟文、卫东、李春杰）

七、牧草种子检验规范：水分测定

1 范围

本标准规定了种子水分的测定方法。

本标准适用于牧草种子、草坪草种子和饲料作物种子质量检验的水分测定。

2 引用标准

下列标准所包含的条文，通过在本标准中引用而成为本标准的条文。本标准出版时，所示版本均为有效。所有标准都会被修订，使用本标准的各方应探讨使用下列标准最新版本的可能性。

GB/T 2930.1—2001　牧草种子检验规程　扦样

GB/T 8170—1987　数值修约规则

3 检验目的

水分测定的目的是采用常规方法来测定种子的含水量。

4 定义

本标准采用下列定义。

水分 moisture content

按常规程序把种子样品烘干所失去的重量占原始样品重量的百分率。

5 器具

（1）粉碎机；

（2）恒温烘箱（配有精密度为 0.5℃ 的温度计）；

（3）感量为 0.001 g 的天平；

（4）样品盒、干燥器、干燥剂、套筛（孔径为 0.5 mm、1.0 mm 和 4.0 mm 的金属丝筛子）等。

6 检验程序

6.1 注意事项

所接收供水分测定的送验样品（应符合 GB/T 2930.1—2001 中第 6 章的规定），必须装在一个防湿容器中，并且尽可能排除其中空气。样品接收后立即测定，测定过程中的取样、磨碎和称量需操作迅速。不需磨碎的种子这一过程所需的时间不得超过 2 min。

6.2 称重

称重应以"g"为单位,保留3位小数。

6.3 试验样品

测定应取两个独立分取的重复试样,根据所用样品盒直径的大小,使每试样重量达到下列要求:

直径小于 8 cm:4~5 g;

直径等于或大于 8 cm:10 g。

在分取试验样品以前,送验样品必须按下列方法之一进行充分混合:

(1)用匙在样品容器内搅拌;

(2)将原样品容器的口对准另一个同样大小的容器口,把种子在两个容器中往返倾倒。

每个试验样品的取得应符合 GB/T 2930.1—2001 中 7.2 的规定。样品暴露在空气中的时间不得超过 30 s。

6.4 磨碎

烘干前应磨碎的种子种类及磨碎细度见表1。

表1 应磨碎的种子及磨碎细度

学 名	中文名	磨碎细度
Avena sativa	燕麦	至少有50%的磨碎成分通过0.5 mm筛孔,而留在1.0 mm筛孔上的成分不超过10%
Hordeum bogdanii	布顿大麦	
Hordeum brevisubulatum	野大麦	
Hordeum vulgare	大麦	
Secale cereale	黑麦	
Sorghum sudanense	苏丹草	
Cicer arietinum	鹰嘴豆	需要粗磨,至少有50%的磨碎成分通过4.0 mm筛孔
Lathyrus pratensis	草原山黧豆	
Lupimus albus	白羽扇豆	
Lupimus luteus	黄羽扇豆	
Vicia benghalensis	光叶紫花苕	
Vicia sativa	箭舌豌豆	
Vicia villosa	毛叶苕子	

6.5 预先烘干法

如果是需要磨碎的种子,其水分高于17%时应预先烘干。称取两个次级样品,每个样品至少称取 25 g ±0.2 mg,放入已称过的样品盒内,将这两个次级样品放在130℃恒温箱内预烘 5~10 min，使水分降至 17%以下，然后将初步干燥过的种样放在实验室内摊晾 2 h。水分超过 30%时，样品应放在温暖处(如加热的烘箱顶上)烘干过夜。

经预先烘干以后，重新称取样品盒中次级样品的重量，并计算失去的重量，此后立即将这两个半干的次级样品分别磨碎，并按 6.6 所述的程序进行测定。

6.6 高恒温烘干法

按 6.3 取得的试验样品，应均匀地铺在样品盒里。在盛入样品的前后，称取样品盒与盒盖的重量，并迅速盖上盒盖。烘箱温度达到 130~133℃时，将样品盒盖启开后放入烘箱，待烘箱回升到所需温度时，开始计算烘干时间。样品烘干时间，禾谷类饲料作物需 2 h，牧草、草坪草及其他饲料作物需 1 h。到达规定的时间后，盖好样品盒盖，放入干燥器里冷却 30~45 min 后再称重。

7 结果计算和表示

7.1 计算和表示

水分以重量百分率表示，按式(1)计算到小数点后一位，数值修约应符合 GB/T 8170—1987 的规定。

$$种子水分(\%) = \frac{M_2 - M_3}{M_2 - M_1} \times 100 \quad (1)$$

式中，M_1 为样品盒和盖的重量，单位为 g；M_2 为样品盒和盖及样品的烘前重量，单位为 g；M_3 为样品盒和盖及样品的烘后重量，单位为 g。

若用预先烘干法，可从第一次（预先烘干）和第二次所得结果来计算。两次水分均按式（1）计算，而样品的原始水分可按式（2）计算。

$$种子水分(\%) = S_1 + S_2 - \frac{S_1 \times S_2}{100} \quad (2)$$

式中，S_1 为第一次整粒种子烘后失去的水分百分率；S_2 为第二次磨碎种子烘后失去的水分百分率。

7.2 容许差距

除灌木种子外，若一个样品两次重复的测定之间的差距不超过 0.2%，其结果可用两次测定的算术平均数表示。否则，全部重新测定。

灌木种子可依据种子大小和原始水分的不同，其重复间的容许差距范围可扩大至 0.3%~2.5%[见附录 A（标准的附录）中表 A1]。

附 录 A
(标准的附录)
容许差距

表 A1　灌木种子水分测定两次重复间容许差距（未确定显著水平）

种子大小类别	原始水分平均值		
	<12%	12%~25%	>25%
小粒种子[1)]	0.3%	0.5%	0.5%
大粒种子[2)]	0.4%	0.8%	2.5%

注：1) 小粒种子是指那些每千克种子粒数超过 5000 粒的种子；
2) 大粒种子是指那些每千克种子粒数最多不超过 5000 粒的种子。

（王彦荣、白原生、赵美清、余玲、孙建华、卫东）

八、牧草种子检验规范：质量测定

1 范围

本标准规定了种子质量的测定方法和程序。

本标准适用于牧草种子、草坪草种子和饲料作物种子质量检验的质量测定。

2 引用标准

下列标准所包含的条文，通过在本标准中引用而成为本标准的条文。本标准出版时，所示版本均为有效。所有标准都会被修订，使用本标准的各方应探讨使用下列标准最新版本的可能性。

GB/T 2930.2—2001　牧草种子检验规程　净度分析

GB/T 8170—1987　数值修约规则

3 检验目的

质量测定的目的是测定送验样品或送验样品所代表种批每 1000 粒种子的质量。

4 器具

（1）数种板或真空数种器；

（2）感量为 0.001 g 或 0.0001 g 的天平。

5 检验程序

5.1 试验样品

将净度分析后的全部净种子作为试验样品。

5.2 机械数种法

将整个试验样品通过仪器，并读出在计数器上所示的种子数。计数后把试验样品称重 (g)，小数的位数应符合 GB/T 2930.2—2001 中表 1 的规定。

5.3 计数重复法

从试验样品中随机数取 8 个重复，每个重复 100 粒种子，分别称重到规定的小数位数（按 5.2 规定）。

计算方差、标准差及变异系数,按式（1）、式（2）、式（3）计算：

$$方差 = \frac{n(\Sigma X^2)-(\Sigma X)^2}{n(n-1)} \tag{1}$$

式中，X 为每个重复的质量，单位为 g；n 为重复次数。

$$标准差(S) = \sqrt{方差} \qquad (2)$$

$$变异系数 = \frac{S}{\overline{X}} \times 100 \qquad (3)$$

式中，$\overline{X}$ 为 100 粒种子的平均质量，单位为 g。

如带有稃壳的禾本科种子[按 GB/T 2930.2—2001 中附录 A（标准的附录）的规定]变异系数不超过 6.0，或其他种子的变异系数不超过 4.0，则可计算测定的结果。

如变异系数超过上述限度，则应再数取 8 个重复、称重，计算 16 个重复的标准差；略去凡与平均数之差超过两倍标准差的各重复，根据其余重复计算测定结果。

6 结果计算和表示

机械数种的计算结果，是将整个试验样品质量换算成种子千粒重，以"g"表示。

如果采用计数重复法，则根据 8 个或 8 个以上的各重复 100 粒的质量，换算成 1000 粒种子的平均质量(即 $10 \times \overline{X}$)。

其结果的小数按规定（5.2）位数表示，数值修约按 GB/T 8170 的规定进行。

（王彦荣、卫东、余玲、孙建华、曾彦军）

九、牧草种子检验规范：净度分析

1 范围

本标准规定了净度分析的测定方法。

本标准适用于牧草种子、草坪草种子和饲料作物种子质量检验的净度分析。

2 引用标准

下列标准所包含的条文，通过在本标准中引用而成为本标准的条文。本标准出版时，所示版本均为有效。所有标准都会被修订，使用本标准的各方应探讨使用下列标准最新版本的可能性。

GB/T 2930.1—2001 牧草种子检验规程 扦样

GB/T 2930.7—2001 牧草种子检验规程 种及品种鉴定

GB/T 8170—1987 数值修约规则

3 检验目的

净度分析的目的是测定供验样品各成分的重量百分率，由此推测种子批的组成；并鉴定组成样品的各个种和杂质的特性。

4 定义

本标准采用下列定义。

4.1 净种子 pure seed

送验者所叙述的种或在分析时所发现的主要种。包括该种的全部植物学变种和栽培品种。

4.1.1 凡能明确地鉴别出是属于所分析的种（除已变成菌核、黑穗病孢子团或线虫瘿外），即使是未成熟、瘦小、皱缩、带病或发过芽的种子也应作为净种子

4.1.1.1 符合附录A（标准的附录）明确规定的完整种子单位。

a）禾本科

种子单位如果是小花必须带有一个明显含有胚乳的颖果。

裸粒颖果。

b）豆科

小冠花属（*Coronilla*）、草木樨属（*Melilotus*）和红豆草属（*Onobrychis*）中，含一粒或多粒种子的荚果。

胡枝子属（*Lespedeza*）中，有或无萼片或苞片，含一粒种子的荚果。

柱花草属（*Stylosanthes*）中，有或无喙的荚果，但明显无种子的除外。

田皂角属（Aeschynomene）中，有或无果柄或顶生喙，含一粒种子的节片荚果或长角果。

4.1.1.2 超过种子大小一半的破损种子。

4.1.2 根据上述原则，以下种或属例外

4.1.2.1 禾本科

a）冰草属（Agropyron）、羊茅属（Festuca）和黑麦草属（Lolium），含有一个颖果的小花，颖果从小穗基部量起，大于等于内稃长度三分之一的，列为净种子或其他植物种子，小于内稃长度三分之一的，列为杂质。其他属的种子只要颖果含胚乳的小花均列为净种子。

b）燕麦草属（Arrheuatherum）、燕麦属（Avena）、雀麦属（Bromus）、虎尾草属（Chloris）、鸭茅属（Dactylis）、羊茅属、黑麦草属、早熟禾属（Poa）和高粱属（Sorghum），附着在可育小花上的不育小花不必除去，一起列为净种子。

c）复粒种子单位列为净种子部分，复粒种子定义见附录 A1.9。

d）具附属物（芒、小柄等）的种子，不必除去其附属物，一并列为净种子。

4.1.2.2 豆科

a）脱落种皮的种子（包括整粒和破损种子）列为杂质。

b）子叶分离的种子（不考虑胚中轴或种皮是否存在）列为杂质。

4.2 其他植物种子 other seeds

除净种子以外的任何植物种子单位。也可以根据净种子定义（见 4.1）划分其他植物种子或杂质，但下列情况例外。

（1）对于附录 A（标准的附录）中未规定的种或属，必须将其复粒构造、荚果或蒴果打开，取出种子作为其他植物种子，将非种子构造列入杂质。

（2）菟丝子属（Cuscuta）的种子，除 4.3（5）外，均列为其他植物种子。

4.3 杂质 inert matter

杂质应包括下列除净种子或其他植物种子外的种子单位和所有其他物质及构造。

（1）明显不含真种子的种子单位。

（2）小于 4.1.2.1 a）中规定颖果大小的小花。

（3）除 4.1.2.1 b）中规定的属外，附在可育小花上的不育小花。

（4）小于或等于原来大小一半的，破裂或受损种子碎片。

（5）在 4.1.2.1 d）中未规定的种子的附属物。

（6）种皮完全脱落的豆科、十字花科的种子。具有胚中轴和（或）超过种子大小一半的附着种皮，但子叶分离的豆科种子单位。

（7）脆而易碎、呈灰白色至乳白色的菟丝子种子。

（8）脱落下的不育小花、空的颖片、内外稃、秤壳、茎、叶、花、果翅、线虫瘿、真菌体（如麦角、菌核、黑穗病孢子团）、泥土、砂粒、石砾及所有其他非种子物质。

（9）采用均匀吹风法分离出轻部分中除其他植物种子外的物质，及重部分中除净种子外和其他植物种子外的其他物质。

5 分析原则

将试验样品分成净种子、其他植物种子和杂质三个组成部分，并测定各成分的重量百分率。在分析中应尽可能鉴定出样品中的所有植物种和杂质种类。必要时可根据送样者要求，测定某种（类）植物或某类杂质的重量百分率。

6 器具

（1）净度分析台，反光透视仪。
（2）小型分样器。
（3）均匀吹风机。
（4）手持放大镜或双目显微镜。
（5）感量为 0.1 g、0.01 g、0.001 g 和 0.1 mg 的天平。
（6）不同孔径的套筛。
（7）瓷盘、分样板、分样勺、镊子、样品盒（盘）等。

7 检验程序

7.1 大型混杂物的检查

在送验样品（或至少是净度分析试样重量的 10 倍）中，若有与供检种子在大小或重量上明显不同且严重影响结果的混杂物，如石块、土块或小粒种子中混有大粒种子等，应先过筛或挑出这些重型混杂物并称重，再将重型混杂物分为其他植物种子和杂质，按 8.5 进行结果换算。

7.2 试验样品的分取

净度分析的试验样品应按 GB/T 2930.1—2001 中 7.2 的规定从送验样品中分取。试验样品应估计至少含有 2500 个种子单位的重量或符合 GB/T 2930.1—2001 中表 1 规定的重量。

表 1　称重与小数位数

全试样或半试样及其成分重量/g	称重至下列小数位数
1.000 0 以下	4
1.000~9.999	3
10.00~99.99	2
100.00~999.9	1
1000 或 1000 以上	0

净度分析试验样品可用规定重量的一份试验样品（称作全试样），或两份半试样（全

试样重量的一半），各自独立分取，进行分析。

试验样品必须称量，以"g"表示，精确至表1所规定的小数位数，以满足计算各种成分百分率达到一位小数的要求。

7.3 试样的分离

7.3.1 试验样品（或半试样）称重后，按4定义的规定分离成净种子、其他植物种子和杂质三种成分。

7.3.2 净种子的分离必须根据种子的明显特征，借助器具，或用镊子施压，在不损伤发芽力的基础上进行检查。

7.3.3 对于净种子，当有困难或不可能进行种间区分时，则可采用下列方法之一进行鉴定：

a）在结果报告中仅填报属名，该属的全部种子均为净种子；附加说明可填写在备注栏内。

b）将相似的种子从其他成分中分离出一起称重。从这个混合物中随机取出1000粒或至少400粒种子，将这部分再分离，并测定每个种的重量比，从这个比例可估算出每个种占整个样品的百分率[见附录B（标准的附录）]。最后将其结果包括测定的种子数填报在检验结果报告上。

c）可采用GB/T 2930.7中所规定的方法鉴定。

a）、b）仅适用于当送验者所述的种属于翦股颖属（*Agrostis*），黑麦草属、早熟禾属以及紫羊茅（*F. rubra*）和羊茅（*F. ovina*）等种。

7.3.4 分离后，各成分分别称重，以"g"表示，折算为百分率

8 结果计算和表示

8.1 核查分析过程的重量增失

检查一份全试样或是两份半试样，应将分析后的所有成分重量之和与分析前最初重量比较，核对分析期间物质有无增失。若增失差距超过分析前最初重量的5%，则必须重新分析，填报重新分析结果。

8.2 计算各成分的重量百分率

净度分析结果，应分别计算净种子、其他植物种子和杂质占供试样品重量的百分率；供试样品重量必须是分析后各种成分重量的总和，而不是分析前的最初重量。采用全试样分析时，各成分重量百分率应计算到一位小数。半试样分析时，应对每份半试样所有成分分别进行分析、计算；百分率至少保留到两位小数，然后将每份半试样中相同成分的百分率相加，并计算各成分的平均百分率，结果计算到一位小数。

当测定的某一类杂质或某一种其他植物种子或复粒种子含量较高时（等于或大于1%），应分别称重和计算百分率。

净种子和其他植物种子的中文名和学名以及杂质的种类必须填写在结果记录表上;对不能确切鉴定到种的种子可允许鉴定到属。

8.3 检查重量间的误差

8.3.1 同一送验样品两份半试样或两份全试样

两份试样的任一成分重复分析间的相差不得超过附录C(标准的附录)中表C1所示的容许差距。若所有成分的实际差距都在容许范围内,则计算每一成分的平均值。如果某一成分的实际差距超过容许范围,则按下列程序进行。

(1)再重新分析成对半试样,直到一对各成分的差距均在容许范围内为止(但全部分析不必超过4对)。

(2)凡一对间某成分的差距超过容许差距两倍时,其结果不予保留。

(3)各种成分百分率的最后结果,应从全部保留样品对数中计算加权平均值。

8.3.2 同一种批两个不同送验样品的两份或两份以上全试样

在某种情况下需要比较分析两个送验样品全试样结果时,则两份试样各成分的实际差距不得超过附录C(标准的附录)中表C2所示的容许差距。若所有成分都在容许范围内,则取其平均值;若某一成分超过容许范围,则必须再分析一份全试样;若分析后的最高值和最低值差异未超过容许差距的两倍,则填报三者的加权平均值;在三份试样中,若一份结果显然是由于差错而不是随机取样造成,那么将该结果略去不计。

8.4 数值修约

结果计算过程中的数值修约应符合 GB/T 8170 的规定。

各种成分的最后结果应保留一位小数。

对于小于 0.05% 的成分不列入计算之内,记录为"微量";其余成分的总和应为 100.0%。如果总和是 99.9% 或 100.1%,那么,从参加修约成分的最大值中增减 0.1%。

8.5 有大型混杂物的结果换算

净种子重量百分率按式(1)计算,其他植物种子重量百分率按式(2)计算,杂质重量百分率按式(3)计算:

$$P_2(\%) = P_1 \times \frac{M-m}{M} \tag{1}$$

$$OS_2(\%) = OS_1 \times \frac{M-m}{M} + \frac{m_1}{M} \times 100 \tag{2}$$

$$I_2(\%) = I_1 \times \frac{M-m}{M} + \frac{m_2}{M} \times 100 \tag{3}$$

式中,M 为送验样品的重量,单位为 g;m 为大型混杂物的重量,单位为 g;m_1 为大型混杂物中的其他植物种子重量,单位为 g;m_2 为大型混杂物中的杂质重量,单位为 g;P_1 为除去大型混杂物后的净种子重量百分率,单位为%;OS_1为除去大型混杂物后的其他植物种子重量百分率,单位为%;I_1为除去大型混杂物后的杂质重量百分率,%。最后应检查:$P_2+OS_2+I_2= 100.0\%$。

附 录 A
(标准的附录)
附 加 定 义

A1 净种子

A1.1 芨芨草属(*Achnatherum*)

(1)有颖片包着颖果,附着不育或可育小花的小穗。不管其外稃、内稃、穗轴节片、花梗和芒的有无。

(2)有芒或无芒,有内外稃的小花。

(3)颖果。

(4)超过原来大小一半的破损颖果。

A1.2 冰草属(*Agropyron*)

(1)有芒或无芒,有内外稃包着颖果的小花。

(2)颖果。

(3)超过原来大小一半的破损颖果。

A1.3 翦股颖属

(1)有芒或无芒,有颖片、内外稃包着颖果的小穗。

(2)其余同 A1.2。

A1.4 看麦娘属(*Alopecurus*)

(1)有芒或无芒,有颖片、外稃包着颖果的小穗。

(2)有芒或无芒,有外稃包着颖果的小花。

其余同 A1.1(3)、(4)。

A1.5 苋属(*Amaranthus*)

(1)有或无种皮的种子。

(2)超过原来大小一半,有或无种皮的破损种子。

A1.6 黄花茅属(*Anthozanthum*)

(1)有芒或无芒,附着不孕外稃,有内外稃包着颖果的小花。

(2)有内外稃包着颖果的小花。

(3)颖果。

（4）超过原来大小一半的破损颖果。

A1.7　燕麦草属(*Arrhenatherum*)

有芒或无芒，有内外稃包着颖果，并附着雄小花的小穗。
其余同 A1.2。

A1.8　蒿属(*Artemisia*)

（1）瘦果，但明显无种子的除外。
（2）超过原来大小一半的破损瘦果，但明显无种子的除外。
（3）果皮或种皮部分脱落或完全脱落的种子。
（4）果皮或种皮部分脱落或完全脱落，超过原来大小一半的破损种子。

A1.9　燕麦属(*Avena*)

（1）有颖片包着颖果，附着不育或可育小花的小穗。不管其外稃、内稃、穗轴节片、花梗和芒的有无。
（2）有芒或无芒，有内外稃的小花。
（3）颖果。
（4）超过原来大小一半的破损颖果。

由数个小穗或一个以上小花所组成的全部小穗可构成种子单位，当它由下列构造所组成(而不管有无颖片)时，称为复粒种子单位(MSU)：

一个可育小花，附着一个可育或不育小花，后者延伸到或超过该可育小花顶端(不包括芒在内)(图 A1 中 8~12)；

一个可育小花附着一个以上可育和(或)任何长度不育小花(图 A1 中 5~7)；

一个可育小花基部附着任何长度不育小花或颖片(图 A1 中 13~15)。

注：

（1）把保留完整的复粒种子单位归为净种子部分。
（2）燕麦草属的种子，基部小花的外稃包围着可育小花的构造类型(图 A1 中 13)不作为复粒种，而其他构造类型(图 A1 中 5~12，14~15)作为复粒种子。

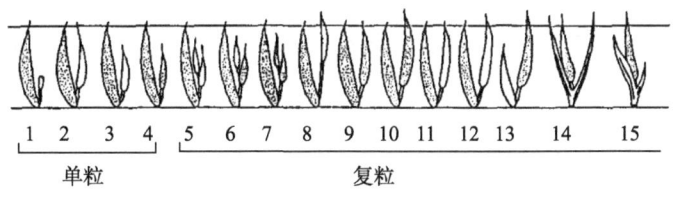

图 A1　单粒与复粒种子单位的分类
有细点部分代表可育小花，白色部分代表不育小花

A1.10 臂形草属(*Brachiaria*)

（1）附着不孕外稃，有颖片、内外稃包着颖果的小穗。
（2）有内外稃包着颖果的小花。
（3）颖果。
（4）超过原来大小一半的破损颖果。

A1.11 雀麦属(*Bromus*)

同 A1.9。

A1.12 驼绒藜属(*Ceratoides*)

同 A1.8。

A1.13 虎尾草属(*Chloris*)

有颖片，含或不含颖果，附着不育或可育小花的小穗。不管其外稃、内稃、穗轴节片、花梗和芒的有无。

其余同 A1.1（2）~（4）。

A1.14 菊苣属(*Cichorium*)

除明显无种子外的瘦果，不管其喙或冠毛的有无。
其余同 A1.8（2）~（4）。

A1.15 狗牙根属(*Cynodon*)

同 A1.2。

A1.16 鸭茅属(*Daczylis*)

同 A1.9。

A1.17 稗属(*Echinochloa*)

同 A1.10。

A1.18 披碱草属(*Elymus*)

有内外稃包着颖果的小花，当芒长超过小花长度时，整个芒不包括在内。
其余同 A1.1（3）、（4）。

A1.19 偃麦草属(*Elytrigia*)

同 A1.18。

A1.20 画眉草属(*Eragrostis*)

同 A1.2。

A1.21 蜈蚣草属（*Eremochloa*）

同 A1.1。

A1.22 羊茅属(*Festuca*)

同 A1.9。

A1.23 绒毛属(*Halcus*)

有颖片、内外稃包着颖果，并附着雄小花、有芒或无芒的小穗。
其余同 A1.2。

A1.24 大麦属(*Hordeum*)

有内外稃包着颖果的小花，有芒或无芒，有或无残留花柄，不计其芒或柄的长度。
其余同 A1.1（2）~（4）。

A1.25 莴苣属(*Lactuca*)

有或无喙(冠毛)的瘦果，但明显无种子的除外。
其余同 A1.8。

A1.26 赖草属(*Leymus*)

同 A1.9。

A1.27 黑麦草属(*Lolium*)

同 A1.9。

A1.28 糖蜜草属(*Meliuis*)

同 A1.10。

A1.29 黍属(*Pauicum*)

同 A1.10。

A1.30 雀稗属(*Paspalum*)

同 A1.10。

A1.31 狼尾草属(*Pennisetum*)

带有刺毛总苞的具有 1~5 个小穗的密伞花序。
注：附着不孕外稃，有颖片、内外稃包着颖果的小穗
其余同 A1.6（2）~（4）。

A1.32 虉草属(*Phalaris*)

附着不孕外稃，有芒或无芒，有或无花药，有内外稃包着颖果的小花。
其余同 A1.6（2）~（4）。

A1.33 猫尾草属(*Phleum*)

同 A1.2。

A1.34 车前属(*Plantago*)

同 A1.5。

A1.35 早熟禾属(*Poa*)

可附着不育小花，有芒或无芒，有内外稃包着颖果的小穗。
其余同 A1.2。

A1.36 蓼属(*Polygonum*)

有或无花被的瘦果，但明显无种子的除外。
其余同 A1.8（2）~（4）。

A1.37 碱茅属(*Puccinellia*)

同 A1.35。

A1.38 酸模属(*Rumex*)

同 A1.36。

A1.39 鹅观草属(*Roegneria*)

同 A1.18。

A1.40 黑麦属(*Secale*)

同 A1.1（3）、（4）。

A1.41 松香草属(*Silphium*)

有或无果翅(或冠毛或刺毛)的瘦果，但明显无种子的除外。
其余同 A1.8（2）~（4）。

A1.42 高粱属(*Sorghum*)

同 A1.1。

A1.43 针茅属(*Stipa*)

同 A1.1。

A1.44　结缕草属(*Zoysia*)

含有一个颖片和内外稃包着颖果的小穗。

注：第一颖片缺，第二颖片把膜状的内外稃完全包着，有时内稃退化。

其余同 A1.1（3）、（4）。

A2　稃壳种子

本标准的稃壳种子是指有稃壳且易于相互黏附，或不易被清选、混合或扦样的种子。

如果有稃壳的种子(包括稃壳杂质)占一个样品的三分之一或更多时，则认为该样品是有稃壳的种样。

根据上述定义，有稃壳种子的种类包括芨芨草属，田皂角属、冰草属、剪股颖属、看麦娘属、黄花茅属、燕麦草属、燕麦属、臂形草属、雀麦属、驼绒藜属、虎尾草属、狗牙根属、鸭茅属、山蚂蝗属、稗属、披碱草属、偃麦草属、蜈蚣草属、羊茅属、绒毛草属、大麦属、莴苣属、香豌豆属、赖草属、黑麦草属、糖蜜草属、红豆草属、黍属、雀稗属、狼尾草属、虉草属、猫尾草属、早熟禾属、蓼属、碱茅属、鹅观草属、松香草属、高粱属、针茅属、结缕草属。

附录 B
(标准的附录)
不易区分植物种的分析和计算方法

B1　分析方法

当供验样品中含有两个或更多难以区分的种时，应将相似的种子从其他成分中分离出来并称重，从这个相似的种子混合物中随机取出 400~1000 粒种子，并将取出部分进行再分离，然后测定每个种的重量比例。

B2　估算方法

某一植物种(A)的种子百分率(A')按式(A1)计算；净种子(P_2)按式(A2)计算；其他植物种子(OS_2)按式(A3)计算：

$$A'(\%) = \frac{植物种A的种子重量}{400\sim1000粒种子的总重量} \times P_1 \quad (A1)$$

$$P_2(\%) = P_1 - A \quad (A2)$$

$$OS_2(\%) = OS_1 + A \quad (A3)$$

式中：P_1 为原(混合物)净种子百分率，单位为%；OS_1 为原其他植物种子百分率，单位为%。最后修正各成分的百分率总和达 100.0%。

附录 C
(标准的附录)
容许差距

表 C1 同一实验室内同一送验样品净度分析的容许差距
(5%显著水平的两尾测定)

两次分析结果平均		不同测定之间的容许差距			
		半试样		全试样	
50%~100%	<50%	无稃壳种子	有稃壳种子	无稃壳种子	有稃壳种子
99.95~100.00	0.00~0.04	0.20	0.23	0.1	0.2
99.90~99.94	0.05~0.09	0.33	0.34	0.2	0.2
99.85~99.89	0.10~0.14	0.40	0.42	0.3	0.3
99.80~99.84	0.15~0.19	0.47	0.49	0.3	0.4
99.75~99.79	0.20~0.24	0.51	0.55	0.4	0.4
99.70~99.74	0.25~0.29	0.55	0.59	0.4	0.4
99.65~99.69	0.30~0.34	0.61	0.65	0.4	0.5
99.60~99.64	0.35~0.39	0.65	0.69	0.5	0.5
99.55~99.59	0.40~0.44	0.68	0.74	0.5	0.5
99.50~99.54	0.45~0.49	0.72	0.76	0.5	0.5
99.40~99.49	0.50~0.59	0.76	0.82	0.5	0.6
99.30~99.39	0.60~0.69	0.83	0.89	0.6	0.6
99.20~99.29	0.70~0.79	0.89	0.95	0.6	0.7
99.10~99.19	0.80~0.89	0.95	1.00	0.7	0.7
99.00~98.24	0.90~.9.99	1.00	1.06	0.7	0.8
98.75~98.09	1.00~1.24	1.07	1.15	0.8	0.8
98.50~98.74	1.25~1.49	1.19	1.26	0.8	0.9
98.25~98.49	1.50~1.74	1.29	1.37	0.9	1.0
98.00~98.24	1.75~1.99	1.37	1.47	1.0	1.0
97.75~97.99	2.00~2.24	1.44	1.54	1.0	1.1
97.50~97.74	2.25~2.49	1.53	1.63	1.1	1.2
97.25~97.49	2.50~2.74	1.60	1.70	1.1	1.2
97.00~97.24	2.75~2.99	1.67	1.78	1.2	1.3
96.50~96.99	3.00~3.49	1.77	1.88	1.3	1.3
96.00~96.49	3.50~3.99	1.88	1.99	1.3	1.4
95.50~95.99	4.00~4.49	1.99	2.12	1.4	1.5
95.00~95.49	4.50~4.99	2.09	2.22	1.5	1.6
94.00~94.99	5.00~5.99	2.25	2.38	1.6	1.7
93.00~93.99	6.00~6.99	2.43	2.56	1.7	1.8
92.00~92.99	7.00~7.99	2.59	2.73	1.8	1.9
91.00~91.99	8.00~8.99	2.74	2.90	1.9	2.1
90.00~90.99	9.00~9.99	2.88	3.04	2.0	2.2

续表

两次分析结果平均		不同测定之间的容许差距			
		半试样		全试样	
50%~100%	<50%	无稃壳种子	有稃壳种子	无稃壳种子	有稃壳种子
88.00~89.99	10.00~11.99	3.08	3.25	2.2	2.3
80.00~87.99	12.00~13.99	3.31	3.49	2.3	2.5
84.00~85.99	14.00~15.99	3.52	3.71	2.5	2.6
82.00~83.99	16.00~17.99	3.69	3.90	2.6	2.8
80.00~81.99	18.00~19.99	3.86	4.07	2.7	2.9
78.00~79.99	20.00~21.99	4.00	4.23	2.8	3.0
76.00~77.99	22.00~23.99	4.14	4.37	2.9	3.1
74.00~75.99	24.00~25.99	4.26	4.50	3.0	3.2
72.00~73.99	26.00~27.99	4.37	4.61	3.1	3.3
70.00~71.99	28.00~29.99	4.47	4.71	3.2	3.3
65.00~69.99	30.00~34.99	4.61	4.86	3.3	3.4
60.00~64.99	35.00~39.99	4.77	5.02	3.4	3.6
50.00~59.99	40.00~49.99	4.89	5.16	3.5	3.7

注：表中列出的容许差距适用于同一实验室来自相同送验样品的净度分析任何成分结果重复间的比较。

表 C2 同一或不同实验室内来自不同送验样品全试样净度分析的容许差距
(1%显著水平的两尾测定)

两次分析结果平均		容许差距	
50%~100%	<50%	无稃壳种子	有稃壳种子
99.95~100.0	0.00~0.04	0.18	0.21
99.90~99.94	0.05~0.09	0.28	0.32
99.85~99.89	0.10~0.14	0.34	0.40
99.80~99.84	0.15~0.19	0.40	0.47
99.75~99.79	0.20~0.24	0.44	0.53
99.70~99.74	0.25~0.29	0.49	0.57
99.65~99.69	0.30~0.34	0.53	0.62
99.60~99.64	0.35~0.39	0.57	0.66
99.55~99.59	0.40~0.44	0.60	0.70
99.50~99.54	0.45~0.49	0.63	0.73
99.40~99.49	0.50~0.59	0.68	0.79
99.30~99.39	0.60~0.69	0.73	0.85
99.20~99.29	0.70~0.79	0.78	0.91
99.10~99.19	0.80~0.89	0.83	0.96
99.00~99.09	0.90~9.99	0.89	1.01
98.75~98.99	1.00~1.24	0.94	1.10
98.50~98.75	1.25~1.49	1.04	1.21
98.25~98.49	1.50~1.74	1.12	1.31
98.00~98.24	1.75~1.99	1.20	1.40
97.75~97.99	2.00~2.24	1.26	1.47

续表

两次分析结果平均		容许差距	
50%~100%	<50%	无稃壳种子	有稃壳种子
97.50~97.74	2.25~2.49	1.33	1.55
97.25~97.49	2.50~2.74	1.39	1.63
97.00~97.24	2.75~2.99	1.46	1.70
96.50~96.99	3.00~3.49	1.54	1.80
96.00~96.49	3.50~3.99	1.64	1.92
95.50~95.99	4.00~4.49	1.74	2.04
95.00~95.49	4.50~4.99	1.83	2.15
94.00~94.99	5.00~5.99	1.95	2.29
93.00~93.99	6.00~6.99	2.10	2.46
92.00~92.99	7.00~9.99	2.23	2.62
91.00~91.99	8.00~8.99	2.36	2.76
90.00~90.99	9.00~9.99	2.48	2.92
88.00~89.99	10.00~11.99	2.65	3.11
86.00~87.99	12.00~13.99	2.85	3.35
84.00~85.99	14.00~15.99	3.03	3.55
82.00~83.99	16.00~17.99	3.18	3.74
80.00~81.99	18.00~19.99	3.32	3.90
78.00~79.99	20.00~21.99	3.45	4.05
76.00~77.99	22.00~23.99	3.56	4.19
74.00~75.99	24.00~25.99	3.67	4.31
772.00~73.99	26.00~27.99	3.76	4.42
70.00~71.99	28.00~29.99	3.84	4.51
65.00~69.99	30.00~34.99	3.97	4.66
60.00~64.99	35.00~39.99	4.10	4.82
50.00~59.99	40.00~49.99	4.21	4.95

注:本表适用于来自同一种子批两个不同送验样品的净度分析结果,适用于净度分析的任何成分比较,以确定两个估算值是否一致。

（王彦荣、郭莉珍、李宏、余玲、孙健华、卫东）

十、牧草种子检验规范：健康测定

1 范围

本标准规定了种子健康状况的测定方法。
本标准适用于牧草种子、草坪草种子和饲料作物种子质量检验的健康测定。

2 引用标准

下列标准所包含的条文，通过在本标准中引用而成为本标准的条文。本标准出版时，所示版本均为有效。所有标准都会被修订，使用本标准的各方应探讨使用下列标准最新版本的可能性。

GB/T 2930.1 牧草种子检验规程 扦样

3 检验目的

健康测定的目的是测定供验样品的健康状况，据此推测种子批的健康状况。
种子健康测定的重要性主要体现在以下三个方面。
（1）种子长途调运或进出口，可将病害带入新区，影响草地畜牧业及农业生产。
（2）种子携带病原体可引起田间病害，逐步蔓延，降低牧草的商品价值。
（3）种子携带病原体，可降低其发芽率或田间出苗率，影响种子价值及草地建植。

4 定义

本标准采用下列定义。

4.1 种子健康状况 seed health

种子是否携带病原体（如真菌、细菌及病毒等）和有害动物（如线虫和昆虫等），也包括微量元素缺乏症等生理状况。

4.2 培养 incubation

将种子保持在有利于病原体发育或病症发展的环境条件下。

4.3 预处理 pretreatment

为便于检测，培养前在实验室内用某种物理或化学方法处理种子。

4.4 处理 treatment

应用某种物理或化学的方法对送验的种子样品进行处理。

5 器具与试剂

5.1 器具

（1）体视显微镜（40倍）；
（2）显微镜（400倍）；
（3）培养箱（光、温控制）；
（4）冰箱（5~20℃）；
（5）高压消毒锅；
（6）超净工作台；
（7）离心机；
（8）振荡器；
（9）近紫外灯；
（10）培养皿、酒精灯、载玻片、血球计数板等。

5.2 试剂

（1）苯胺蓝；
（2）乳酚油；
（3）次氯酸钠；
（4）乙醇；
（5）无菌水；
（6）蒸馏水。

6 检测程序

6.1 试验样品

根据测定方法，可把整个送验样品或其中的一部分作为试验样品。

当将送验样品的一部分作为试验样品时，按 GB/T 2930.1—2001 中 7.2 的规定进行分取。

试验样品一般不得少于400粒或是相当质量的净种子，必要时，可设重复。

特殊情况下，要求送验样品大于 GB/T 2930.1—2001 中 6.4.4 所规定的数量时，必须预先通知扦样员。

6.2 方法

根据所检测的病原体、种子种类及测定目的，可采用下述不同的测定方法进行检验。

6.2.1 未经培养的检验

此类检验不能表明病原菌的生活力。

（1）直接检验：适用于检测混杂于种子间的病菌子实体、杂质或外表有明显症状的种子。包括麦角、菌核、线虫瘿、虫瘿、黑穗病、孢子团、螨类及种子病株残体或其他杂质上的病虫害症状，如变色或损伤等。必要时，可用体视显微镜镜检确认，取出病原体或病粒，称重或数取粒数，计算百分率。

鹅股颖粒线虫[*Anguina agrostis*（Steinbuch）Filipjev]

取 400 粒种子，用肉眼直接观察，带虫瘿的小花暗紫褐色，雪茄形，长 4~5 mm，其颖片长度是正常种子的 2~3 倍，而外稃和内稃则分别是正常种子的 5~8 倍和 4 倍左右，与正常种子明显不同。为进一步确认，可将虫瘿置于湿滤纸上 1~12 h，与正常种子相比，浸润后的虫瘿为褐色，松软，用解剖针挑开颖片，可见大量粒线虫的幼虫，在解剖镜下虫体清晰可见，体长 0.75~0.80 mm，体宽≤0.017 mm，计算虫瘿种子数量百分率。

（2）吸胀种子检验：适用于检测经水、乳酚油或其他液体浸泡后，大量释放孢子或子实体、害虫、病原体更容易观测或症状更为明显的病害。浸泡吸胀后的种子用体视显微镜检查其表面或内部，计算带病或虫害种子数量百分率。

黑麦草盲种病[*Gloeotinia temulenta*（Prill.&Delacr.）Wilson, Noble & Gray]

取 400 粒种子，在温水中浸软（一般需 2 h），体视显微镜（40 倍）下挑去颖片，观察水中的胚和颖果。病种表现为胚干枇，颖果具锈红色斑点，病部释放出混浊的孢子流。为进一步确定病原菌，可将种子单独浸泡，置于载玻片上，加数滴蒸馏水，而后将此载玻片置于湿滤纸上，加罩保湿。浸泡 4 h 后，将种子转至另一载玻片上，挑去颖片，于显微镜下（400 倍）观察。孢子无色，圆柱形或腊肠形，两端钝圆，（12~14）μm×（3~3.5）μm，孢子两端各有一个油滴。统计释放孢子的带菌种子，计算带菌种子百分率。

（3）洗涤物检验：适用于检查黏附在种子表面的各种病菌孢子或病原线虫，如禾谷类作物的黑粉菌[*Tilletia caries*（DC.）Tul、*T. controversa* Kühn 和 *T. foetida*（Wallr.）Liro 等]和苜蓿、三叶草的茎线虫[*Dictylenchus dipsaci*（Kühn）Filipjev]等。检验样品浸在加过湿润剂的水或乙醇中，用力振荡，将黏附在种子表面的真菌孢子、菌丝、线虫等冲洗下来。然后将洗涤液过滤、离心、浓缩或蒸发，除去过剩的液体，并用显微镜检查提取物。计算每克种子所黏附孢子数。

沙打旺匍柄霉叶斑病（*Stemphylium botryosum* Wallr.）

称取种子 40 g，置于 500 mL 三角瓶内，注入含有 0.1%洗衣粉的无菌水 60 mL，加塞剧烈振荡 10 min，将洗涤液倾入离心管内，以 1000~2400 r/min 的转速离心 10 min，用吸管移去上清液，保留沉淀液 0.3 mL，加入 4%的明胶溶液，使离心管内沉淀物总量为 0.5 mL，稍加振荡，使之混合成为试样。采用血球计数板观测统计孢子数量，至少 5 次重复。分生孢子深褐色，球形、椭圆形，2~6 个横隔膜，1~3 个纵或斜隔膜，分隔处缢缩，表面有小刺或小瘤，（12~64）μm×（8~30）μm，统计每大格内的孢子数量，用式（1）计算每克种子黏附孢子数：

$$孢子数(个/g) = \frac{每大格的平均孢子数 \times 250\,000 \div 0.5}{40\,g(种子样品重)} \quad (1)$$

（4）剖粒检验：适用于检验饲料作物种子内寄生的害虫。

取 400 粒种子，用刀剖开或切开种子的受害或可疑部分检查，确定虫害种子数，计算百分率。

（5）染色检验：适用于检验牧草和饲料作物种子内部的病原体或害虫。

禾草内生真菌（*Neotyphodium* spp.）

数取 400 粒种子，室温下在 5%氢氧化钠（NaOH）溶液中浸泡过夜（约 14 h），而后将种子倾于铺有纱布的漏斗内，自来水冲洗 3~5 min；冲洗过的种子移入烧杯内，加入苯胺蓝溶液（水溶性苯胺蓝 0.325 g，水 100 mL，85%的乳酸 50 mL），以淹没种子为宜，在电热板上加热煮沸 3~5 min，冷却后，每次取一粒种子，置于载玻片上；解剖镜下，用解剖针移去颖片，加 1 滴苯胺蓝溶液，盖玻片下轻轻按压种子，使种子组织均匀地散布于盖玻片下；显微镜（400 倍）下观察糊粉层内深蓝色的有隔菌丝体，即为内生真菌菌丝体，逐一镜检每粒种子，统计种子带菌数，计算百分率。

豌豆象（*Bruchus pisorum* L.）

取 400 粒种子，放入铜丝网中或用纱布包好，浸入 1%碘化钾或 2%碘酒溶液中 1~1.5 min。而后移入 0.5%的氢氧化钠溶液中，浸 30 s，取出用清水洗涤 15~20 s，立即逐一检验。凡豆粒表面有 1~2 mm 直径的圆斑点者，即为豆象感染。统计虫害种子数，计算百分率。

（6）比重检验：取 400 粒种子，除去杂质，倒入食盐饱和溶液中（食盐 35.9 g 溶于 1000 mL 水中），搅拌 10~15 min，静置 1~2 min，将悬浮在上层的种子取出，按 6.2.1 中（4）进行剖粒检验，计算虫害种子百分率。

（7）软 X 射线检验：用于检查种子内隐匿的害虫，如豌豆象（*Bruchus pisorum* L.）、谷象（*Sitophylus granarius* L.），通过照片或直接从荧光屏上观察，统计虫害种子数，计算百分率。

6.2.2 培养后检验

试验样品经过一定时间培养后，检查种子内部、外部和幼苗上是否存在病原菌、害虫或生理障碍等症状。通常应用的方法有三类。

（1）吸水纸法：适用于多种类型种子的种传真菌检验，尤其适于检测半知菌。此法有利于孢子形成和致病菌在幼苗上症状的发展。种子不论是否经过预处理，在培养期间的排列要适当隔开，以免病原体再次传染。光照可促进某些真菌孢子的形成，有时需用冷冻或其他方法抑制发芽。鉴别孢子时，需用双目解剖镜或复式显微镜。

黑麦草叶斑病[*Drechslera siccans* (Drechs.) Shoem、*D. dictyoides* f. sp. *perennis* Shoem、*D. tetramera* (Mck.) Sub & Jain、*D. sorokiniana* (Sacc.) Sub. & Jain]

取三层吸水纸（粗滤纸），于水中浸透，甩掉表面明水，铺于直径 9 cm 的培养皿底部，作为培养床。种子不经表面消毒，直接置于吸水纸上，每皿 25 粒种子，共取 400 粒，20℃,12 h 光照（近紫外灯或日光灯）条件下培养 7 天。在体视显微镜下逐粒检查种子，根据种子表面真菌菌落生长习性、菌丝体特征、子实体形态和着生状态等，确定病原真菌种类，统计带菌种子数，计算带菌种子百分率。

燕麦斑枯病[*Pyrenophora avenae* Ito & Kuribay，无性阶段；*Drechslera avenae* (Eidam) Scharif]

未经表面消毒的种子置于玻璃培养皿内，烘箱内 100℃下处理 1 h，而后移出，降至室温。每皿 25 粒种子，共取 400 粒，均匀置于吸水纸培养床上，20℃黑暗条件下培养 1 天，移入–20℃冰箱内冷冻 1 天，而后在 20℃、12 h 光照（近紫外灯）条件下培养 5 天。体视显微镜（40 倍）下，检查病菌，深褐色的分生孢子梗单生或 2~3 根束生。分生孢子浅褐色或榄褐色，圆柱形，两端钝圆，多单生。显微镜（400 倍）下，分生孢子（30~70）μm×（11~22）μm，1~9 个分隔。统计带菌种子数，计算百分率。

（2）琼脂皿法：主要用于鉴定萌发较慢地潜伏在种子内部的病原菌。种子通常经过预处理，间隔排列在经过灭菌的琼脂表面上进行培养。有经验的检验员，仅用肉眼便可根据菌落形态鉴别菌的种类。

柱花草炭疽病[*Colletotrichum gloeospsrioldes*（Penz.）Penz.、*C. truncatum*（Schwei）Andrus &. Moore]

取 400 粒种子，在 1%次氯酸钠溶液中消毒 10 min，无菌蒸馏水冲洗 5 次，无菌滤纸上干燥，每皿 10 粒种子，置于玉米粉琼脂培养基上，25℃、12 h 光照条件下培养。自培养第二天起逐日用肉眼检查每粒种子上菌落生长，直至第 14 天。该菌生长较慢，14 天菌落直径为 2~3 cm，菌丝体稀疏，白色至浅灰色，分生孢子盘单生或聚生，上有黑色或褐色刚毛，奶油色（*C. truncatum*）或橘黄色（*C. gloeosporioides*）的孢子群体覆盖整个菌落，成菌脓状。菌落的背面为浅灰色至褐色，并随培养时间而加深。初次鉴定时应在体视显微镜下观察菌落形态，并制片在显微镜下确认，待熟悉时，根据菌落形态，肉眼便可鉴别。

（3）砂床、人工堆肥及类似的培养基法：适合于某些病原体鉴定。将除去杂质并通过 1 mm 筛子的细粒砂子清洗，高温烘干消毒后，放入培养皿内加水湿润。以适当距离播种，培养条件与纸床相同，待幼苗顶到培养皿时镜检。

6.2.3 生长植株的检查

有时将种子培育成植株，然后检查其病症，这是测定样品中是否存在细菌、真菌或病毒等最切实可行的方法。可从供检的样品中取出种子进行播种，或从样品中取得接种体，对健康幼苗或植株的一部分进行感染试验。植株应防止意外感染，并需严格控制接种条件。

7 结果计算和表示

以试验样品中感染种子数目（重量）的百分率或病原体数目（重量）的百分率表示。

填写结果应同时说明所用的测定方法，包括所用的预处理方法和用于检查样品的数量，并写明病原菌或昆虫的学名。

（王彦荣、南志标、李春杰、朱廷恒、孙建华、余玲）

十一、牧草种子检验规范：发芽试验

1 范围

本标准规定了种子发芽试验的方法和程序。

本标准适用于牧草种子、草坪草种子和饲料作物种子质量检验的发芽试验。

2 引用标准

下列标准所包含的条文，通过在本标准中引用而成为本标准的条文。本标准出版时，所示版本均为有效。所有标准都会被修订，使用本标准的各方应探讨使用下列标准最新版本的可能性。

GB/T 2930.1 牧草种子检验规程 扦样

GB/T 2930.2 牧草种子检验规程 净度分析

GB/T 8170 数值修约规则

3 检验目的

发芽试验的目的是测定送验样品或送验样品所代表种批的最大发芽潜力。据此可以比较不同种批的质量，也可以估测田间播种价值。

4 定义

本标准采用下列定义。其他术语见附录 A4（标准的附录）。

4.1 发芽 germination

在实验室内种子萌发后幼苗发育达到一定阶段，该阶段幼苗的主要构造表明在田间的适宜条件下能否进一步生长成为正常的植株。

4.2 发芽率 percentage germination

在表 1 规定的条件下和时间内产生的正常幼苗数占供检种子数的百分率。

表 1 种子发芽方法

种名			规定			附加说明
学名	中文名	发芽床	温度/℃	初次计数/d	末次计数/d	
1. Achnatherum sibiricum	羽茅	TP	15~25； 20	7	14	D
2. Aeschynomene americana	合萌	TP	25~35； 20~30	4	14	—
3. Agropyron cristatum	冰草	TP	20~30； 15~25	5	14	预冷：KNO$_3$
4. Agropyron desertorum	沙生冰草	TP	20~30； 15~25	5	14	预冷：KNO$_3$

续表

种名		规定				附加说明
学名	中文名	发芽床	温度/℃	初次计数/d	末次计数/d	
5. Agropyron mongolicum	沙芦草	TP	15~25；20	5	14	—
6. Agrostis alba	小糠草	TP	20~30；15~25	5	28	预冷；KNO$_3$
7. Agrostis stolouifera	匍匐翦股颖	TP	20~30；15~25；10~30	7	28	预冷；KNO$_3$
8. Alopecurus pratensis	草原看麦娘	TP	20~30；15~25 10~30	7	14	预冷；KNO$_3$
9. Amaranthus hybridus	绿穗苋	TP	20~30；20	4~5	14	预冷；KNO$_3$
10. Amaranthus paniculatus	繁穗苋	TP	20~30；20	4~5	14	预冷；KNO$_3$
11. Anthoxanthum odoratum	黄花茅	TP	20~30	6	14	—
12. Arrhenatherum elatius	燕麦草	TP	20~30	6	14	预冷
13. Artemisia frigida	冷蒿	TP	20~30	4	12	L
14. Artemisia ordosica	黑沙蒿	TP	15~25；20	7	21	L
15. Artemisia sphaerocephala	白沙蒿	TP	20	4	10	
16. Artemisia wudanica	乌丹蒿	TP	20~30	7	21	
17. Astragalus adsurgens	沙打旺	TP	20	4	14	
18. Astragalus cicer	鹰嘴紫云英	TP；BP	15~25；20	10	21	
19. Astragalus melilotoides	草木樨状黄耆	TP；BP	15~20；20	4	10	—
20. Avena sativa	燕麦	BP；S	20	5	10	预热（10~35℃）；预冷
21. Brachiaria decumbens	俯仰臂形草	TP	20~35	7	21	H$_2$SO$_4$；KNO$_3$；L
22. Bromus catharticus	扁穗雀麦	TP	20~30	7	28	预冷；KNO$_3$
23. Bromus inermis	无芒雀麦	TP	20~30；15~25	7	14	预冷；KNO$_3$
24. Caragana arborescens	树锦鸡儿	TP	20~30	7	21	刺穿种子，或在子叶末端削切或锉去一小片种皮，并浸种 3 h
25. Caragana intermedia	中间锦鸡儿	TP；S	20	5	14	—
26. Ceratoides lateens	驼绒藜	TP	25	—	4	
27. Chloris gayena	无芒虎尾草	TP	20~35；20~30	7	14	预冷；KNO$_3$；L
28. Chloris virgata	虎尾草	TP	20~35	2	14	预冷
29. Cicer arietinum	鹰嘴豆	BP；S	20~30；20	5	8	—
30. Cichorium intybus	菊苣	TP	20~30；20	5	14	KNO$_3$
31. Coronilla varia	多变小冠花	TP；BP	20	7	14	H$_2$SO$_4$
32. crotalaria juncea	菽麻	BP；S	20~30	7	14	—
33. Cynodon dactylon	狗牙根	TP	20~35；20~30	7	21	预冷；KNO$_3$；L
34. Dactylis glomerata	鸭茅	TP	20~30；15~25	7	21	预冷；KNO$_3$
35. Desmodium intortum	绿叶山蚂蝗	TP	20~30	4	10	H$_2$SO$_4$

续表

种名		规定				附加说明
学名	中文名	发芽床	温度/℃	初次计数/d	末次计数/d	
36. Desniduyn ybcubatyn	银叶山蚂蝗	TP	20~30	4	10	H_2SO_4
37. Echinochloa crus-galli	稗子	TP	20~30；25	4	10	预热：(40℃)
38. Elymus dahuricus	披碱草	TP	25	5	12	L
39. Elymus sibiricus	老芒麦	TP	15~25；25	5	12	L
40. Elytrigia elongata	长穗偃麦草	TP	20~30；15~25	5	21	预冷：KNO_3
41. Eragrostis curvula	弯叶画眉草	TP	20~35；15~30	6	10	预冷：KNO_3
42. Eremochloa ophiurodes	假俭草	TP	20~35；20~30	10	21	L
43. Festuca arundinacea	苇状羊茅	TP	20~30；15~25	7	14	预冷：KNO_3；L
44. Festuca ovina	羊茅（所有变种）	TP	20~30；15~25	7	21	预冷：KNO_3；L
45. Festuca pratensis	牛尾草	TP	20~30；15~25	7	14	预冷：KNO_3；L
46. Festuca rubra	紫羊茅（所有变种）	TP	20~30；15~25	7	21	预冷：KNO_3
47. Hedysarum leave	塔落岩黄耆	TP	25	5	12	—
48. Hedysarum scoparium	细枝岩黄耆	TP	25	5	12	—
49. Holcus lanatus	绒毛草	TP	20~30	6	14	预冷：KNO_3
50. Hordeum bogdanii	布顿大麦	TP	20~30；15	3	10	预冷
51. Hordeum brevisubulatum	野大麦	TP	15~25	4	10	预冷
52. Hordeum vulgare	大麦	BP；S	20	4	7	预热(30~35℃）预冷：GA_3
53. Lactuca india	山窝苣	TP	25	5	14	L
54. Lathyrus pratensis	草原山黧豆	BP	20	7	14	预冷：L
55. Lespedeza davurica	达乌里胡枝子	TP；BP	25	5	14	L
56. Leucaena leucocephala	银合欢	TP；BP	25	4	10	切开种子
57. Leymus chinensis	羊草	TP	20~30；15~25	6	20	—
58. Lolium multiflorum	多花黑麦草	TP	20~30；15~25；20	5	14	预冷：KNO_3
59. Lolium perenne	多年生黑麦草	TP	20~30；15~25；20	5	14	预冷：KNO_3
60. Lotus corniculatus	百脉根	TP；BP	20~30；20	4	12	预冷
61. Lupinus albus	白羽扇豆	BP；S	20	5	10	预冷
62. Lupinus luteus	黄羽扇豆	BP；S	20	10	21	预冷
63. Macroptilium atropurpureum	大翼豆	TP	25	4	10	H_2SO_4

续表

种名		规定				附加说明
学名	中文名	发芽床	温度/℃	初次计数/d	末次计数/d	
64. Medicago arabica	褐斑苜蓿	TP；BP	20	4	14	—
65. Medicago lupulina	天蓝苜蓿	TP；BP	20	4	10	预冷
66. Medicago polymorpha	南苜蓿	TP；BP	20	4	14	
67. Medicago sativa (incl. M. varia)	紫花苜蓿（包括杂花苜蓿）	TP；BP	20	4	10	预冷
68. Medicago truncatula	截形苜蓿	TP；BP	20	4	10	预冷
69. Melilotus albus	白花草木樨	TP；BP	20	4	7	预冷
70. Melilotus officinalis	黄花草木樨	TP；BP	20	4	7	预冷
71. Melinis minutiflora	糖蜜草	TP	20~30	7	21	预冷：KNO_3
72. Onobrychis viciifolia	红豆草	TP；BPS	20~30；20	4	14	预冷
73. Panicum maximum	大黍	TP	15~35；20~30	10	28	预冷：KNO_3
74. Paspalum dilatatum	毛花雀稗	TP	20~35	7	28	KNO_3
75. Paspalum notatum	巴哈雀稗	TP	20~35；20~30	7	28	H_2SO_4 之后 KNO_3
76. paspalum urvillei	小花毛花雀稗	TP	20~35	7	21	KNO_3
77. Paspalum wettsteinii	宽叶雀稗	TP	20~23	7	28	KNO_3
78. Pennisetum glaucum	珍珠粟	TP；BP	20~35；20~30	3	7	—
79. Phalaris arundinacea	虉草	TP	20~30	7	21	预冷：KNO_3
80. Phleum pratense	猫尾草	TP	20~30；15~25	7	10	预冷：KNO_3
81. Pisum sativum	豌豆	BP；S	20	5	8	预冷：KNO_3
82. Plantago lanceolata	长叶车前	TP；BP	20~30；20	4~7	25	
83. Poa annua	早熟禾	TP	20~30；15~25	7	21	预冷：KNO_3
84. Poa pratensis	草地早熟禾	TP	20~30；15~25	10	28	预冷：KNO_3
85. Poa lrivialis	普通早熟禾	TP	20~30；15~25	7	21	预冷：KNO_3
86. Polygonum divaricatum	叉分蓼	TP	20；25	4	14	—
87. Puccinellia tenuiflora	星星草	TP	10~25	5	21	—
88. Pueraria lobata	葛藤	BP	20~30	5	14	
89. Pueraria phaseoloides	三裂叶葛藤	TP	25	4	10	H_2SO_4
90. Roegneria kokonorica	青海鹅观草	TP	15~30；15~25；20	6	14	预冷
91. Roegneria mutica	无芒鹅观草	Tp	10~25	6	14	预冷
92. Rumex acetosa	酸模	TP	20~30	3	14	预冷
93. Secale ereale	黑麦	TP；BPS	20	4	7	预冷：GA_3

续表

种名		发芽床	规定			附加说明
学名	中文名		温度/℃	初次计数/d	末次计数/d	
94. *Silphium perfoliatum*	串叶松香草	TP；S	20~30；15~25；25	5~6	14	L
95. *Sorghum sudanense*	苏丹草	TP；BP	20~30	4	10	预冷
96. *Stipa krylovii*	克氏针茅	TP	15~25；20	10	28	—
97. *Stylosanthes guianensis*	圭亚那柱花草	TP	20~35；20~30	4	10	H_2SO_4
98. *Stylosanthes amata*	有钩柱花草	TP	20~35；10~35	4	10	切开种子
99. *Stylosanthes humilis*	矮柱花草	TP	10~35；20~30	2	5	切开种子
100. *Trifolium fragiferum*	草莓三叶	TP；BP	20	3	7	—
101. *Trifolium hyboridum*	杂三叶	TP；BP	20	4	10	预冷；用聚乙烯薄膜袋密封
102. *Trifolium incarnatum*	绛三叶	TP；BP	20	4	7	预冷；用聚乙烯薄膜袋密封
103. *Trifolium pratense*	红三叶	TP；BP	20	4	10	预冷
104. *Trifolium repens*	白三叶	TP；BP	20	4	10	预冷；用聚乙烯薄膜袋密封
105. *Trifolium subterraneum*	地三叶	TP；BP	20；15	4	14	不需光
106. *Trigonella foenumgraecum*	胡芦巴	TP；BP	20~30；20	5	14	—
107. *Vicia benghalensis*	光叶紫花苕	BP	20	5	10	—
108. *Vicia sativa*	救荒野豌豆	BP；S	20	5	14	预冷
109. *Vicia villosa*	毛叶苕子	BP；S	20	5	14	预冷
110. *Zoysia japonica*	结缕草	TP	20~35	10	28	KNO_3

注：本表规定了允许采用的发芽床、温度、试验持续时间和破除休眠的处理方法。

发芽床：所列发芽床作用相同，其重要性与排列次序无关。TP 及 BP 法可用 PP 法替代。

温度：所列温度作用相同，其重要性与排列次序无关。变温如"20~30℃"其含义为每天低温持续 8 h，高温持续 16 h。

初次计数：初次计数时间是采用纸床和最高温度时的大约时间，如选用较低的温度，或用砂床时，计数时间则必须延迟。砂床试验初次计数可省去。

发芽需要光照的种子见附加说明。

缩写字母代表的意义如下：

TP——纸上；

BP——纸间；

PP——褶裥纸床；

S——砂；

TS——砂上；

L——光照；

D——黑暗；

KNO_3——用 0.2%硝酸钾溶液代替水；

GA_3——用赤霉酸溶液代替水；

H_2SO_4——在发芽试验前先将种子浸在浓硫酸里。

4.3 幼苗的主要构造 essential seedling structures

可进一步发育成正常植株的幼苗主要构造，包括根系、胚芽中轴、顶芽、子叶和胚芽鞘（禾本科）。详细描述见附录A4（标准的附录）。

4.4 正常幼苗 normal seedings

在良好土壤及适宜水分、温度和光照条件下，具有继续生长发育成为正常植株潜力的幼苗。正常幼苗应符合下列类型之一。

4.4.1 完整幼苗 intact seedlings

幼苗主要构造生长良好、完全、匀称和健康。

4.4.2 带有轻微缺陷的幼苗 seedlings with slight defects

幼苗主要构造出现某种轻微缺陷，但在其他方面仍能均衡生长，并与同一试验中的完整幼苗相当。

4.4.3 次生感染的幼苗 seedlings with secondary infection

因受真菌或细菌感染，引起幼苗主要构造发病和腐烂，但有证据表明病原不是来自种子本身，且符合4.4.1和4.4.2规定的幼苗。

关于正常幼苗及其主要构造的详细描述见附录A1（标准的附录）。

4.5 不正常幼苗 abnormal seedlings

在良好土壤及适宜水分、温度和光照条件下，不具有继续生长发育成为正常植株潜力的幼苗。不正常幼苗包括下列几种类型。

4.5.1 损伤的幼苗 damaged seedlings

由于各种外部因素引致幼苗构造残缺不全，或受到严重的和不能恢复的损伤，以至于不能均衡生长者。

4.5.2 畸形或不匀称的幼苗 deformed or unbalanced seedlings

由于各种内部因素引致幼苗生长力弱，或存在生理障碍，或主要构造畸形，或不匀称者。

4.5.3 腐烂幼苗 decayed seedlings

由初生感染（病原来自种子本身）引起，使幼苗主要构造发病和腐烂，并妨碍其正常生长者。

不正常幼苗的详细描述见附录A2（标准的附录）。

4.6 复胚种子单位 multigerm seed units

能够产生一个以上幼苗的种子单位。详细描述见附录A3（标准的附录）。

4.7 未发芽种子 ungerminated seeds

在规定的发芽条件下，试验期末仍不能发芽的种子。可分为下列类型。

4.7.1 硬实 hard seeds

试验期间不能吸水而始终保持坚硬的种子。

4.7.2 新鲜种子 fresh seeds

试验期间能够吸水，但发芽过程受阻，保持清洁和一定硬度，有发育成为正常幼苗潜力的种子。

4.7.3 死种子 dead seeds

既非硬实、新鲜，也未产生幼苗任何部分的种子。

4.7.4 空种子 empty seeds

种子完全空瘪或仅含有一些残留组织。

4.7.5 无胚种子 embryoless seeds

种子含有胚乳或胚子体组织，但没有胚腔和胚。

4.7.6 虫伤种子 insect-damaged seeds

种子含有幼虫、虫粪或有害虫侵害的迹象，并已影响到发芽能力。

5 器具与材料

5.1 发芽床

通常采用纸或砂作为发芽床（表1）。特殊情况下也可用土壤作为发芽床。湿润发芽床的水质应纯净、无毒、无害，pH 为 6.0~7.5。

5.1.1 纸床

可以用滤纸、吸水纸或纸巾等作为纸床。

5.1.1.1 一般规定

（1）成分：纸张的纤维成分应是 100% 的经过漂白的木纤维、棉纤维或其他净化的植物纤维物质，其中不应该含有影响幼苗生长或鉴定的真菌、细菌和有毒物质。

（2）质地：纸张应具有通透和多孔的特性，但其质地应使幼苗的根生长在纸上而不伸入纸中。

（3）强度：纸张应具有足够的强度，在试验进行处理时不致被撕破。

（4）持水力：纸张应具有足够的吸水、保水能力，以满足种子发芽对水分的持续需求。

（5）pH：纸张的 pH 应为 6.0~7.5。

（6）贮藏：纸张应在低温、干燥的条件下贮藏，并加以适当的包装，以防贮藏期间污染和损坏。

（7）消毒：纸张在使用前应经过消毒，以消灭在贮藏期间发育起来的真菌。

5.1.1.2　毒性测定

为了将质量不明的纸张与已有的质量合格的纸张进行比较，可进行有害物质的生物测定。这种测定可利用对纸中所含有毒物质敏感的某些植物的种子，如猫尾草（*Phleum pratense*）、红顶草（*Agrostis giganta*）、弯叶画眉草（*Eragrostis curvula*）、紫羊茅（*Festuca rubra* var. *commutata*）和独行菜（*Lepidium sativum*）。对纸张的鉴定是根据生长在两种类型纸床上幼苗根的发育情况进行比较。按表1对供试种子第一次计算所规定的天数或提前进行鉴定，因为有毒物质所引起的症状，在根部生长的初期表现较为明显。这些症状是根部缩短，有时根尖变色，根从纸上翘起，根毛成束。在禾本科中，幼苗的芽鞘会变扁平和缩短。

5.1.2　砂床

5.1.2.1　一般规定

（1）成分：砂粒应大小均匀，不含微粒和大粒。全部砂粒应通过孔径 0.8 mm 的筛子，而留在孔径 0.05 mm 的筛子上。砂中不能含有混进的种子及影响种子萌发、幼苗生长或鉴定的真菌、细菌或有毒物质。

（2）持水力：当加入适当水量时，砂粒应具有保持足够水分的能力，以保证水分陆续移动，供应种子和幼苗生长所需；但也应具有足够的孔隙，以利通气，保证种子发芽良好和根的正常生长。

（3）pH：砂的 pH 应为 6.0~7.5。

（4）消毒：砂在使用前应经过洗涤和消毒。

（5）重复使用：砂在重复使用前应重新消毒。经化学处理种样的砂，不再重复使用。

5.1.2.2　毒性测定

为了保证新使用的砂不含有毒物质，应按类似纸张毒性测定的方法（见 5.1.1.2）进行测定。

5.1.3　土壤

（1）成分：土质良好、不板结，无大颗粒，基本上不含种子及影响种子萌发、幼苗生长或鉴定的细菌、真菌、线虫或有毒物质。

（2）持水力：当调节到适宜水分时，土壤应保持适当通气，以利种子发芽和根的生长。

（3）pH：土壤的 pH 应为 6.0~7.5。

（4）消毒：土壤使用前应经过消毒。

（5）重复使用：建议土壤不再重复使用。

5.2 数种器具

数种板、活动数种板、真空数种器等。

5.3 发芽设备

（1）雅可勃逊发芽器（又称钟形罩或哥本哈根槽）。
（2）发芽箱：可调节温度和光照。
（3）发芽室：可调节温度和光照。
（4）发芽器皿：发芽皿（培养皿）、发芽盘等。

5.4 预处理设备

（1）冰箱。
（2）低温室。
（3）电热恒温箱。

5.5 试剂

硝酸、硫酸、硝酸钾、赤霉酸。

6 检验程序

6.1 试验样品

从经过充分混合的净种子（见 GB/T 2930.2）中，随机数取 400 粒种子。通常以 100 粒为一个重复，大粒种子或带有病原菌的种子，根据需要可以再分为 50 粒，甚至 25 粒为一个重复。

复胚种子单位可视为单粒种子进行试验，不需要分开。

6.2 试验条件

表 1 规定的发芽条件包括：发芽床、温度、持续时间和破除休眠的方法。

6.2.1 发芽床

各类种子的适宜发芽床按表 1 规定。通常小粒种子采用纸床；大粒种子采用砂床或纸间；中粒种子可采用各类发芽床。

当用纸床鉴定感病样品时，如因纸床污染而影响试验结果，即使表 1 未规定，也可用砂床代替纸床。

一般初次试验不采用土床，但必要时，如当幼苗在纸床或砂床上出现植物中毒症状或难以鉴定时，可采用土床以进行发芽床的比较研究。

6.2.1.1 纸床

纸床包括纸上、纸间和褶裥纸。

（1）纸上（TP）：将种子放在一层或多层纸上发芽。纸可放在：
①雅可勃逊发芽器上；②透明的盒子或培养皿内，在试验开始时加入适量的水，并加

盖或用塑料袋罩在培养皿上，使蒸发作用降到最低水平；③直接放在发芽箱或发芽室的发芽盘上，箱内或室内的相对湿度尽可能接近饱和，以防干燥。经过湿润的疏松纸或脱脂棉可用作发芽床的衬底。

（2）纸间（BP）：将种子放在两层纸中间发芽。可采用下列方法之一：①种子放在一层或两层滤纸上，其上再加盖一层滤纸；②把种子放在折好的纸封里，纸封可平放或竖放；③把种子放在纸巾卷里，纸巾卷竖置在加盖的发芽盒里，发芽盒用塑料袋包好或直接放在发芽箱内，箱内的相对湿度尽可能接近饱和。

（3）褶裥纸（PP）：褶裥纸形似折扇，具有50个褶裥。通常每个褶裥内放两粒种子，将整条褶裥纸用纸条包住，放入发芽盒或直接放在"湿型"发芽箱内。本方法可代替TP或BP法。

6.2.1.2 砂床

砂床包括砂上和砂中。

（1）砂上（TS）将种子压入砂的表层。

（2）砂中（S）：将种子播在湿润的砂上，然后加盖10~20 mm厚松散的砂，盖砂厚度取决于种子的大小。为了保证通气良好，最好在播种前将底层砂耙松。

6.2.2 水分和通气

发芽床的初次加水量应根据发芽床的性质和大小以及所检种子的种类和大小而定。如果用砂床，加水为其饱和含水量的60%~80%（中小粒种子为60%，大粒种子为80%）；如果用纸床，吸足水分后，沥去多余水即可；如果用土床，加水至手握土黏成团，再用手指轻轻一压即碎为宜。任何发芽床，均以不使种子周围产生一层水膜为原则。

发芽期间发芽床应始终保持湿润。补充水分时应尽可能避免重复间和试验间的差异增大。也可采用培养皿加盖、发芽箱底部加水盘等保湿措施。

发芽期间应注意通气。TP和BP试验通常不必采用特别的通气方法，但是BP试验中的封袋或纸巾卷应相当疏松，使种子周围有足够的空气；砂床和土床试验中，覆盖种子的材料不应紧压。

6.2.3 温度

发芽试验应采用的温度按表1的规定。发芽器、发芽箱或发芽室的温度应均匀一致，温度变幅不应超过±1℃。规定的温度应作为最高限度，在日光直射或在人造光源下试验时，应注意温度不超过规定标准。

当规定用变温时，通常应保持低温16 h及高温8 h。对非休眠的种子，可以在3 h内逐渐变温。如果是休眠种子，应在1 h或更短时间内完成急剧变温，或将试验移到另一个温度较低的发芽箱内。因特殊情况不能控制变温时，则应将试验保持在低温条件下。

6.2.4 光

表 1 中大部分种的种子可在光照或黑暗下发芽。但通常建议采用光照，因为光可促进幼苗发育，使鉴定更为容易。在黑暗下生长发育的幼苗较弱且苍白，因而对微生物的侵害较为敏感；此外，有些缺陷，如叶绿素缺乏症等难以观察到。

有些情况下（如有些热带和亚热带的禾本科牧草），光可促进休眠种子的发芽[见 6.4.1（4）]。但在另一种情况下，也有少数种类应在黑暗下发芽，因为光对它的萌发有抑制作用。对光照或黑暗的具体建议见表 1 "附加说明"部分。

6.2.5 方法的选择

当表 1 中有几种供选择的方法时，应采用其中一种方法（发芽床和温度的某种组合）。方法的选择应取决于检验站的设备和经验，同时也和样品的来源及状况有关。如果所选用的方法不适宜某样品，则应采用其他方法中的一种或几种重新试验。

6.3 置床培养

按 7 中（1）的要求，使数取的种子均匀地分布在湿润的发芽床上，每粒种子间应保持适当的距离，以尽量减少相邻种子对幼苗发育的影响。

在培养器具上贴上标签，按表 1 规定的条件进行培养。发芽期间要经常检查温度、水分和通气状况。如有感染的种子应取出冲洗，严重感染的应更换发芽床。

6.4 促进发芽的处理

由于各种原因（如生理休眠、确实性、抑制物质），在试验结束时，还留存相当数目的硬实或新鲜种子，可采用 6.4.1~6.4.4 的一种方法或几种方法，经过一种处理或一个组合处理后再重新进行试验。如果怀疑有休眠，在试验开始时就可应用这些特殊的处理方法。

6.4.1 破除生理休眠的方法

（1）干燥贮藏：对于休眠期比较短的种子，只需将样品放在干燥处经短时间贮藏。

（2）预先冷冻：将各重复种子放在湿润的发芽床上，在 5~10℃下预冷，处理时间可达 7 天，然后移至规定温度下进行发芽。但在有些情况下，有必要延长预冷时间

（3）预先加热：各重复种子在 30~35℃下加热，处理时间可达 7 天，然后按规定程序进行发芽。但在有些情况下，有必要延长预热时间。

对有些热带和亚热带的种，可采用 40~50℃的预先加热温度。

（4）光照：变温发芽时，在 8 h 高温时期进行光照，光强度 750~1250 lx（冷白荧光灯）。光照尤其适用于一些热带和亚热带牧草（如无芒虎尾草 *Chloris gayana*、狗牙根 *Cynodon dactylon*）。

（5）硝酸钾（KNO_3）：试验开始时，发芽床用 0.2%的硝酸钾溶液代替水润湿，以后加水润湿。0.2% KNO_3 溶液的配制是将 2 g KNO_3 溶于 1 L 水中。

（6）赤霉酸（GA_3）：主要适用于燕麦（*Avena sativa*）、大麦（*Hordeum vulgare*）和黑麦（*Secale cereale*）等。处理时用 GA_3 溶液润湿发芽床。溶液浓度一般为 0.05%，但休

眠浅的种子可用的浓度为 0.02%，休眠深的可用的浓度为 0.1%。配制 GA_3 溶液时，当浓度小于或等于 0.08%时用水配制，当浓度大于 0.08%时用磷酸缓冲溶液配制。例如，配制 0.05%GA_3 溶液，是将 500 mg GA_3 溶于 1 L 水中；而配制 0.1% GA_3 溶液，是将 1000 mg GA_3 溶于 1 L 缓冲溶液中。缓冲溶液的配制是将 1.7799 g 磷酸氢二钠（$Na_2HPO_4 \cdot 2H_2O$）和 1.3799 g 磷酸二氢钠（$NaH_2PO_4 \cdot H_2O$）溶于 1 L 蒸馏水中。

（7）聚乙烯袋密封：当标准发芽试验结束时，发现仍有很高比例的新鲜未发芽种子（如三叶草属 Trifolium），应将种子密封在大小适宜的聚乙烯袋中重新试验，通常可诱导这些种子发芽。

6.4.2 破除硬实的方法

对含硬实的植物种，发芽试验时通常不需破除硬实，可直接填报硬实率。如要求破除硬实测定最大发芽潜力的发芽率时，则必须进行一些特殊处理。一般可在发芽试验前进行，但为避免对非硬实种子产生不良影响，也可在试验期后对存留的硬实进行处理。

（1）浸种：含硬实的种子经水浸后可迅速发芽，浸种时间可达 24~48 h。

（2）机械划破：小心地把种皮刺穿、削破、锉伤或用砂皮纸摩擦，也可用针直接刺入子叶部分或用刀片切去部分子叶和胚乳。机械划破最适宜的位置是紧靠子叶顶端的种皮部分。

（3）酸液腐蚀：有些种类，如大翼豆属（Macroptilium）、臂形草属（Brachiaria）及小粒豆科种子，将其放在浓硫酸（H_2SO_4）中，直至种皮出现纹孔。腐蚀时间因种而异，但应每隔数分钟进行种子检查。种子腐蚀后，应放入流水中充分洗涤，然后进行发芽试验。

6.4.3 除去抑制物质的方法

（1）预先洗涤：当果皮或种皮中含有天然发芽抑制物时，发芽试验前可在 25℃环境下将种子用流水冲洗，以除去该抑制物。冲洗后的种子，在不超过25℃的条件下回干。

（2）除去种子附属物：有些种子除去其附属物可促进发芽，如禾本科中某些种的刺毛状总苞片、内外稃等。

6.4.4 试验持续时间

各个种的试验持续时间见表 1。试验前或试验期间用于破除休眠所需的处理时间，不包括在发芽试验时间内。

如果样品在规定试验期末仅有几粒开始萌发，则试验时间可再延长 7 天，或再延长规定时间的一半，并根据试验情况，增加计数的次数。反之，如果样品在规定试验期之前已达到最高发芽率，则试验可提前结束。

第一次计数时间只要求大致接近，但应让幼苗达到适当发育的阶段，以便对幼苗进行正确的评定。在表 1 中所规定的计数时间是在最高温度条件下。如果选择较低的温度条件，则第一次计数应延迟。砂床试验不能超过 10 天，第一次计数可以省略。为了便于计数和避免影响其他幼苗的发育，当进行中期计数时可把已经充分发育的幼苗取出。中期计数的次数和日期可由检验员斟酌进行，但计数次数应该少一些，以减轻对尚未充分发育幼苗伤害的危险。

6.5　鉴定

6.5.1　幼苗

在第一次计数和任何其他中期计数时，应将已达到全部主要构造能正确鉴定的幼苗取出。为了减少再次感染的危险，应将严重腐烂的幼苗取出，但带有其他缺陷的不正常幼苗应保留在发芽床上直到末次计数。

当初次发芽床上产生的幼苗不容易评定或表现出植物中毒症状时，则应按表1规定的温度用砂床或土床重新试验。重新试验时取同品种发芽良好的另一个样品，播在供试种旁边，以利于评定。

6.5.2　复胚种子单位

当一个单位产生一株以上正常幼苗时，仅作为一株正常幼苗统计。也可测定100个单位所产生的正常幼苗数，或产生一株、两株或多株正常幼苗的种子单位数。

6.5.3　不发芽的种子

（1）硬实：试验末期，硬实应计数，并填报在结果报告单上。需要在发芽试验前破除硬实的可按6.4.2所描述的方法进行处理。

（2）新鲜种子：通常应按6.4.2所描述的方法进行处理。如果新鲜种子达5%或更高比率时，则必须采用四唑或其他适合方法（如解剖、离体胚或X射线），鉴别这些种子产生正常幼苗的潜力。对难以判断是否有生活力的新鲜种子，划为死种子。

（3）死种子：明显死亡（变软、发霉）的种子应计数，并填报在结果报告单上。如果种子已长出幼苗的某个部分（如初生根尖），即使在评定时已腐烂，也应作为不正常幼苗计数，而不能算作死种子。

（4）空种子和不发芽种子的其他类型：根据送验者的要求测定空瘪种子、无胚种子或虫伤种子粒数，并填报在检验报告单上。

7　重新试验

当试验出现下列情况之一时应重新进行发芽试验。

（1）怀疑种子有休眠（即有较多的新鲜未发芽种子），可采用表1中规定的一种或几种破除休眠方法进行补充试验，并将所得到的最佳结果填报在结果报告单上，同时注明所采用的方法。

（2）由于植物毒性或真菌或细菌的蔓延而导致发芽试验结果不可靠，可采用表1中规定的一种或几种方法，在砂床或土床上进行重新试验。如果有必要，应增加种子之间的距离，并将所得到的最佳结果填报在结果报告单上，同时注明所采用的方法。

（3）对难以鉴定的幼苗，可采用表1中规定的一种或几种方法在砂床或土床上进行重新试验,并将所得到的最佳结果填报在结果报告单上,同时注明所采用的方法。

(4)发现试验条件、幼苗鉴定或计数有错误,应采用同样方法进行重新试验,并将重新试验的结果填报在结果报告单上。

(5)100粒种子4次重复间的差距范围超过附录B(标准的附录)中表B1所示的最大容许差距时,应采用同样的方法进行重新试验。如果第二次结果与第一次结果相一致,其差异不超过附录B(标准的附录)中表B2所示的容许差距,则将两次试验结果的平均数填报在结果报告单上。如果第二次结果与第一次结果不相符合,其差异超过附录B(标准的附录)中表B2所示的容许差距,则采用同样的方法进行第三次试验,填报相符合要求的两次试验结果的平均数。

8 结果计算和表示

试验结果以粒数的百分率表示。当一个试验4次重复之间(每个重复以100粒计,50粒或25粒种子的副重复应合并组成100粒种子的重复)的正常幼苗百分率(最高和最低重复之间的差距)不超过附录B(标准的附录)中表B1所示的最大容许差距时,则取其平均数作为发芽百分率。不正常幼苗、硬实、新鲜未发芽种子和死种子的百分率按同样方法计算。正常幼苗、不正常幼苗和未发芽种子平均数百分率按GB/T 8170的规定修约到最近似的整数,各成分总和应为100%。如果总和是99%或101%,那么,从参加修约成分的最大值中增减1%。

复胚种子单位试验结果用至少产生一株正常幼苗的种子单位数占供检种子单位数的百分率表示;或者根据要求填报供检种子单位所产生的正常幼苗总数,或产生一株、两株或多株正常幼苗的种子单位数。

同时还必须在记录表格上填报采用的发芽床、温度、试验持续时间以及为促进发芽所采用的处理方法。

附 录 A
(标准的附录)
附加定义

A1 正常幼苗

正常幼苗有三种类型,分别为完整幼苗、带有轻微缺陷的幼苗和次生感染的幼苗。

A1.1 完整幼苗

一株完整的幼苗按所检验的种不同,表现有下列一些主要构造的特定组合。

A1.1.1 一个发育良好的根系,其组成为:

(1)长而细的初生根,通常长满根毛,末端细尖;

(2)在规定试验时期内产生的次生根;

(3)在某些属中,如燕麦属、大麦属和黑麦属等由数条种子根替代一条初生根。

A1.1.2 一个发育良好的幼苗中轴,其组成为:

(1)出土型发芽的幼苗具有一个直立、细长、并有伸长能力的下胚轴;

(2)留土型发芽的幼苗具有一个发育良好的上胚轴;

(3)在某些属中出土型发芽的幼苗,同时具有伸长的上胚轴和下胚轴;

(4)在禾本科的某些属中,具有伸长的中胚轴。

A1.1.3 具有特定数目的子叶:

(1)单子叶植物或一些特殊的双子叶植物具有一片子叶(它可能是绿色呈叶片状,或是全部或部分保留在种子内的变异体);

(2)双子叶植物具有两片子叶。在出土型发芽的幼苗中,子叶为绿色,呈叶片状,其大小和形状因种而异;在留土型发芽的幼苗中,子叶为半球形和肉质状,并保留在种皮内。

A1.1.4 具有绿色、展开的初生叶:

(1)在互生叶幼苗中有一片初生叶,有时先出现少数鳞状叶;

(2)在对生叶幼苗中有两片初生叶。

A1.1.5 具有一个顶芽或苗端。

A1.1.6 在禾本科植物中有一个发育良好、直立的芽鞘,其中包着一片绿叶延伸到顶端并从芽鞘中伸出。

A1.2 带有轻微缺陷的幼苗

下列缺陷可认为是轻微的。

A1.2.1 根

(1)初生根轻度损伤,或生长较迟缓;

(2)初生根有缺陷,但有发育良好的次生根,特别是豆科大粒种子的某些属(如豌豆属、野豌豆属);

(3)燕麦属、大麦属和黑麦属仅有一条强壮的种子根。

A1.2.2 胚轴

下胚轴、上胚轴或中胚轴轻度损伤。

A1.2.3 子叶

(1)子叶轻度损伤[但子叶组织总面积的一半或一半以上仍保持着正常的功能(50%规则),并且苗端或其周围组织没有明显的损伤或腐烂];

(2)双子叶植物仅有一片正常子叶(但苗端或其周围组织没有明显的损伤和腐烂);

(3)具三片子叶而非两片子叶(采用50%规则)。

A1.2.4 初生叶

(1)初生叶轻度损伤[但其组织总面积的一半或一半以上仍保持着正常的功能(采用50%规则];

(2)顶芽没有明显的损伤或腐烂,有一片正常初生叶;

(3)初生叶形状正常,并且大于正常大小的四分之一;

（4）具有三片初生叶而非两片初生叶（采用50%规则）。

A1.2.5　芽鞘

（1）芽鞘轻度损伤；
（2）芽鞘从顶端开裂，但其裂缝长度不超过芽鞘总长度的三分之一；
（3）受内外稃或果皮的阻挡，芽鞘轻度扭曲或形成环状；
（4）芽鞘包有一片未延伸到其顶端、但至少达到它一半长度的绿叶。

A1.3　次生感染的幼苗

幼苗受真菌或细菌侵害而严重腐烂，但有证据表明病源不是来自种子本身，并保留全部主要构造。

A2　不正常幼苗

幼苗带有下列缺陷的一种或其组合列为不正常幼苗。

A2.1　根

A2.1.1　初生根

（1）残缺；
（2）短粗；
（3）滞生；
（4）缺失；
（5）破裂；
（6）从顶端开裂；
（7）缩缢；
（8）纤细；
（9）蜷缩在种皮内；
（10）负向地性生长；
（11）玻璃状；
（12）由初生感染引起的腐烂。

A2.1.2　种子根

没有或仅有一条细弱的根。

A2.2　胚轴

（1）短粗；
（2）深度或全部断裂；
（3）纵向开裂；
（4）缺失；
（5）缩缢；
（6）严重扭曲；

（7）严重弯曲；
（8）形成环状或螺旋状；
（9）纤细；
（10）玻璃状；
（11）由初生感染引起的腐烂。

A2.3　子叶（采用 50%规则）

（1）肿胀或卷曲；
（2）畸形；
（3）破裂或其他损伤；
（4）分离或缺失；
（5）变色；
（6）坏死；
（7）玻璃状；
（8）由初生感染引起的腐烂。

注：子叶在幼苗胚轴着生点部位或苗端或其周围组织损伤或腐烂，会使幼苗变为不正常，这里不考虑 50%规则。

A2.4　初生叶（采用 50%规则）

（1）畸形；
（2）损伤；
（3）缺失；
（4）变色；
（5）坏死；
（6）由初生感染引起的腐烂；
（7）叶片形态正常，但小于正常叶片大小的四分之一。

A2.5　顶芽及其周围组织

（1）畸形；
（2）损伤；
（3）缺失；
（4）由初生感染引起的腐烂。

注：如果顶芽有缺陷或缺失，即使有一个或两个已发育的腋芽或幼茎，也应作为不正常幼苗。

A2.6　胚芽鞘和第一片叶（禾本科）

A2.6.1　胚芽鞘

（1）畸形；

（2）损伤；
（3）缺失；
（4）顶端损伤或缺失；
（5）严重弯曲；
（6）形成环状或螺旋状；
（7）严重扭曲；
（8）从顶端开裂，其裂缝长度超过芽鞘总长度的三分之一；
（9）基部开裂；
（10）纤细；
（11）由初生感染引起的腐烂。

A2.6.2 第一片叶

（1）延伸长度不及胚芽鞘的一半；
（2）缺失；
（3）撕裂或其他畸形；

A2.7 整株幼苗

（1）畸形；
（2）断裂；
（3）子叶先于幼根长出；
（4）两株幼苗连在一起；
（5）保持着胚乳的环圈；
（6）黄化或白化；
（7）纤细；
（8）玻璃状；
（9）由初生感染引起的腐烂。

A3 复胚种子单位

（1）含一粒以上真种子的单位（如鸭茅属、羊茅属和黑麦草属的复粒种子单位）。

（2）含有一个以上胚的真种子。这种情况通常在某些特定种（多胚现象）中出现，或偶然在其他种（孪生种）中出现。后者往往有一个种苗是细弱或纤细的，偶尔两个幼苗的大小近于正常幼苗。

（3）融合的胚，偶尔有从一个种子产生两个连在一起的幼苗。

A4 其他

A4.1 上胚轴

连接子叶与初生叶的组织，为幼苗胚轴的一部分。

A4.2 下胚轴

连接初生根和子叶的组织,为幼苗胚轴的一部分。

A4.3 中胚轴

在一些高度分化的单子叶植物中,连接盾片着生点和芽鞘之间的组织,为幼苗胚轴的一部分。

A4.4 初生叶

继子叶后所生长出的第一片或第一对叶。

A4.5 初生根

由胚根发育成的幼苗主根。

A4.6 次生根

除初生根以外的其他根。

A4.7 种子根

在禾谷类中,由初生根和胚轴长出的数条次生根所形成的根系。

A4.8 滞生根

通常具有完整根尖,但异常短小而细弱,与幼苗的其他构造相比失去均衡。

A4.9 短粗根

因植物中毒幼苗所表现的症状,通常虽有完整的根尖,但缩短呈棒状。

A4.10 残缺根

无论长短,但根尖缺失或有缺陷的根。

A4.11 向地性

植物生长对重力的反应,包括正向地性(向地下生长,如正常的初生根)和负向地性(向上生长,如正常的幼茎)。

A4.12 出土型发芽

因下胚轴伸长而使子叶和幼茎伸出土面的一种发芽类型。

A4.13 留土型发芽

子叶或变态子叶(如盾片)留在土壤中和种子内的一种发芽类型。双子叶植物因上胚轴伸长或者有些单子叶植物因中胚轴伸长将幼茎带出土面。

A4.14 环状构造

幼苗的构造(如下胚轴、芽鞘)为环状或圆圈形,而不是应有的直线形。

A4.15 扭曲构造

幼苗的构造(如下胚轴、芽鞘)沿着幼苗伸长主轴发生扭曲。

A4.16 感染

病原菌侵入幼苗引起病症和腐烂。包括初级感染(种带病原菌的活动而引起的感染)和次级感染(其他种子或种苗侵染而引起的感染)。

A4.17 50%规则

子叶或初生叶组织有一半或一半以上的面积具有正常功能,为正常幼苗;若一半以上的组织不具备功能(如缺失、坏死、变色或腐烂),为不正常幼苗。当从子叶着生点到下胚轴有损伤和腐烂的迹象时,不能采用 50%规则。50%规则也适用于评定有缺陷的初生叶,但初生叶形状正常,只是叶片面积较小时则不能应用。

附 录 B
(标准的附录)
容许差距

表 B1　发芽试验重复间最大容许差距
(2.5%显著水平的两尾测定)

平均发芽百分率	最大容许范围	平均发芽百分率	最大容许范围
99	2	5	87~88	13~14	13
98	3	6	84~86	15~17	14
97	4	7	81~83	18~20	15
96	5	8	78~80	21~23	16
95	6	9	73~77	24~28	17
93~94	7~8	10	67~72	29~34	18
91~92	9~10	11	56~66	35~45	19
89~90	11~12	12	51~55	46~50	20

注:表中列出了 4 次重复之间(即最高与最低值之间)发芽率的最大容许差距。

表 B2　同或不同实验室同或不同送验样品间发芽试验最大容许差距
(2.5%显著水平的两尾测定)

平均发芽百分率	最大容许范围	平均发芽百分率	最大容许范围
98~99	2~3	2	77~84	17~24	6
95~97	4~6	3	60~76	25~41	7
91~94	7~10	4	51~59	42~50	8
85~90	11~16	5			

注:表中列出的容许差距可用于正常苗、不正常苗、死种子、硬实或其他组分的结果比较。

(王彦荣、余玲、孙建华、南志标、李春杰、曾彦军)

十二、牧草种子加工成套设备技术条件

1 范围

本标准规定了牧草种子加工成套设备的技术要求、试验方法、检验规则和标志、包装、运输、贮存要求。

本标准适用于牧草种子加工成套设备(以下简称设备)。

2 引用标准

GB 6141 豆科主要牧草种子质量分级
GB 6142 禾本科主要牧草种子质量分级
GB 6143 白沙蒿、伏地肤种子质量分级
GB/T 12994 种子加工机械 术语
GB/T 13306 标牌
GB/T 13384 机电产品包装通用技术条件
JB/T 5682 种子加工成套设备 试验方法
JB/T 7139 牧草种子加工成套设备 术语
NJ/Z 3 农机具涂漆

3 定义

本标准所采用的名词术语与 GB/T 12994 和 JB/T 7139 相一致。

4 技术要求

4.1 一般要求

（1）设备应符合本标准的要求，并按经规定程序批准的图样和技术文件制造。

（2）设备运转平稳，无异常声响，调节灵活，便于拆卸和更换零部件。

（3）设备应有安全防护装置，保证使用者的工作安全，操作方便。

（4）电器设备应有过载保护和接地装置。

（5）设备安装应按安装工艺技术要求进行，各紧固件均需紧固，不得松动。管路应紧密连接，接合面边缘整齐，不得有跑漏现象。

（6）设备的涂漆应符合 NJ/Z 3 中普通耐候涂层的要求。

4.2 主要性能指标

（1）生产率应符合设备标定的指标。

（2）加工后种子的净度，按照 GB 6141~6143 规定的牧草种子质量分级标准，来料净度在等级内的一次加工可达到一级以上。在等级外的一次加工应提高 10%以上，以紫花苜

蓿、披碱草为加工物料。

（3）除芒率应在 95%以上，以老芒麦为加工物料。

（4）总的获选率应大于 95%。

（5）加工后种子的发芽率应高于选前。

（6）破碎率进行除芒和刷种加工的不大于 1.8%，不进行除芒和刷种加工的不大于 0.5%，漏出损失率不大于 0.5%。

（7）作业场所粉尘浓度不大于 10 mg/m^3。

（8）噪声不大于 85 dB(A)。

（9）可靠度大于 93%。

5　试验方法

设备的试验方法应按 JB/T 5682 执行。

6　检验规则

（1）每台设备应经制造厂质量检验部门检验合格并附有"产品合格证"方可出厂。

（2）每套设备应在安装后由制造厂空运转 30 min 并进行生产性调试。

（3）用户有权按本标准检验产品质量，如不合格，制造厂应负责修理或更换。

（4）在用户遵守产品使用说明书的条件下，自设备交付使用后一年内，产品确因质量不良而发生损坏或不能正常使用时，制造厂应无偿地为用户包修、包换、包退。

7　标志、包装、运输、贮存

7.1　各设备应有标牌，并符合 GB/T 13306 的规定，其内容如下：

（1）产品名称；

（2）产品型号；

（3）主要技术参数；

（4）出厂编号；

（5）出厂日期；

（6）制造厂名称。

7.2　产品包装应符合 GB/T 13384 的要求。

7.3　随机文件及附件、备件齐全。包括：

（1）使用说明书；

（2）产品检验合格证；

（3）装箱单；

（4）附件；

（5）备件。

7.4 安装前设备应存放在防潮、防腐蚀的干燥地面和无腐蚀的环境中。

（杨铁军）

十三、草种病害检疫技术规范

1 范围

本标准规定了草种的产地检疫、调运检疫、国外引种和疫情监测的方法及程序。

本标准适用于动物饲养、生态建设、绿化美化等用途的草本植物及饲用灌木的籽粒、果实、根、茎、叶、芽等种植材料或者繁殖材料的病害检疫。

2 规范性引用文件

下列文件中的条款通过本标准的引用而成为本标准的条款。凡是注日期的引用文件，其随后所有的修改单（不包括勘误的内容）或修订版均不适用于本标准，然而，鼓励根据本标准达成协议的各方研究是否可使用这些文件的最新版本。凡是不注日期的引用文件，其最新版本适用于本标准。

GB/T 2930.1 牧草种子检验规程 扦样

3 术语

下列术语和定义适用于本标准。

3.1 草种 forage and turf

用于动物饲养、生态建设、绿化美化等用途的草本植物及灌木的籽粒、果实、根、茎、叶、芽等种植材料或者繁殖材料。

3.2 批 lot

来自同一地区、同一日期，使用同一运输工具、同一品名（品种）的全部应检物品。

3.3 件 piece

在一批货物中，每一个独立的包装件，如袋、箱、筐、桶、捆、托等。

3.4 检疫对象 quarantine objects

国家和省（自治区、直辖市）公布的农业、林业和草业植物检疫性、限定的非检疫性有害生物中的病原生物，主要包括致病性真菌、细菌、病毒、线虫和寄生性种子植物等。

3.5 产地检疫 in-site

植物检疫机构对植物及其产品在原产地生产过程中的全部检疫检验工作，包括田间调查、室内检验、签发证书及监督生产单位做好选地、选种和疫情处理等工作。

3.6 调运检疫 transportion quarantine

草种在国内地区间托运、邮寄、自运、携带、销售等过程中，农业专职植物检疫人员根据植物检疫法规进行的检疫检验和签证。

4 产地检疫

4.1 草种繁育基地

（1）新建草种繁育基地，应在当地植物检疫机构指导下，选择符合检疫要求的地方设立。

（2）应在播种前30天向当地植物检疫部门申请产地检疫，并提交产地检疫申请书（附录A），经审查同意后，方可安排生产。

（3）草种繁育基地所用的草种，不得带有检疫性病害和其他危险性病害。

（4）草种繁育基地周围定植的植物应与所繁育的材料不传染或不交叉感染检疫性病害和其他危险性病害。

（5）已建的草种繁育基地发生检疫性病害和其他危险性病害的，要采取措施限期扑灭。

（6）草种繁育集中的区域或单位，应配备兼职植检员负责疫情调查、除害处理等工作。

4.2 产地检疫调查

（1）检疫调查前，植检员或兼职植检员应掌握草种繁育基地的草种来源、栽培管理及检疫性病害和其他危险性病害的发生情况，确定调查重点和调查方法，做好观察、采集、鉴定用的工具和记录表格等准备。

（2）检疫调查应根据不同检疫性病害和其他危险性病原物的生物学特性，在植物生长期进行，每年不得少于两次。

（3）检疫调查一般先进行踏查。踏查要选择有代表性的路线，穿过草种繁育基地，必要时可采用定点或定株检查。

① 踏查时，需查看植物各器官有无病变、病害症状等。初步确定病害种类、分布范围、发生面积、发生特点、危害程度。

② 对在踏查过程中发现的检疫性病害和其他危险性病害，需进一步掌握危害情况的，应设立标准地做详细调查。

（4）标准地设置

标准地应选设在病害发生区域内有代表性的地段。标准地的累积总面积应不少于调查总面积的0.1%~5%。在全面目测的基础上，对疑似发生的地块采取棋盘式或对角线取样方法有针对性的调查，0.3 hm² 以下的地块取样数不少于10点；0.3~1.3 hm² 地块取样数不少于15点；1.3~3.3 hm² 地块取样数不少于20点；3.3 hm² 以上地块取样数不少于25点；每样点面积为 0.25~1.0 m²。

（5）对抽取的样株进行编号和逐株检查，统计调查总株数、病害种类、被害株数和危害程度，计算发病率、病情指数。

$$发病率(\%) = \frac{发病株数(器官数)}{调查总株数(总器官数)} \times 100\%$$

$$病情指数 = \frac{\Sigma[每级株数(或器官数) \times 该级代表数值]}{(总株数或总器官数 \times 最高一级级数)} \times 100\%$$

4.3 检疫调查记录和标本采集

（1）将各项调查结果填入产地检疫调查表（附录B）。

（2）对踏查中发现的检疫性病害和其他危险性病害，要采集病害标本，并附上采集标签。对田间不能确认的，应在室内做进一步的检验。

4.4 室内检验

4.4.1 病原真菌检验

（1）采集一定数量症状典型的病害标本。

（2）观察病害的病状和病症特点及其对寄主的影响。

（3）采用挑、刮、拨或切片等方法，借助显微镜观察病原真菌形态特征，并采集病原菌的图像留作档案。

（4）用组织分离法或孢子稀释法分离病原真菌。

（5）记载病原真菌形态特征和培养性状。

4.4.2 病原细菌检验

（1）观察寄主发病部位是否具典型细菌性病害的溢菌现象、是否有菌脓，并用显微镜检查病组织，观察病健交界处是否有大量菌脓溢出，初步确定是否为细菌病害。

（2）采用稀释分离法从病组织中分离培养病原细菌，并通过稀释或划线法获得纯培养菌株。

（3）用柯克氏法则进一步鉴定病原细菌的致病性，利用植物过敏反应快速筛选致病性细菌。

（4）根据细菌形态、大小特征、菌株生理生化特点、致病性等确定其种类。

4.4.3 寄生线虫检验

（1）直接采取新鲜病变的组织、器官或根围土壤。

（2）采用贝尔曼法或浅盘法分离线虫；非转移型线虫，可直接手工剥离。

（3）分离后直接检查。需保存或用显微镜观察的线虫用固定液固定。

4.4.4 病毒检验

（1）通过田间调查、症状观察、初步确定是否为病毒病害。

（2）采集病毒样品，并用摩擦接种观察接种后症状表现及变化是否与感病植物一致。

（3）用电镜观察病毒形态和进行细胞病理解剖或用血清学、聚合酶链反应等技术进行鉴定。

4.4.5 寄生性种子植物检验

对送检样品直接采用手持扩大镜镜检观测。

5 调运检疫

5.1 调运检疫的申请

种子调运单位（个人）应在调运前向相关植物检疫部门申请调运检疫，并提交调运检疫申请书（附录C），经审查同意后，方可调运。

5.2 种子批的扦样程序和实验室分样程序

应按 GB/T 2930.1 的规定执行。

5.3 送检样品的重量

送检的样品应能够充分代表整批种子的情况，且样品重量约为 40 000 粒种子的质量。但像鹰嘴豆、草原山黧豆等大粒种子，可根据实际情况减少，但不得少于 1500 g。

若需进行田间小区种植检验时，其送检样品的重量见附录D。

5.4 检验方法

5.4.1 过筛检验

将需用的筛层（附录E）按筛孔大小顺序套好（小筛孔层放在下面），把取好的检验样品视其量分数次倒入第一层筛内（约层高的1/3）。套上筛盖，双手以回旋的方式筛动 20 转次左右。然后揭开筛盖，逐层倒入白瓷盘或培养皿内，进行病粒、菌核等检查和鉴定。计算含量或百分率。计算公式如下：

$$每千克含量(个) = \frac{1000 \times 检验对象数量(个)}{检验重量(g)}$$

$$数量百分率(\%) = \frac{检验对象数量(个)}{检验重量(g) \div 每克检验数量} \times 100\%$$

5.4.2 直接检验

将送检样品按分取检验样品的方法，分取一般不少于 50 g（大粒种子可适当多点）的种子，用肉眼或借助放大镜进行检查确认。

5.4.3 洗涤检验

（1）从送检样品中分取 5~25 g 检验样品 2 份，分别装入 250 mL 三角瓶内。注入无菌水 10~50 mL，振荡 5~10 min，充分洗下附着在种子表面的病菌孢子。然后，将悬浮液分别倒入洁净的离心管内，低速离心（1000~2400 r/min）5~10 min。用吸管移去上清液，保留 1 mL 沉淀液，再加入 2 mL 4%的明胶溶液，振荡使沉淀液再次充分悬浮；立即用干净的细玻璃棒，将悬浮液滴于载玻片上盖上盖玻片，镜检，并鉴定病原种类。用血球计数板计算孢子数。

（2）血球计数板计算孢子数：用吸管滴上述孢子悬浮液一滴于血球计数板的中央，盖上盖玻片，用显微镜检查。每管病菌孢子悬浮液至少要观察 5 个玻片。计数使用 16×25 的血球计数板，要按对角线方位，取左上左下、右上右下的四个大格（即 100 小格）的孢子数。孢子数计算公式如下：

$$孢子数(个/g) = \frac{每大格孢子数}{样品重量} \times 2.5 \times 10^6 \div 0.5$$

5.4.4 漏斗分离检验

将 10~15 cm 口径的玻璃漏斗，架在铁架台上，漏斗下口套接约 10 cm 长橡皮管一根，在管的中部装个弹簧夹，将种子或带有线虫的其他材料研碎，用纱布包好。放在漏斗内，加满清水浸泡 4~24 h。打开夹子接取下沉液，镜检。

5.4.5 保湿培养检验

在直径 9 cm 的培养皿底部铺垫 3~4 层滤纸，注入灭菌水，使吸水纸呈湿润状。然后，将种子或混在其间的植株残体排列在吸水纸上。大粒种子，如红豆草、锦鸡儿等相似大小的牧草种子不少于 400 粒。小粒种子，如苜蓿、沙打旺等相似大小的牧草种子为 1000 粒。摆好后，加盖、编号，记录。置于 20℃、12 h 光照的培养箱内进行培养，7 天后进行镜检。

5.4.6 分离培养检验

5.4.6.1 真菌的检验

取种子 400 粒。用 0.1%次氯酸钠消毒 5 min，在无菌条件下用镊子把种子摆放在马铃薯-葡萄糖-琼脂培养基（PDA）上，距离 2~3 cm，置于 20℃、12 h 光照的培养箱内进行培养，7 天后检查菌落形态特征，制片镜检，确定病原菌。

5.4.6.2 细菌的检验方法

用 0.1%升汞对种子进行表面灭菌 2~6 min。用灭菌水冲洗 4~6 次，加入灭菌的 0.85%生理盐水。研碎浸泡 10~15 min，用划线法在牛肉汁培养基上培养，观察细菌的培养性状。

5.4.7 症状检验

5.4.7.1 试管幼苗症状检验

取直径为 16 mm、长为 160 mm 试管若干支，每支加入约 10 mL 1%~1.5%水琼脂。用棉塞塞紧管口，用高压灭菌锅灭菌，并使试管保持约 60°的角度。待培养基凝固后，在每管斜面上放一粒种子，塞上管口，置于 24℃左右培养箱内进行培养。待幼苗长到管口去掉塞子，10~14 天后检验。

5.4.7.2 隔离试种检验

隔离试种应在土壤消过毒的温室（或网室）或严密的隔离区进行。在幼苗期或整个生育期，观察其症状，检查有无检疫对象或危险性病害。如没有出现，应解除此项管理，允许这批种子输入作种子。

5.4.8 噬菌体检验

取 5~10 g 种子研碎，放入灭过菌的烧杯中，加灭菌水 10~20 mL，搅拌 30 min。取上清液 1 mL 分别注入 3 个灭菌的培养皿中。然后，加入指示噬菌体，混合均匀，经 3~5 min 后，再加入 10 mL 熔化并冷却到 45~50℃的固体培养基，摇匀凝成平板。置于 25~28℃恒温箱中。培养 8~12 h 检测噬菌体。

6 检疫处理

（1）根据产地检疫调查和调运检疫结果，对发现有检疫性病害和其他危险性病害的草种，应监督、指导生产者进行除害处理。

（2）对新发生检疫性病害和其他危险性病害，依法向当地植物检疫机构和省级农业主管部门报告疫情，并采取措施彻底焚烧和灭活处理。

7 检疫签证

（1）经产地检疫调查和调运检疫，对未发现检疫性病害和其他危险性病害的，签发《产地检疫合格证》和《调运检疫合格证》；对带有检疫对象和其他危险性病害的，签发《检疫处理通知单》。

（2）对调出的草种，可凭《产地检疫合格证》直接换发《植物检疫证书》。《产地检疫合格证》的有效期为 18 个月。

8 国外引种检疫审批

8.1 引种申请

从国外引进草种时，引种单位或代理单位必须在对外签订贸易合同协议前 30 天，向所在地的省、自治区、直辖市植物检疫机构提出申请，国务院有关部门所属的在京单位向国家农业部植物检疫管理机构或者其指定的植物检疫单位提出申请，办理检疫审批手续。填写《引进农业种子、苗木及其繁殖材料检疫审批单》。申请引种审批时，需提供：在原产地引进草种的病害发生情况材料；引进草种的隔离试种计划和管理措施；再次引进相同产地相同草种（品种）时，需出示国内种植地植物检疫机构出具的疫情监测报告。

8.2 审批

（1）审批机构在接到审批单 15 天内依照规定进行审批。对同意引进的，确定引种的种植地点、管理单位或个人和监管措施等，提出对外检疫要求。

（2）引种单位在取得审批单后，将审批单中提出的检疫要求列入贸易合同或协议中。引进时，需取得输出国植物检疫证书，证明符合我国检疫要求。

8.3 隔离试种

（1）草种引进后，引种单位或个人必须按审批单位审定的地点和监管措施进行隔离试种。隔离试种场所必须具备以下条件：

① 有围墙、防疫沟等自然间隔或不同植物的隔离带；
② 周围一定距离内，不得种植同一科、属植物；

③ 灌溉及排水条件应符合检疫和管理要求；

④ 有完善的管理措施并配备防治专业技术人员；

⑤ 经审批单位审定合格后，方准使用。

（2）引进的草种在隔离试种期间，植物检疫机构应对其进行调查、观察和检疫，指导、监督引种单位或个人对发现的检疫对象和其他危险性病害进行处理。引种单位或个人应加强对引进的草种的生产（经营）管理，做好病害监测工作，发现检疫对象和其他危险性病害时，应查明情况，防止扩散蔓延，并及时书面报告当地植物检疫机构；发生重大疫情时，应向省级植物检疫机构和国家农业部报告。

（3）隔离试种期限：一年生植物不少于一个生长周期，多年生植物不得少于两年。

8.4 评定

引进的草种，经植物检疫机构调查、检疫，确认无检疫对象和其他危险性病害危害后，引种单位或个人方可分散种植。

9 样品和档案管理

9.1 样品管理

（1）样品是确定一批货物是否带有危险性病害的重要依据，应建立严格的管理制度。

（2）抽取检验样品要给报检人签发取样证明（附录F）。

（3）在检疫过程中发现检疫对象和其他危险性病害的，必须保存样品，保存期至少3个月。对不易长期保存的样品，可根据具体情况缩短时间。

（4）样品要制成标本保存。标本要注明寄主、调入（出）地和发现时间，不易制成标本的被害样品及现场，可摄制照片、录像片等存档备查。

（5）样品要有专人负责管理，保存期间要注意防潮、防虫，以免受损变质。

（6）根据样品种类登记造册，列明报检单位、货物名称、样品数量、取样时间、存放起止日期、检疫结果和最后处理意见。

9.2 档案管理

（1）草种各种检疫记录、单证，需建立专门档案，以备检查、查询及研究之用。

（2）《植物检疫证书》等各种检疫单证属法律文书，一般需保存3年，可根据具体情况适当延长或缩短保存时间。

附 录 A
（规范性附录）
产地检疫申请书

年　　月　　日　　　　　　　　　　　　　　　　编号：

植物名称			种植地点		
序号	品种名称	种子（种苗）来源	种植面积	预计产量	
计划播种时间	计划播种时间：从　　年　月　日起，至　　年　月　日				
预计收获时间	预计收获时间：从　　年　月　日起，至　　年　月　日				
申请单位	名称（盖章）：				
	地址：			邮编：	
	联系人（签名）：	联系电话：		传真：	
	要求批件发送方式	来人领取			
		特快专递邮寄			
		普通邮寄			

附 录 B
（规范性附录）
产地检疫田间调查表

草种繁育单位：		调查地点：
调查地块编号：		对应申报号：
调查面积：		调查日期：
作物名称：		品种名称：
种苗来源：		生长期：
田间调查情况	症状/危害状：	
	发病率及田间分布情况：	
	危害面积：	判断/初步判断：
备注：		
填表人（签名）：		
审核人（签名）：	植物检疫专用章 年　月　日	

附 录 C
（规范性附录）
调运检疫申请书

年　　月　　日　　　　　　　　　　　　　　　　　　编号：

收货单位	联系人：		电话：		
	地址：				
发货单位（人）	如果发货单位与申请单位为同一单位，以下两行内容不必填写				
	联系人：		电话：		
	地址：				
货物名称	数量/件（株）	包装	原产地	货物单价	货物合同
起运地点			运输方式		
运往地点					
申请单位	名称（盖章）：				
	地址：			邮编：	
	联系人（签名）：	联系电话：		传真：	
	要求批件发送方式		来人领取		
			特快专递邮寄		
			普通邮寄		

附录 D
（规范性附录）
牧草种子送检样品重量

序号	种名		样品重量	
	学名	中文名	送检样品最低重量/g	每克种子近似粒数/粒
1	Achnatherum sibiricum	羽茅	150	280
2	Achnatherum splendens	芨芨草	50	1 000
3	Agropyron cristatum	冰草	60	690
4	Agropyron desertorum	沙生冰草	100	430
5	Agropyron mongolicum	沙芦草	120	350
6	Agropyron sibiricum	西伯利亚冰草	160	260
7	Agrostis alba	小糠草	10	10 700
8	Alopecurus pratensis	草原看麦娘	60	770
9	Anthoxanthun odoratum	黄花茅	250	160
10	Artemisia frigida	冷蒿	20	10 000
11	Artemisia sphaerocephala	白沙蒿	40	1 340
12	Astragalus adsurgens	沙打旺	80	720
13	Astragalus melilotoides	草木樨状黄耆	120	400
14	Astragalus sinicus	紫云英	50	1 050
15	Bromus catharticus	扁穗雀麦	370	110
16	Bromus inermis	无芒雀麦	130	320
17	Bromus japonicus	雀麦	100	440
18	Bromus lanceolatus	大穗雀麦	180	230
19	Bromus richardsonii	宽穗雀麦	140	295
20	Caragana arborescens	树锦鸡儿	1 000	30
21	Caragana microphylla	小叶锦鸡儿	1 000	26
22	Ceratoides latens	驼绒藜	160	250
23	Chloris gayana	非洲虎尾草	20	4 720
24	Cicer arietinum	鹰嘴豆	1500	2
25	Coronilla varia	多变小冠花	160	2 500
26	Cynodon dactylon	狗牙根	10	4 000
27	Dactylis glomerata	鸭茅	50	950
28	Desmodium intortum	绿叶山蚂蝗	70	700
29	Desmodium uncinatum	银叶山蚂蝗	230	175
30	Elymus canadensis	加拿大披碱草	200	200
31	Elymus dahuricus	披碱草	150	240
32	Elymus excelsus	肥披碱草	150	260
33	Elymus nutans	垂穗披碱草	150	300
34	Elymus sibiricus	老芒麦	150	220
35	Elytrigia elongata	长穗偃麦草	240	170

续表

序号	种名		样品重量	
	学名	中文名	送检样品最低重量/g	每克种子近似粒数/粒
36	Elytrigia intermedia	中间偃麦草	240	180
37	Elytrigia repens	偃麦草	100	420
38	Elytrigia trichophora	毛偃麦草	240	180
39	Eragrostis curvula	弯叶画眉草	20	3 270
40	Eragrostis ferruginea	知风草	20	3 200
41	Ergrostis pilosa	画眉草	20	3 000
42	Festuca arundinacea	苇状羊茅	100	460
43	Festuca elatior	牛尾草	100	500
44	Festuca ovina	羊茅	40	1 170
45	Hedysarum laeve	塔落岩黄芪	400	100
46	Hedysarum scoparium	细枝岩黄芪	200	30
47	Hordeum bogdanii	布顿大麦	100	560
48	Hordeum brevisubulatum	野大麦	100	450
49	Lathyrus pratensis	草原山蚕豆	1 500	5
50	Lathyrus tingitans	坦尼尔山蚕豆	1 000	13
51	Leymus chinensis	羊草	100	420
52	Leymus secalinus	赖草	200	200
53	Lespedeza bicolor	胡枝子	350	120
54	Lespedeza hedysaroides	细叶胡枝子	50	820
55	Lolium multiflorum	多花黑麦草	230	180
56	Lolium perenne	多年生黑麦草	80	530
57	Lotus corniculatus	百脉根	50	820
58	Lupinus albus	白羽扁豆	1 500	9
59	Lupinus luteus	黄羽扁豆	1 500	9
60	Macroptilium atropurpureum	大翼豆	500	70
61	Medicago arabica	褐斑苜蓿	80	550
62	Medicago falcata	野苜蓿	80	570
63	Medicago hispida	金花菜	100	380
64	Medicago lupulina	天蓝苜蓿	80	500
65	Medicago varia	杂花苜蓿	80	540
66	Medicago sativa	紫花苜蓿	80	500
67	Medicago truncatula	截形苜蓿	80	500
68	Melilotus albus	白花草木樨	80	500
69	Melilotus of ficinalis	黄花草木樨	80	500
70	Onobrychis viciifolia	红豆草	800	50
71	Panicum maximum	坚尼草	40	1 300
72	Paspalum dilatatum	毛花雀稗	80	620

续表

序号	种名		样品重量	
	学名	中文名	送检样品最低重量/g	每克种子近似粒数/粒
73	*Pennisetum americanum*	御谷	200	180
74	*Phalaris arundinacea*	虉草	40	1 180
75	*Phleum pratense*	梯牧草	20	2 730
76	*Poa pratensis*	草地早熟禾	20	3 880
77	*Poa trivialis*	普通早熟禾	20	4 600
78	*Ploygonum divaricatum*	义分蓼	400	100
79	*Psathyrostachys juncea*	新麦草	130	330
80	*Puccinellia tenuiflora*	星星草	20	2 000
81	*Roegneria foliosa*	多叶鹅观草	150	260
82	*Roegneria kamoji*	鹅观草	150	290
83	*Roegneria trachycaulon*	硬叶鹅观草	150	250
84	*Sorghum sudanense*	苏丹草	400	100
85	*Stylosanthes gracilis*	柱花草	120	350
86	*Stylosanthes humilis*	矮柱花草	150	280
87	*Trifolium fragiferum*	草莓三叶	60	770
88	*Trifolium hybridum*	杂三叶	30	1350
89	*Trifolium lupinaster*	野火球	60	720
90	*Trifolium pratense*	红三叶	70	600
91	*Trifolium repens*	白三叶	30	2 000
92	*Trifolium subterraneum*	地三叶	250	150
93	*Trigonella foenumgraecum*	葫芦巴	40	1 250
94	*Vicia amoena*	山野豌豆	500	70
95	*Vicia cracca*	广布野豌豆	500	70
96	*Vicia sativa*	箭筈豌豆	1 000	19
97	*Vicia villosa*	毛叶苕子	1 000	40

注：1. 豌豆、羽扇豆属和其他相似大小的牧草种子，仅在实验室进行检验，最少需要样品1500 g，若田间小区试验同时进行时，需加样品300 g。

2. 苜蓿、沙打旺、草木樨、多年生黑麦草及相似大小的其他牧草种子，仅在实验室最低需要样品80 g上下，再加田间小区检验需用200 g。

3. 当送检样品小于规定数量时，应按具体情况在报检单上加以说明"该样品因……质量仅……g"。

附 录 E
（规范性附录）
圆孔筛规格

种子大小	筛径规格/mm	层数	备注
大粒种子	3.5~2.5~1.5	3	
中粒种子	2.5~1.5	2	
小粒种子	2.0~1.0	2	

注：1. 根据需要也可选用其他不同孔径、规格的规格筛。
2. 根据牧草种子大小，参考上述标准，应用相当孔径的规格筛过筛。
3. 过筛检验样品应在1000 g以上。如送检样品在1000 g以下，应将全部送检样品过筛。

附 录 F
（规范性附录）
取 样 证 明

年　月　日

报检单位(人)		经办人姓名	
货物地点		数量	
调运地点		抽样数量	
产地			

检查结果：

检疫机关(章)：　　　　　　　　　　　检疫员：

取 样 证 明

年　月　日

报检单位(人)		经办人姓名	
货物名称		数量	
调运地点		抽样数量	
产地			

（余鸣、尹晓飞、马金星、姚拓、朱明旗、汪玺、李存福、李玉荣、刘芳、石守定）

附录二
草产品及其他类

一、牧草和青饲料收获机械分类及术语

1 主题内容与适用范围

本标准规定了牧草和青饲料收获机械的分类、术语和定义。

本标准适用于在饲草料生产中所用的收获机具。

2 分类

2.1 按与动力源的连接型式分类

（1）畜力机械；
（2）牵引机械；
（3）悬挂机械；
（4）半悬挂机械；
（5）自走式机械。

2.2 按功能与结构型式分类

2.2.1 割草机

（1）往复式割草机；
（2）双动刀片割草机；
（3）滚筒式旋转割草机；
（4）盘式旋转割草机；
（5）甩刀式割草机。

2.2.2 割草调制机

2.2.2.1 割草摊晒机

2.2.2.2 割草调制机

（1）割草曲折机；
（2）割草压扁机；
（3）割草齿杆或梳刷调制机。

2.2.3 调制机

（1）曲折压扁机；
（2）齿杆或梳刷调制机。

2.2.4 搂集、摊晒、铺条机

2.2.4.1 搂草摊晒机

（1）指轮式搂草摊晒机；

（2）旋转滚筒搂草摊晒机；

（3）倾斜旋转头摊晒机；

（4）侧向链或带式搂草摊晒机。

2.2.4.2　搂集机

2.2.4.3　铺条器

2.2.4.4　搂草机

2.2.5　青饲料收获机

（1）甩刀式青饲料收获机；

（2）二次切碎式青饲料收获机；

（3）精确切碎式青饲料收获机。

2.2.6　捡拾打捆机

2.2.6.1　低密度压捆机

2.2.6.2　中高密度压捆机

2.2.6.3　大方捆压捆机

2.2.6.4　圆草捆打捆机

（1）长皮带式圆草捆打捆机；

（2）短皮带式圆草捆打捆机；

（3）钢辊式圆草捆打捆机。

2.2.6.5　高密度压饼机

2.2.7　装载机具

2.2.7.1　方草捆装运机

（1）集捆机；

（2）草捆装载机；

（3）多功能草捆装运机。

2.2.7.2　自动装卸运输机

（1）散草捡拾压垛机；

（2）散草捡拾运输机；

（3）草垛运输车；

（4）圆草捆运输车；

（5）青饲料运输车。

2.2.7.3　自走式装载机

2.2.7.4　悬挂式装载机

3 术语

3.1 机具术语

3.1.1 畜力机具 horse-drawn machine

用牲畜牵引的机械。

3.1.2 牵引机械 trailed machine

用拖拉机牵引，由机器地轮或拖拉机动力输出轴驱动的机具。

3.1.3 悬挂机械 mounted machine

悬挂在拖拉机上的机器，其质量全部由拖拉机承担。

3.1.4 半悬挂机械 semi-mounted machine

悬挂在拖拉机上的机器，其质量一部分转移在拖拉机上，一部分由行走轮支撑。

3.1.5 自走式机械 self-propelled machine

工作部件和行走装置由自带发动机驱动的机具。

3.1.6 割草机 mowers

对生长的牧草进行切割并铺放于地面的机具。

3.1.6.1 往复式割草机 reciprocating cutter bar mower

割刀做往复运动的割草机。

3.1.6.2 双动刀片割草机 double-bladed mower

用两组相对运动的刀片切割牧草的割草机。

3.1.6.3 滚筒式旋转割草机 drums mower

切割器刀盘绕垂直轴旋转，动力由刀盘上方传动，刀盘上都装有输草滚筒，刀盘与刀片铰接的旋转割草机。

3.1.6.4 盘式旋转割草机 discs mower

切割器刀盘绕垂直轴旋转，动力由刀盘下方传动，外端刀盘装有输草滚筒，刀片与刀盘铰接的旋转割草机。

3.1.6.5 甩刀式割草机 flail mower

用装在横置旋转轴上的多把甩刀收割牧草的割草机。

3.1.7 割草调制机 equipment for simultaneous mowing and conditioning

割草和调制同时进行的机具。

3.1.7.1 割草摊晒机 mower tedders

割草和摊晒同时进行的机具。

3.1.7.2 割草调制机 mowers with roller conditioners
装有调制辊的割草机。

（1）割草曲折机 mower crimpers：装有曲折辊的割草机。

（2）割草压扁机 mower crushers：装有压扁辊的割草机。

（3）齿杆梳刷割草调制机 mowers with tine/brush conditioners：装有齿杆梳刷调制器的割草机。

3.1.8 调制机 conditioning equipment
对牧草进行调制的机具。

3.1.8.1 曲折压扁机 roller crimpers
用带有深槽的辊子对牧草进行曲折压扁的机具。

3.1.8.2 齿杆梳刷式调制机 tine/brush conditioners
用齿杆或刷式调制器刮破牧草蜡层的机具。

3.1.9 搂集摊晒铺条机 tedding/swathing equipment
对割后牧草进行搂集摊晒或集条的机具。

3.1.9.1 摊晒机 tedders
对割后牧草进行摊晒的机具。

（1）指轮式搂草摊晒机 finger wheel tedder：工作部件由几个能浮动的指轮组成，具有摊晒和搂草功能的机具。

（2）旋转滚筒搂草摊晒机 rotary drum tedder：工作部件由一个装有弹齿的直角或斜角配置的滚筒组成，具有摊晒和搂草功能的机具。

（3）倾斜旋转头摊晒机 inclined rotary head tedder：工作部件由几个带弹齿的倾斜配置的转头组成，旋转方向变换后能搂草的摊晒机。

（4）侧向链或带式搂草摊晒机 side acting chain or belt tedder：由带齿的链或带循环运动进行搂集摊晒的机具。

3.1.9.2 搂集机 rakes and sweeps
有搂草或集草功能的机具。

3.1.9.3 铺条机 swathers
用于铺放草条的器具。

3.1.9.4 搂草机 rake swathers
将割后牧草搂成草条的机具。

3.1.10 青饲料收获机 forage harvesters
能在田间进行切割、切碎和抛送青饲料作物的机具。

3.1.10.1 甩刀式青饲料收获机 flail forage harvester

用装在横置旋转轴上的多把甩刀进行工作的青饲料收获机。

3.1.10.2 二次切碎式青饲料收获机 double-chop forage harvester

装有二次切碎器的青饲料收获机。

3.1.10.3 精确切碎式青饲料收获机 metered chop forage harvester

用精确切碎器把收割的青饲料作物均匀切碎后抛送出去的青饲料收获机。

3.1.11 捡拾打捆机 pick-up balers

把草条捡起并打成草捆的机具。

3.1.11.1 低密度捡拾压捆机 low density pick-up baler

压制低密度草捆的捡拾打捆机。

3.1.11.2 中高密度压捆机（常规尺寸）medium and high density pick-up baler (conventional sizes)

压制中等或高密度草捆的捡拾打捆机。

3.1.11.3 大方捆压捆机 large rectangular pick-up baler

压制大方草捆的捡拾打捆机，草捆断面尺寸大于 600 mm × 800 mm。

3.1.11.4 圆草捆打捆机 large cylindrical pick-up baler

卷压圆草捆的捡拾打捆机。

（1）长皮带式圆草捆打捆机 long belt large cylindrical pick-up baler：卷捆室由一组长皮带构成的圆草捆打捆机。

（2）短皮带式圆草捆打捆机 sort belt large cylindrical pick-up baler：卷捆室由多组皮带组成的圆草捆打捆机。

（3）钢辊式圆草捆打捆机 roller large cylindrical pick-up baler：卷捆室由若干钢辊组成的圆草捆打捆机。

3.1.11.5 高密度压饼机 high density waferers

把牧草压成高密度草饼的机具。

3.1.12 装载机具 loading equipment

装载和运输散草及草捆的机具。

3.1.12.1 方草捆装运机 bale handing equipment

装载和运输方草捆的机具。

（1）集捆机 accumulators：将捆好的草捆分组码放整齐的机具。

（2）装载机 loaders：捡拾装载或垛集草捆的机具。

（3）多功能草捆装运机 integrated systems：可自动完成草捆的捡拾、成垛、运输、卸垛和移垛等项作业的机具。

3.1.12.2 自动装卸运输机 self-loading units

有自动装卸功能的运输机具。

（1）散草捡拾压垛机 pick-up press stacker：可自动完成捡拾牧草、压集成垛、运输和卸垛等项作业的机具。

（2）散草捡拾运输机 pick-up wagon：能捡拾、运输和卸下牧草的机具。

（3）草垛运输车 hay stack wagon：能装卸和运输草垛的车辆。

（4）圆草捆运输车 cylindrical bale wagon：能装卸和运输圆草捆的车辆。

（5）青饲料运输车 forage wagon：专门运输青饲料的拖车。

3.1.12.3　自走式装载机 self-propelled loading units

自带动力的装载机。

3.1.12.4　悬挂式装载机 tractor-mounted loaders

悬挂在拖拉机上的装载机。

3.2　作业术语

3.2.1　割草 mowing

将生长的牧草切断并铺放于地面的过程。

3.2.2　实际割幅 working mowing width

割草机工作时，切割牧草的实际宽度。

3.2.3　割茬高度 stubble height

牧草被切割后，留在地面上的茎秆高度。

3.2.4　漏割 miss cutting

割草机工作时，应割而未割的牧草。

3.2.5　重割 recutting

割刀对牧草进行两次以上的切割。

3.2.6　调制 conditioning

为了加速割后牧草的水分蒸发，对割后牧草进行机械作用的过程。

3.2.7　摊晒 ted

将割后牧草摊松或翻动的过程。

3.2.8　搂草 rake

把铺放于地面的割后牧草集拢成条的过程。

3.2.9　草条 windrow

集拢成条的已割牧草。

3.2.10　实际搂幅 working raking width

搂草机工作时，搂集已割牧草的实际宽度。

3.2.11 捡拾 picking up

将铺放在地面的草条捡起来的过程。

3.2.12 打捆 baling

将牧草压缩或滚卷并捆扎成一定形状草捆的过程。

3.2.13 草捆 bale

具有一定密度和形状的牧草集合体。

3.2.14 草捆密度 bale density

单位体积草捆的质量。

3.2.15 低密度草捆 low density bale

在含水率为20%时,豆科牧草密度小于150 kg/m^3;禾本科牧草密度小于130 kg/m^3;稻麦秸秆小于100 kg/m^3 的草捆。

3.2.16 中高密度草捆 medium and high density bale

密度大于低密度草捆的草捆。

3.2.17 草饼 wafer

通过高压压缩而黏结在一起具有一定形状的高密度牧草集合体。

(杨铁军)

二、豆科牧草干草质量分级

1 范围

本标准规定了豆科牧草干草的质量检测方法、分级标准、判别规则与标签。

本标准适用于苜蓿、沙打旺、红豆草和红三叶等豆科牧草产品。

2 规范性引用文件

下列文件中的条款通过本标准的引用而成为本标准的条款。凡是注日期的引用文件，其随后所有的修改单(不包括勘误的内容)或修订版均不适用于本标准，然而，鼓励根据本标准达成协议的各方研究是否可使用这些文件的最新版本。凡是不注日期的引用文件，其最新版本适用于本标准。

GB/T 6432　饲料中粗蛋白测定方法

GB/T 6435　饲料水分的测定方法

GB/T 6438　饲料中粗灰分测定方法

GB/T 6682　分析实验室用水规格和试验方法

GB/T 14699.1　饲料　采样

GB/T 20806　饲料中中性洗涤纤维(NDF)的测定

NY/T 1459　饲料中酸性洗涤纤维的测定

3 术语和定义

下列术语和定义适用于本标准。

3.1 豆科牧草干草　legume hay

豆科牧草适时刈割后，经人工干燥、晒干或阴干后的饲用干草产品。

3.2 杂草　weeds

干草中目标植物以外的其他植物。

3.3 叶量　leave weight

豆科牧草叶子总的质量，包括叶片和叶柄。

3.4 收获期　harvest period

刈割时，牧草所处的生长发育时期。

3.5 异物　other material

干草中存在的无益或不利于干草性状的物质，如铁块、石块、塑料、土块、纤维等。

3.6 添加物　additive material
为保持或改善干草性状而加入的干燥剂、防腐剂等物质。

3.7 干草批　lot of hay
草种（品种）、地块、生育期、收获时间和规格相同，质量基本一致，在规定重量之内的批量干草。

3.8 感官指标　sensory index
对草颗粒原料或成品的色泽、气味、外观性状等所作的规定。

3.9 初次样品　primary sample
从干草批的一点所抽取的一部分干草。

3.10 送验样品　submitted sample
送到检验站的样品。

3.11 水分　moisture
试样在100~105℃烘至恒重所失去的质量。

3.12 粗蛋白　crude protein，CP
试样中含氮量乘以6.25，包括纯蛋白质和氨化物。

3.13 中性洗涤纤维　neutral detergent fiber，NDF
用中性洗涤剂去除饲料中的脂肪、淀粉、蛋白质和糖类等成分后，残留的不溶解物质的总称。

3.14 酸性洗涤纤维　acid detergent fibre，ADF
用酸性洗涤剂去除饲料中的脂肪、淀粉、蛋白质和糖类等成分后，残留的不溶解物质的总称。

3.15 β-胡萝卜素　β-carotene
维生素A的前体，由8个异戊二烯聚合而成的一种胡萝卜素。

3.16 粗灰分 crude ash
试样在550℃灼烧后的残渣。

4 技术要求

4.1 感官质量指标及分级
产品的感官及物理指标应符合表1的要求。

表 1　豆科牧草干草质量感官和物理指标及分级

指标	等级			
	特级	一级	二级	三级
色泽	草绿	灰绿	黄绿	黄
气味	芳香味	草味	淡草味	无味
收获期	现蕾期	开花期	结实初期	结实期
叶量/%	50~60	49~30	29~20	19~6
杂草/%	<3.0	<5.0	<8.0	<12.0
含水量/%	15~16	17~18	19~20	21~22
异物/%	0	<0.2	<0.4	<0.6

4.2　化学质量指标及分级

产品的化学指标应符合表 2 的要求。

表 2　豆科牧草干草质量的化学指标及分级

质量指标	等级			
	特级	一级	二级	三级
粗蛋白/%	>19.0	>17.0	>14.0	>11.0
中性洗涤纤维/%	<40.0	<46.0	<53.0	<60.0
酸性洗涤纤维/%	<31.0	<35.0	<40.0	<42.0
粗灰分/%	<12.5			
β-胡萝卜素/(mg/kg)	≥100.0	≥80.0	≥50.0	≥50.0

注：各项理化指标均以 86% 干物质为基础计算。

4.3　添加物

应对添加的物质做相应说明。标明添加物名称、数量等。

5　检测方法

5.1　抽样

5.1.1　划分干草批

每个干草批抽取一个检验样品。干草批最大数量不超过 50 t，不足 50 t 的按一个批次计。如果由于存放条件不同等原因导致具有明显差异的不同堆垛应单独划批。

5.1.2　确定初次样品数量

按 GB/T 14699.1 的规定执行。

5.1.3　抽样方法

用取样工具在同一批次产品的不同部位随机抽样，抽取初次样品。

5.1.4 分取送验样品

对所取的初次样品进行感官检验、杂草和异物测定,然后用四分法缩分到至少 1 kg,作为送验样品。

5.2 感官指标检测方法

5.2.1 气味

常态下贴近鼻尖嗅闻气味。

5.2.2 色泽

在自然光下视物最清楚的距离内目测。

5.2.3 收获期

现蕾期:牧草出现花蕾,但没有开花。开花期:10%的牧草开始开花。结实初期:10%的牧草开始结实。结实期:50%以上的牧草进入结实阶段。

5.3 理化指标检测方法

5.3.1 水分测定

按 GB/T 6435 的规定执行。

5.3.2 粗蛋白测定

按 GB/T 6432 的规定执行。

5.3.3 中性洗涤纤维测定

按 GB/T 20806 的规定执行。

5.3.4 酸性洗涤纤维

按 NY/T 1459 的规定执行。

5.3.5 粗灰分测定

按 GB/T 6438 的规定执行。

5.3.6 β-胡萝卜素的测定

5.3.6.1 测定原理

利用吸附剂(如 MgO、Al_2O_3、CaO 等)对不同色素吸附能力的差异,使各种色素在吸附柱上逐段分离,然后用能溶于石油醚等溶剂的有生理作用的β-胡萝卜素从总胡萝卜素及其他色素(叶绿素、番茄色素、叶黄素)中分离出来,进行比色测定。

5.3.6.2 仪器设备及化学试剂

分光光度计、吸附柱(包括柱架)、天平(0.0001 g),研钵、容量瓶、烧杯、玻璃棒、牛角勺。

偶氮苯（标准物质）或重铬酸钾（$K_2Cr_2O_7$）（标准物质）、乙醇（分析纯）、酸洗玻璃粉、氧化铝（分析纯）、石油醚（分析纯）。

5.3.6.3 操作步骤

（1）提取、测定β-胡萝卜素：称取5~10 g样品（精确度0.0001 g），倒入研钵，加入酸洗玻璃粉2~3勺，研磨成细粉状。

在吸附柱中加入吸附剂氧化铝，用玻璃棒微微压紧，使松紧适中。吸附剂装填高度5~6 cm。

将磨细的样品与玻璃粉混合后，移入吸附柱内，加入石油醚。石油醚应将样品全部淹没，使样品不外露于空气中。将吸附柱放在暗厨内浸提，防止胡萝卜素被氧化。多次加入石油醚连续浸提，直到吸附柱下端滴出的液滴不呈黄色为止。

将胡萝卜素浸出液移入100 mL容量瓶，用石油醚定容后，再用分光光度计测定。

（2）绘制β-胡萝卜素标准溶液曲线：β-胡萝卜素标准溶液可用偶氮苯或重铬酸钾配制。

偶氮苯标准溶液的配制：准确称取偶氮苯0.145 g，加入1000 mL容量瓶中，用96%的乙醇定容。1 mL该溶液的颜色相当于0.002 35 mg β-胡萝卜素在1 mL溶液中的颜色。

重铬酸钾标准溶液的配制：准确称取0.3600 g重铬酸钾，定容于1000 mL水中，此1 mL重铬酸钾的颜色相当于0.002 08 mg β-胡萝卜素在1 mL溶液中的颜色。

配制5种以上不同浓度的标准溶液，在分光光度计上进行测定，绘制成标准溶液曲线。

（3）结果计算：在标准溶液曲线上，查出样品溶液的浓度。计算：

$$胡萝卜素含量(mg/kg) = c \times y \times 1000/a$$

式中，c为样品中胡萝卜素的浓度，单位为mg/mL；y为胡萝卜素浸出液的定容体积，单位为mL；a为样品质量，单位为g。

5.3.7 杂草含量测定

将随机抽取的初次样品用四分法缩分一次后，将其中的杂草检出并称量，计算其质量百分率。

5.3.8 叶量测定

称取400~600 g样品（精确度0.001 g），将叶子与茎秆分开，称取叶子的质量。计算叶子质量占样品总量的百分比，即为叶量。

5.3.9 异物

检查初次样品，将其中的异物检出并称量，计算其重量百分率。

6 质量等级判定

6.1 综合判定

抽检样品的各项感官指标和理化指标均同时符合某一等级时，则判定所代表的该批次产品为该等级；当有任意一项指标低于该等级标准时，则按单项指标最低值所在等级定级。

任意一项低于三级标准时，则判定所代表的该批次产品为等级外产品。

6.2 分类别判定

豆科牧草干草质量按感官质量（表1）或理化质量（表2）单独判定等级。判定等级的方法与综合判定的方法相同。

6.3 单项指标判定

豆科牧草干草某一项（或几项）质量指标所在的质量等级，判定为该产品在该项（或几项）指标的质量等级。

7 标签

产品应有标签，内容应包括名称、种类组成、刈割茬次、产品标准编号、产品主要成分分析保证值、净重、添加物的名称及含量、生产日期、保质期、生产者的名称、地址和联系方式等。

（余鸣、马金星、尹晓飞、贾玉山、汪玺、王赞文、杨清峰、李存福、李玉荣、刘芳、石守定）

三、禾本科牧草干草质量分级

1 范围

本标准规定了禾本科牧草干草的质量指标及分级标准。

本标准适用于天然草地、改良草地和人工草地收获的禾本科或以禾本科为主的牧草经干燥后制成的草产品。

2 规范性引用文件

下列文件中的条款通过本标准的引用而成为本标准的条款。凡是注日期的引用文件，其随后所有的修改单(不包括勘误的内容)或修订版均不适用于本标准，然而，鼓励根据本标准达成协议的各方研究是否可使用这些文件的最新版本。凡是不注日期的引用文件，其最新版本适用于本标准。

GB/T 6432　饲料中粗蛋白测定方法

GB/T 6435　饲料水分的测定方法

GB 13078　饲料卫生标准

3 术语和定义

下列术语和定义适用于本标准。

3.1 有毒植物

含有某些有毒化学物质，被家畜采食后，引起家畜生理异常，损害家畜健康，甚至致死的植物，如北乌头、小花棘豆、狼毒、醉马草等。

3.2 有害植物

具有针刺或绒毛等构造，危害牲畜健康或影响畜产品品质的植物，如苍耳、鬼针草等。

3.3 杂类草　weeds

除禾本科草、豆科草、莎草科草以外，其他各科可食植物。

4 要求

4.1 人工草地及改良草地不得含对家畜有毒有害草，天然草地对家畜有毒有害草含量不得超过 1%

4.2 干草中加入抗氧化剂、防霉剂等添加剂时，应做相应的说明。

4.3 干草应符合 **GB 13078** 的规定。

5 质量指标及分级标准

5.1 禾本科牧草四级分级

按粗蛋白、水分和外部感官性状将禾本科牧草干草分为四级。按粗蛋白和水分含量的分级指标见表1。

表1 禾本科牧草干草质量分级

质量指标	等级			
	特级	一级	二级	三级
粗蛋白/%≥	11	9	7	5
水分/%≤	14	14	14	14

注：粗蛋白含量以绝干物质为基础计算。

5.2 外部感官性状

5.2.1 特级

抽穗前刈割，色泽呈鲜绿色或绿色，有浓郁的干草香味，无杂物和霉变，人工草地及改良草地杂类草不超过1%，天然草地杂类草不超过3%。

5.2.2 一级

抽穗前刈割，色泽呈绿色，有草香味，无杂物和霉变，人工草地及改良草地杂类草不超过2%，天然草地杂类草不超过5%。

5.2.3 二级

抽穗初期或抽穗期刈割，色泽正常，呈绿色或浅绿色，有草香味，无杂物和霉变，人工草地及改良草地杂类草不超过5%，天然草地杂类草不超过7%。

5.2.4 三级

结实期刈割，茎粗，叶色淡绿或浅黄，无杂物和霉变，干草杂类草不超过8%。

6 抽样方法

在干草的堆垛中选取5个不同部位的点采样，每点采样200 g左右，然后将原始样品剪成1~2 cm长度，充分混合后，取分析样品约300 g粉碎过筛。

7 检验

7.1 粗蛋白的检验按 GB/ 6432 执行

7.2 水分的检验按 GB/ 6435 执行

8　分级判别规则

8.1　粗蛋白和水分含量应符合相应等级的规定。

8.2　粗蛋白和水分含量符合特级、一级和二级的干草，其叶色发黄发白者降低一个等级。

8.3　天然草地有毒有害草不超过 1%时，保留原来等级；达到 1%时，下降一个等级；超过 1%，如果无法剔除，不能喂养家畜，为不合格产品。

8.4　有明显霉变或异物的为不合格产品。

9　包装、运输和储存

禾本科牧草干草的包装、运输和储存，必须符合保质、保量、运输安全和分类、分级储存的要求，严防污染。

（高振川、张军民、张文淑、张琪、姜云侠）

四、青贮玉米品质分级

1 范围

本标准规定了青贮玉米品质指标、品质分级及测定方法。
本标准适用于对青贮玉米品质的评价和分级。

2 规范性引用文件

下列文件中的条款通过本标准的引用而成为本标准的条款。凡是注日期的引用文件，其随后所有的修改单(不包括勘误的内容)或修订版均不适用于本标准，然而，鼓励根据本标准达成协议的各方研究是否可使用这些文件的最新版本。凡是不注日期的引用文件，其最新版本适用于本标准。

GB/T 6432　饲料中粗蛋白测定方法
GB/T 20194　饲料中淀粉含量的测定旋光法
GB/T 20806　饲料中中性洗涤纤维(NDF)的测定
NY/T 1209　农作物品种试验技术规程玉米
NY/T 1459　饲料中酸性洗涤纤维的测定

3 术语和定义

下列术语和定义适用于本标准。

3.1 青贮玉米　silage maize

在玉米乳熟后期至腊熟期间，收获包括果穗在内的地上部植株，作为青贮饲料原料的玉米。

4 技术要求

4.1 感官要求

植株较高，叶量较多，持绿性好，无明显倒伏，无明显大斑病、小斑病、黑粉病、丝黑穗病、锈病等病害症状。

4.2 水分含量

水分含量为 60%~80%。

4.3 品质分级

青贮玉米品质分级及指标应符合表 1 的规定。

表1 青贮玉米品质分级指标

等级	中性洗涤纤维/%	酸性洗涤纤维/%	淀粉/%	粗蛋白/%
一级	≤45	≤23	≥25	≥7
二级	≤50	≤26	≥20	≥7
三级	≤55	≤29	≥15	≥7

注：粗蛋白、淀粉、中性洗涤纤维和酸性洗涤纤维为干物质（60℃温度下烘干）中的含量。

5 测定方法

5.1 取样方法

青贮玉米分析样品取样，按照 NY/T 1209 的规定执行。

5.2 水分含量

按照 NY/T 1209 的规定执行。

5.3 粗蛋白含量

按照 GB/T 6432 的规定执行。

5.4 中性洗涤纤维含量

按照 GB/T 20806 的规定执行。

5.5 酸性洗涤纤维含量

按照 NT/T 1459 的规定执行。

5.6 淀粉含量

按照 GB/T 20194 的规定执行。

5.7 卫生指标

卫生指标按照相关国家标准的规定执行。

6 品质综合判定

中性洗涤纤维、酸性洗涤纤维、淀粉和粗蛋白 4 项指标中单项最低的等级判定为青贮玉米的品质等级。

三级以下的青贮玉米品质判定为等外。

（余鸣、李存福、玉柱、潘金豹、石守定、杨清峰、李玉荣、刘芳、尹晓飞）

五、草颗粒质量检验与分级

1 范围

本标准规定了饲用草颗粒检验指标、检验方法和分级判别依据。

本标准适用于以豆科或禾本科牧草为原料，经干燥后制成的草颗粒产品。

2 规范性引用文件

下列文件中的条款通过本标准的引用而成为本标准的条款。凡是注日期的引用文件，其随后所有的修改单（不包括勘误的内容）或修订版均不适用于本标准，然而，鼓励根据本标准达成协议的各方使用这些文件的最新版本。凡是不注日期的引用文件，其最新版本适用于本标准。

GB/T 6432　饲料中粗蛋白测定方法

GB/T 6435　饲料水分的测定方法

GB/T 6438　饲料中粗灰分测定方法

GB/T 6682　分析实验室用水规格和试验方法

GB 10648　饲料标签

GB/T 10765　颗粒饲料通用技术条件

GB/T 14699.1　饲料　采样

GB/T 20806　饲料中中性洗涤纤维（NDF）的测定

NY/T 1459　饲料中酸性洗涤纤维的测定

3 术语和定义

3.1 草颗粒　forage pellets

以豆科或禾本科牧草为原料，适时刈割后，经干燥、粉碎，机械压制成表面光滑、直径 6~10 mm、长度 15~35 mm 的颗粒状饲用草产品。

3.2 水分　moisture

试样在 100~105℃ 烘至恒重所失去的质量占试样原质量的百分比。

3.3 粗蛋白　crude protein，CP

试样中含氮量乘以 6.25，包括纯蛋白质和氨化物。

3.4 中性洗涤纤维　neutral detergent fiber，NDF

用中性洗涤剂去除饲料中的脂肪、淀粉、蛋白质和糖类等成分后，残留的不溶解物质的总称。

3.5 酸性洗涤纤维 acid detergent fibre,ADF

用酸性洗涤剂去除饲料中的脂肪、淀粉、蛋白质和糖类等成分后,残留的不溶解物质的总称。

3.6 β-胡萝卜素 β-carotene

维生素 A 的前体,由 8 个异戊二烯聚合而成的一种胡萝卜素。

3.7 粗灰分 crude ash

试样在 550℃灼烧后的残渣。

3.8 抗氧化剂 antioxidant

为防止或延缓草颗粒中某些活性成分被氧化变质而掺入的添加剂。

3.9 防腐剂 preservative

为延缓或阻止草颗粒发酵、腐败而掺入的添加剂。

3.10 着色剂 color and pigment

为改善动物产品或草颗粒产品色泽而掺入的添加剂。

3.11 感官指标 sensory index

对草颗粒原料或成品的色泽、气味、外观性状等所作的规定。

3.12 粉化率 percentage of powdered pellets

草颗粒在特定测试条件下产生的粉末质量占其总质量的百分比。

3.13 含粉率 rate of powder

草颗粒中含有的粉末质量占草颗粒总质量的百分比。

4 质量要求

4.1 感官指标

4.1.1 颜色

颜色为深绿色、绿色或浅绿色。

4.1.2 形状

圆柱状颗粒,表面光滑,大小及质地均匀,直径 6~10 mm,长 15~35 mm。

4.1.3 气味

有干草芳香味或无异味,无霉变味。

4.2 物理指标及质量分级

草颗粒物理指标及质量分级见表 1。

表 1 草颗粒物理指标及质量分级

指标	等级			
	特级	一级	二级	三级
粉化率/%	≤6	≤9	≤14	≤20
含粉率/%	≤3.0	≤4.0	≤5.0	≤5.0

4.3 化学指标及质量分级

豆科草颗粒和禾本科草颗粒化学指标及质量分级分别见表 2 和表 3。

表 2 豆科草颗粒化学指标及质量分级

指标	等级			
	特级	一级	二级	三级
粗蛋白/%	≥20.0	≥18.0	≥16.0	≥14.0
中性洗涤纤维/%	<40.0	<46.0	<53.0	<60.0
酸性洗涤纤维/%	<31.0	<35.0	<40.0	<42.0
粗灰分/%	<12.5			
水分/%	≤14.0			
β-胡萝卜素/(mg/kg)	≥100.0	≥80.0	≥50.0	≥50.0

注:各项化学成分含量均以 86%干物质为基础计算。

表 3 禾本科草颗粒化学指标及质量分级

指标	等级			
	特级	一级	二级	三级
粗蛋白/%	≥13.0	≥11.0	≥9.0	≥7.0
中性洗涤纤维/%	<53.0	<60.0	<65.0	<70.0
酸性洗涤纤维/%	<40.0	<42.0	<45.0	<50.0
粗灰分/%	<12.5			
水分/%	≤14.0			

注:各项化学成分含量均以 86%干物质为基础计算。

5 检测方法

5.1 批次划分和采样方法

批次划分和采样方法按 GB/T 14699.1 的规定执行。

5.2 感观指标测定

5.2.1 颜色

在自然光下视物最清楚的距离范围内目测。必要时可借助显微镜观测。

5.2.2 气味

常态下贴近鼻尖嗅闻气味。

5.3 物理指标测定方法

5.3.1 粉化率

按 GB/T 10765 的规定执行。

5.3.2 含粉率

按 GB/T 10765 的规定执行。

5.4 化学指标测定方法

5.4.1 粗蛋白

按 GB/T 6432 的规定执行。

5.4.2 中性洗涤纤维

按 GB/T 20806 的规定执行。

5.4.3 酸性洗涤纤维

按 NY/T 1459 的规定执行。

5.4.4 粗灰分

按 GB/T 6438 的规定执行。

5.4.5 水分

按 GB 6435 的规定执行。

5.4.6 β-胡萝卜素

5.4.6.1 测定原理

利用吸附剂（如 MgO、Al_2O_3、CaO 等）对不同色素吸附能力的差异，使各种色素在吸附柱上逐段分离，然后用能溶于石油醚等溶剂的有生理作用的β-胡萝卜素从总胡萝卜素及其他色素（叶绿素、番茄色素、叶黄素）中分离出来，进行比色测定。

5.4.6.2 仪器设备及化学试剂

分光光度计、吸附柱（包括柱架）、天平（0.0001 g）、研钵、容量瓶、烧杯、玻璃棒、牛角勺。

偶氮苯（标准物质）或重铬酸钾（$K_2Cr_2O_7$）（标准物质）、乙醇（分析纯）、酸洗玻璃粉、氧化铝（分析纯）、石油醚（分析纯）。

5.4.6.3 提取、测定胡萝卜素

称取 5~10 g 样品（精确度 0.0001 g），倒入研钵，加入酸洗玻璃粉 2~3 勺，研磨成细粉状。

在吸附柱中加入吸附剂氧化铝，用玻璃棒微微压紧，使松紧适中。吸附剂装填高度 5~6 cm。

将磨细的样品与玻璃粉混合后，移入吸附柱内，加入石油醚。石油醚应将样品全部淹没，使样品不外露于空气中。将吸附柱放在暗厨内浸提，防止胡萝卜素被氧化。多次加入石油醚连续浸提，直到吸附柱下端滴出的液滴不呈黄色为止。

将胡萝卜素浸出液移入 100 mL 容量瓶，用石油醚定容后，再用分光光度计测定。

5.4.6.4 绘制胡萝卜素标准溶液曲线

β-胡萝卜素标准溶液可用偶氮苯或重铬酸钾配制。

偶氮苯标准溶液的配制：准确称取偶氮苯 0.145 g，加入 1000 mL 容量瓶中，用 96% 的乙醇定容。1 mL 该溶液的颜色相当于 0.002 35 mg β-胡萝卜素在 1 mL 溶液中的颜色。

重铬酸钾标准溶液的配制：准确称取 0.3600 g 重铬酸钾，定容于 1000 mL 水中，此 1 mL 重铬酸钾的颜色相当于 0.002 08 mg β-胡萝卜素在 1 mL 溶液中的颜色。

配制 5 种以上不同浓度的标准溶液，在分光光度计上进行测定，绘制成标准溶液曲线。

5.4.6.5 结果计算

在标准溶液曲线上，查出样品溶液的浓度。计算：

$$\beta\text{-胡萝卜素含量}(mg/kg) = c \times y \times 1000/a$$

式中，c 为样品中胡萝卜素的浓度，单位为 mg/mL；y 为胡萝卜素浸出液的定容体积，单位为 mL；a 为样品质量，单位为 g。

6 质量等级判定

6.1 综合判定

样品的各项理化指标均同时符合某一等级时，则判定所代表的该批产品为该等级；当有任意一项指标低于该等级标准时，则按单项指标最低值所在等级定级。任意一项指标低于三级标准，则判定所代表的该批产品为等级外产品。

6.2 分类别判定

草颗粒质量按物理质量（表1）或化学质量（表2或表3）单独判定等级。判定等级的方法与综合判定方法相同。

（余鸣、马金星、尹晓飞、汪玺、王赟文、贾玉山、
杨清峰、李存福、李玉荣、刘芳、石守定）

六、苜蓿干草捆质量

1 范围

本标准规定了以苜蓿干草为原料生产作为动物饲料的草捆质量检测方法、分级判别规则、标志、标签和包装。

本标准适用于以苜蓿草为原料，经刈割、干燥和打捆后形成的捆形产品。

2 规范性引用文件

下列文件中的条款通过本标准的引用而成为本标准的条款。凡是注日期的引用文件，其随后所有的修改单（不包括勘误的内容）或修订版均不适用于本标准，然而，鼓励根据本标准达成协议的各方研究是否可使用这些文件的最新版本。凡是不注日期的引用文件，其最新版本适用于本标准。

GB/T 6432　饲料粗蛋白测定方法

GB/T 6435　饲料水分的测定方法

GB/T 6438　饲料粗灰分测定方法

GB 8170　数值修约规则

GB 10648　饲料标签

GB/T 13084　饲料中氰化物的测定方法

GB/T 13085　饲料中亚硝酸盐的测定方法

GB/T 13091　饲料中沙门氏菌的检验方法

GB/T 13092　饲料中霉菌的检验方法

GB/T 13093　饲料中细菌总数的测定方法

GB/T 17480　饲料中黄曲霉毒素 B_1 的测定　酶联免疫吸附法

3 定义

下列定义适用于本标准。

3.1 苜蓿干草捆　bale of alfalfa forage

苜蓿草经刈割、干燥和打捆后形成的捆形产品。按草捆的紧实度可分为低密度草捆和高密度草捆两种，低密度草捆密度为100~200 kg/m³。高密度草捆密度为240~500 kg/m³。按草捆的形状可分为方草捆和圆草捆等。

3.2 杂类草　weeds

草捆中包含的除苜蓿以外的其他植物。

3.3 添加物　additional material

为保持或改善草捆质量而加入的干燥剂、防腐剂、维生素、氨基酸等物质。

3.4 异物 other material

干草捆中存在的无益于保持或改善草捆质量,甚至对利用造成不利影响的物质,如铁块、石块、塑料、土块、纤维等。

4 技术要求

4.1 感官指标

产品的感官指标应符合表1的要求。

表1 感官指标

项目	指标
气味	无异味或有干草芳香味
色泽	暗绿色、绿色或浅绿色
形态	干草形态基本一致,茎秆叶片均匀一致
草捆层面	无霉变,无结块

4.2 理化指标

苜蓿干草捆的理化指标应符合表2的规定。

表2 苜蓿干草捆分级　　　　　　　　　　（单位:%）

质量指标	等级			
	特级	一级	二级	三级
粗蛋白	≥22.0	≥22.0,<22.0	≥18.0,<20.0	≥16.0,<18.0
中性洗涤纤维	<34.0	≥34.0,<36.0	≥36.0,<40.0	≥40.0,<44.0
杂类草含量	<3.0	≥3.0,<5.0	≥5.0,<8.0	≥8.0,<12.0
粗灰分	<12.5			
水分	≤14.0			

4.3 添加物

应做相应说明,标明添加物名称、含量等。

5 检测方法

5.1 感官指标检验

5.1.1 气味

嗅觉进行辨别。

5.1.2 色泽、形态

将样品平铺在白色平面上,用目测法观察评定。

5.1.3 草捆层面

将样捆解开后用金属工具撕开，目测样捆外层和内层中是否有霉变和结块。

5.2 理化指标检测

5.2.1 抽样

（1）产品以同一生产单位、同一堆场、同次生产的同一规格产品为一个检验批次。但是，如果由于存放条件不同等原因导致具有明显差异的不同堆垛应单独划批。

（2）抽样时，用草钻在全批产品的不同部位抽样。低密度草捆按万分之五抽样，高密度草捆按万分之二点五抽样，不足10 000捆时按10 000捆计。

（3）从每捆中取样品1 kg，测定初水分后磨碎，充分混匀，以四分法缩分至约1.0 kg。装入清洁干燥的容器内备用，并标明生产日期、取样地点、抽样时间及抽样人姓名。

5.2.2 水分含量的测定

按GB/T 6435的规定进行。

5.2.3 粗蛋白测定

按GB/T 6432的规定进行。

5.2.4 中性洗涤纤维（NDF）的测定

5.2.4.1 原理

用中性洗涤剂处理样品，使大部分细胞内容物溶解于洗涤剂中，其中，包括脂肪、糖、淀粉和蛋白质等，剩余的不溶解残渣主要是细胞壁组分，称为中性洗涤纤维（NDF）。

5.2.4.2 仪器和试剂

恒温干燥箱、马福炉、古氏坩埚、中性洗涤剂[将18.61 g乙二胺四乙酸二钠（EDTA）和6.81 g硼砂放入烧杯中，加水500 mL，加热使之溶解；在另一烧杯中放入30 g十二烷基硫酸钠和10 mL乙二醇单乙醚溶液，用400 mL水加热溶解。将溶液混合，调节pH为6.9~7.1，转入1000 mL容量瓶中，加水定容]。

5.2.4.3 操作步骤

准确称取风干样品1 g左右，倒入250 mL烧瓶底部，加入100 mL中性洗涤剂，2 mL十氢萘，0.5 g亚硝酸钠。在5~10 min内煮沸，在微沸状态下回流60 min。

在古氏坩埚中铺好酸洗石棉，置于105℃烘箱中烘3 h，然后取出放入干燥器中冷却30 min，称重，直至恒重。将回流完毕的溶液用已称至恒重的古氏坩埚过滤，用热蒸馏水洗涤残留物3~4次，然后用丙酮洗2次。将古氏坩埚取下，置于100℃烘箱中烘8 h，然后取出放入干燥器中冷却30 min，称重，直至恒重。将古氏坩埚放入550~600℃马福炉中灼烧3 h，稍冷后放入干燥器中冷却30 min，称重，直至恒重。

5.2.4.4 计算

按式（1）计算：

$$\mathrm{NDF}(\%) = \frac{W_2 - W_1}{W} \tag{1}$$

式中,W_1 为空坩埚重,单位为 g;W_2 为空坩埚重与中性洗涤纤维总重,单位为 g;W 为样品重,单位为 g。

另外,对于自动或半自动测定仪器,可根据仪器使用说明书进行测定。

5.2.5 粗灰分的测定

按 GB/T 6438 的规定执行。

5.2.6 杂类草含量检验

从随机抽取的所有样草捆中分别取样 1 kg,称量后将其中的杂类草检出并称量,计算平均百分含量。

5.2.7 卫生指标检验

按饲料中氰化物的测定方法(GB/T 13084)、饲料中亚硝酸盐的测定方法(GB/T 13085)、饲料中沙门氏菌的检验方法(GB/T 13091)、饲料中霉菌的检验方法(GB/T 13092)、饲料中细菌总数的测定方法(GB/T 13093)、饲料中黄曲霉毒素 B_1 的测定酶联免疫吸附法(GB/T 17480)测定氰化物、亚硝酸盐、沙门菌、霉菌、细菌总数、黄曲霉毒素 B_1。

6 分级判别规则

(1)感官指标符合要求后,再根据理化指标定级;
(2)除水分和粗灰分外,产品按单项指标最低值所在等级定级;
(3)感官指标不符合要求或有霉变或明显异物(如铁块、石块、土块等)的为不合格产品。

7 标志、标签

7.1 标志

产品应当有标志,标志的内容包括产品名称、净重量、质量等级、生产日期、保质期和批次、执行标准、生产厂家、厂家地址。

7.2 标签

产品的标签应符合 GB 10648 的规定。

8 包装、规格

8.1 包装

产品用绳捆或绳捆后再用塑料编织袋包装。

8.2 产品规格

干草捆允许具有多种规格。

小方干草捆截面长 30~43 cm，宽为 40~61 cm，高为 50~120 cm。

大方干草捆截面长、宽均为 110~150 cm，高为 200~280 cm。

圆草捆直径 100~180 cm，长 100~170 cm。

（贠旭疆、马金星、余鸣、汪玺、陈宝书、刘芳、李玉荣、尹晓飞、李存福、石守定）

七、饲料用苜蓿草粉

1 主题内容与适用范围

本标准规定了饲料用苜蓿草粉的质量指标及分级标准。

本标准适用于以紫花苜蓿为原料,经人工干燥、晒干、晾干后再经粉碎加工后的饲料用苜蓿草粉。

2 引用标准

GB 6432~6439 饲料粗蛋白、粗脂肪、粗纤维等项测定方法。

3 感官性状

粉状、颗粒状或草饼,暗绿色、绿色,无发酵、霉变、结块及异味异嗅。

4 水分

水分含量不得超过 13.0%。

5 夹杂物

不得掺入饲料用苜蓿草粉以外的物质,若加入抗氧化剂、防霉剂等添加剂时,应做相应的说明。

6 质量指标及分级标准

(1)以粗蛋白、粗纤维、粗灰分为质量控制指标,按含量分为三级,见表1。

(2)各项质量指标含量均以 87%干物质为基础计算。

(3)三项质量指标必须全部符合相应等级的规定。

(4)二级饲料用苜蓿草粉为中等质量标准,低于三级者为等外品。

表 1

质量指标 \ 等级	一级	二级	三级
粗蛋白/%	≥18.0	≥16.0	≥14.0
粗纤维/%	<25.0	<27.5	<30.0
粗灰分/%	<12.5	<12.5	<12.5

7 检验

水分、粗蛋白、粗纤维、粗灰分的检验,按照 GB 6432~6439 的有关规定执行。

8 卫生标准

应符合中华人民共和国有关饲料卫生标准的规定。

9 包装、运输和储存

饲料用苜蓿草粉的包装、运输和储存,必须符合保质、保量、运输安全和分类、分级储存的要求,严防污染。

(许彩萍、张子仪)

八、饲料用白三叶草粉

1 主题内容与适用范围

本标准规定了饲料用白三叶草粉的质量指标及分级标准。

本标准适用于饲料用白三叶草粉。

2 引用标准

GB 6432~6439 饲料粗蛋白、粗脂肪、粗纤维等项测定方法

3 感官性状

粉状、颗粒状或饼状。绿色、暗绿色或褐绿色，无发酵、霉变、结块及异味异嗅。

4 水分

水分含量不得超过 13.0%。

5 夹杂物

不得掺入饲料用白三叶草粉以外的物质，若加入抗氧化剂、防霉剂等添加剂时，应做相应的说明。

6 质量指标及分级标准

（1）以粗蛋白、粗纤维、粗灰分为质量控制指标，按含量分为三级，见表1。

（2）各项质量指标含量均以87%干物质为基础计算。

（3）三项质量指标必须全部符合相应等级的规定。

（4）二级饲料用白三叶草粉为中等质量标准，低于三级者为等外品。

表 1

等级 质量指标	一级	二级	三级
粗蛋白/%	≥22.0	≥17.0	≥14.0
粗纤维/%	<17.0	<20.0	<23.0
粗灰分/%	<11.0	<11.0	<11.0

7 检验

水分、粗蛋白、粗纤维、粗灰分的检验，按照 GB 6432~6439 的有关规定执行。

8 卫生标准

应符合中华人民共和国有关饲料卫生标准的规定。

9 包装、运输和储存

饲料用白三叶草粉的包装、运输和储存，必须符合保质、保量、运输安全和分类、分级储存的要求，严防污染。

（胡迪先、封朝壁、张子仪）

九、饲草产品质量安全生产技术规范

1 范围

本标准规定了饲草产品质量安全生产技术和要求，包括饲草种植、田间管理、收获及其产品加工、运输和贮藏。

本标准适用于干草及其制品。

2 规范性引用文件

下列文件对于本文件的应用是必不可少的，凡是注日期的引用文件，仅注日期的版本适用于本文件。凡是不注日期的引用文件，其最新版本（包括所有的修改单）适用于本文件。

GB 3095　环境空气质量标准

GB 4285　农药安全使用标准

GB 5084　农田灌溉水质标准

GB 6141　豆科草种子质量分级

GB 6142　禾本科草种子质量分级

GB/T 8321　农药合理使用准则　通则

GB 9137　保护农作物的大气污染物最高允许浓度

GB 13078　饲料卫生标准

GB 15618　土壤环境质量标准

NY/T 351　热带牧草　种子

NY/T 352　热带牧草　种苗

NY/T 496　肥料合理使用准则

NY/T 728　禾本科牧草干草质量分级

NY/T 1574　豆科牧草干草质量分级

3 术语和定义

下列术语和定义适用于本文件。

3.1 饲草产品　forage products

收获、干燥后的牧草或饲料作物及其加工调制品。

3.2 饲草产品质量安全　quality-safety of forage products

饲草产品中不含有损害或威胁动物健康的有毒、有害物质或因素，避免造成畜禽急性或慢性毒害以及感染疾病，并通过食物链产生危及人类的隐患。

3.3 毒害植物 poisonous and nocuous plant

含有某些有毒有害化学物质或具有有害结构，动物采食后引起生理异常、健康受损甚至死亡的植物。

3.4 安全间隔期 safe interval

最后一次施药、施肥到收获前允许间隔的最短天数。

4 产地环境

4.1 土壤

生产饲草的土壤应符合 GB 15618 的规定。

4.2 灌溉用水

灌溉用水应符合 GB 5084 的规定。

4.3 空气

空气质量应符合 GB 3905 和 GB 9137 的规定。

5 种植及田间管理

5.1 品种选择

5.1.1 应选用高产、优质、抗病虫害、抗杂草的饲草品种。

5.1.2 国外引进品种应符合国家有关种子检疫的相关要求。

5.1.3 转基因品种应符合国家有关转基因生物安全的管理规定。

5.2 播种

5.2.1 播种用种子质量应符合 GB 6141、GB 6142、NY/T 351 和 NY/T 352 的规定。草种不应携带检疫对象。外调种子要严格进行植物检疫，防止病虫害和检疫性杂草种子传入。

5.2.2 播种前宜精选种子。

5.3 施肥

5.3.1 施用的肥料应符合 NY/T 496 的规定。

5.3.2 不应使用未经国家或省级农牧部门登记的化学肥料和生物肥料。

5.3.3 宜根据土壤性状及饲草生长状况控制施肥量，避免过多施肥。

5.4 杂草防除

5.4.1 采用综合配套措施防除杂草

选择土壤、水分等条件适宜饲草种植的地块进行种植。抑制杂草的时期进行播种。杂草较多的地块，播种前宜深耕、翻压，或使杂草种子提前萌发并进行清理。

5.4.2 适时中耕除草

在播种或每次刈割后，适时用人力或机械清除杂草。在杂草种子成熟前清除杂草，减少杂草种源。

5.4.3 药物防治

减少使用化学除草剂，避免饲草产品药物残留危害家畜和食品安全。确实需要使用药物防除杂草时，应选择符合农药合理使用的国家有关规定。优先使用低毒、低残留的除草剂。

5.5 病虫害防治

5.5.1 尽量避免使用化学药物，不使用国家禁止使用的农药，避免饲草产品药残留危害家畜健康乃至人体健康。

5.5.2 确实需要使用农药时，所用农药应符合 GB 4825 和 GB/T 8321 的规定。优先使用低毒、低残留的农药。

5.5.3 合理采用轮作、间作等耕作制度。利用天敌等生态防治及物理方法控制病虫害的发生和发展。根据饲草病虫害发生情况，制定农药轮换使用方案，减缓病虫的抗药性，提高防治效果。

6 收获及调制

6.1 为了防止霉变、腐烂，牧草收获宜在晴天进行。刈割后的饲草应及时干燥处理，避免长时间大堆贮放和雨淋，采用化学辅助干燥法时，所用化学药剂应符合饲料添加剂的有关规定。

6.2 在干燥末期，饲草含量应达到安全含水量，安全含水量见附录A。

6.3 不应向饲草产品中添加未经国家批准的饲料添加剂或其他物质。添加的物质必须在产品说明书或产品标签上标明。

6.4 饲草产品原料中毒害物质含量应符合 NY/T 728 的规定。

6.5 饲草产品原料有霉变时，应剔除霉变的部分，并对其余部分做微生物及其毒素含量检测。当含量超过安全限量时，不应加工成饲草产品。

6.6 饲草产品中混入的杂物应符合 NY/T 1574 标准的规定。

7 包装、贮存、运输

7.1 草粉、草颗粒、草块等产量的包装材料应符合有关的质量安全标准。

7.2 草捆贮存时，应防止返潮和自燃，堆垛之间应留有通风口。

7.3 饲草产品应在清洁、干燥、通风、无鼠虫害的地点存放，不应与有毒、有害、有腐蚀性、有异味的物品混存。进行仓库消毒、熏蒸处理时，所用药剂应符合 GB 13078 的规定。

7.4 饲草产品运输工具应有防雨设施。不应与有毒、有害、有腐蚀性、有异味的物品混运。运输过程中，避免日晒、雨淋和损坏包装。

附录 A
（规范性附录）
饲草产品加工原料及其产品贮存的安全含水量

类别	加工方式	原料水分/%	贮存水分/%
草捆	直接打捆	豆科 15~20，禾本科 20~25	≤14
	喷洒有机酸	<30	≤14
	二次压缩打捆	15~20	≤14
叶粉	直接生产	植株含水量<37，叶含水量<15，茎含水量<50	<13
草粉	直接生产	<13	<13
草颗粒	直接生产	12~14	≤14
	加蒸汽制粒物料	16~18	
	硬颗粒	17~18	
	软颗粒	<30	
草块	压饼机压饼	12~15	≤14
	卷曲制饼机制饼	35~40	

（余鸣、李存福、玉柱、贾玉山、师尚礼、闫敏、石守定、柴兆祥、李金花、李玉荣、刘芳、尹晓飞、何光武）

十、饲草产品抽样技术规范

1 范围

本标准规定了饲草产品的抽样方法和技术要求。

本标准适用于干草捆、草粉、草颗粒、草块和青贮饲料的抽样。

2 术语和定义

下列术语和定义适用于本文件。

2.1 交付物 consignment

一次给予、发送或收到的某个特定量的饲草产品的总称。

2.2 批（批次） lot

特性一致的某个确定量的交付物的总称。

2.3 份样 increment

一次从一批产品的一个点所取得的样品。

2.4 总份样 bulk sample

同一批次产品的所有份样通过合并和混合得到的样品。

2.5 缩份样 reduced sample

总份样通过连续分样和缩减过程得到的数量或体积近似于试样的样品，具有代表总份样的特征。

2.6 实验室样品 laboratory sample

由缩份样分取的部分样品，用于分析和其他检测用，并能够代表该批产品的质量和状况。

3 抽样人员

抽样应该由经过专门培训并有饲草产品抽样经验的人员执行。

4 抽样前查验

抽样前，检查产品的数量、重量或产品的体积及容器上的标识等有关资料，将特性相似的产品按独立批次处理。

5 抽样工具

5.1 一般要求

抽样人员应根据不同的产品、抽样量、容器大小和产品的物理状态准备合适的器具。

抽样工具应清洁、干燥、无污染。抽样、缩样、存贮和处理样品时，应确保样品和被取样产品特性不受影响。用于制造抽样工具的材料不影响样品的质量。取样人员应戴一次性手套。

5.2 散装饲草产品的抽样工具

普通铲子、手柄勺、柱状取样器（如取样钎、管状取样器、套筒取样器）和圆锥取样器。

5.3 袋装或其他包装饲草产品的抽样工具

手柄勺、麻袋取样钎或取样器、管状取样器、圆锥取样器和分割式取样器。

草捆抽样宜选用专用抽样工具。内径为 9.5~19.1 mm，长度为 304.8~609.6 mm，端部带有锐利切边的管状工具。取样器可以手动或电动。

6 样品容器

样品容器应确保样品特性不变，大小以样品完全充满容器为宜。样品容器应清洁、干燥。容器在检测前应始终封口。

样品容器及盖子应是防水和防脂材料制成的（如玻璃、不锈钢、锡或合适的塑料等），对样品品质不产生影响。如果样品用来测定维生素 A、维生素 D_3、维生素 B_2 和维生素 C、叶酸等对光敏感的物质和维生素 K_3、维生素 B_6、维生素 B_{12} 等对光轻微敏感的物质，应避光保存。

7 抽样原则

7.1 抽样地点

抽样应在产品生产线终端或成品库进行。

7.2 样品量

根据批次数量和实际抽样的特点制订抽样计划，确定所需抽取份样数和样品重量，取得的样品应具有代表性。

8 产品分类

按照草产品加工后的形态、形状及规格，草产品可分为以下几类：

（1）干草捆；
（2）草粉；
（3）草颗粒；
（4）草块；
（5）青贮饲料。

9 干草捆抽样

9.1 批量大小

一个批次不超过 200 t。

9.2 份样数量

干草捆最小份样数见表1。

表 1　干草捆最小份样数

批次的干草捆数量	最小份样数
1~4	每捆至少 3 个份样
5~8	每捆至少 2 个份样
9~15	每捆至少 1 个份样
16~30	共取 15 个份样
>30	共取 20 个份样

9.3 样品量

干草捆抽样的最小样品量见表2。

表 2　干草捆最小样品重量　　　　　　　　　　（单位：kg）

产品类型	最小样品重量		
	总份样	缩份样	实验室样品
干草捆	8	4	1

注：最小缩份样的量要求满足提供 4 个实验室样品。

9.4 取样部位

9.4.1 方草捆

最大截面积小于或等于 42.5 cm × 55.0 cm 的方草捆，宜选择与纵截面平行的侧面的中央部位插入取样器，取草捆核心处的样品。取样器与取样点所在的侧面应呈 90°夹角。

最大截面积大于 42.5 cm × 55.0 cm 的方草捆，可以选择草捆的任何侧面插入取样器，取草捆核心部位的样品。从方草捆横截面平行的侧面插入，取样器与表面应呈 45°夹角；从方草捆纵截面平行的侧面插入，取样器与取样点所在侧面应呈 90°夹角。

9.4.2 圆草捆

从草捆的曲面插入取样器，且取样器与曲面垂直，取得草捆中的核心部位的样品。

9.5 实验室样品制备

应尽快将所得到的全部份样充分混合得到总份样，避免样品发生质量变化或污染。

10 草粉、草颗粒、草块抽样

10.1 批次大小

草粉的一个批次不应超过 100 t。

袋装草粉、草颗粒和草块的批次取决于包装袋数量或最大批量。散装产品的批次量是由盛该散样的容器数量或由满装该产品容器的最小数量决定的。一个容器内装的产品量已超过一个批次的最大量时,该容器内产品即为一个批次。

10.2 份样数量

10.2.1 散装或散装容器中产品取样

散装产品的最小份样数见表 3。

表 3 散装产品的最小份样数

批次重量/t	最小份样数
$m \leqslant 2.5$	7
$2.5 < m < 500$	$\sqrt{20m}$
$m \geqslant 500$	100

注:m 为批次重量。

10.2.2 袋装产品取样

随机取得份样,抽取袋的数量见表 4。

表 4 袋装产品取样的最小袋数

批次的包装袋数(n)	取样的最小袋数
1~4	每袋取样
5~16	6
17~5000	$\sqrt{2n}$
>5000	100

10.3 样品量

按照表 5 确定应取得的样品量。

表 5 最小样品重量 (单位:kg)

批次重量 m/t	最小样品重量		
	总份样	缩份样	实验室样品最小重量
$m \leqslant 1$	4	2	0.5
$1 < m \leqslant 5$	8	2	0.5
$5 < m \leqslant 50$	16	2	0.5
$50 < m \leqslant 100$	32	2	0.5
$100 < m \leqslant 500$	64	2	0.5

注:最小缩份样的量要求满足提供 4 个实验室样品。

10.4 抽样程序

10.4.1 散装产品

散装产品宜在装或卸时进行抽样。如果产品是直接装到料仓或仓库中,应在装入时进行抽样。

随机选择每个份样的取样位置。选择取样位置时,应考虑覆盖到产品批次的表面和内部。抽样的最小份样数按表3的规定执行。

10.4.2 包装产品抽样

随机选择抽样的包装产品,抽取样品最小份样数按照表4的规定执行。

抽样时,无论垂直还是水平都应经过包装物的对角线。份样可以通过包装物的整个深度取得,或是通过顶部、中间和底部这三个水平面取得。

10.5 实验室样品制备

取得样品后,尽快将全部份样进行充分混合得到总份样,避免样品发生质量变化或污染。

11 青贮饲料抽样

11.1 批次大小

一个批次不超过 200 t。

11.2 份样数的取得

最小份样数见表6。

表6 青贮饲料最小份样数

批次重量/t	最小份样数
$m \leqslant 2.5$	7
$2.5 < m < 500$	$\sqrt{20m}$
$m \geqslant 500$	100

注:m 为批次重量。

11.3 样品大小

青贮饲料最小样品重量见表7。

表7 青贮饲料最小样品重量 (单位:kg)

产品类型	最小样品重量		
	总份样	缩份样	实验室样品
青贮饲料	16	4	1

注:最小缩份样的量要求满足提供4个实验室样品。

11.4 抽样程序

11.4.1 青贮窖（塔、池）、青贮堆产品抽样

随机布置各份样点，保证产品的各层均被覆盖。最小份样数和最小份样量按照表 6 和表 7 的规定执行。

11.4.2 捆状产品抽样

按照表 6 计算需采样的份样数，随机布置各份样点，应采集一个完整的切面。

11.5 实验室样品制备

取得样品后，尽快将全部份样进行充分混合得到总份样，避免样品发生质量变化或污染。

用手工或机械方法进行样品缩分，最后其重量不应小于 4 kg。充分混合缩分样并分成 4 份实验室样品，每份样品最小重量为 1 kg。将每份实验室样品装入合适的容器中。

12 样品封装、标识和贮藏

12.1 样品封装

装样品的容器应由抽样人员封口和盖章。

12.2 实验室样品标识

样品应具有唯一性标识，样品还应标识以下项目：
（1）抽样人和抽样单位名称；
（2）抽样时间、地点。

12.3 样品的发送

应尽快将样品与测定所需信息一起发送至实验室。特性容易变化的样品应在冷藏或冷冻条件下发送。

12.4 实验室样品贮藏

实验室样品的贮藏应防止样品成分发生变化，特性容易变化的样品应在冷藏或冷冻条件下贮藏。留样的贮藏时间不超过 6 个月。

13 抽样记录

抽样记录至少应包含以下信息：
（1）实验室样品标签所要求的信息；
（2）被抽样者的名称和地址；
（3）生产商、进口商、分装商或销售商的名称；
（4）产品数量（重量和体积）；
（5）可能的情况下，还应包括以下内容：

抽样目的；

交付给实验室分析的样品数量；

其他的相关事宜。

（余鸣、李玉荣、李存福、汪玺、毛培胜、石守定、俞联平、席文娣、闫敏、刘芳、贾玉山、尹晓飞、苏红田）

十一、草籽包装与标识

1 范围

本标准规定了草籽包装的材料、规格及包装物的标识、标签、封口的要求。

本标准适用于主要栽培草籽的贮藏、运输、销售等流通环节的包装。

2 规范性引用文件

下列文件中的条款通过本标准的引用而成为本标准的条款。凡是注日期的引用文件，其随后所有的修改单（不包括勘误的内容）或修订版均不适用于本标准，然而，鼓励根据本标准达成协议的各方研究是否可使用这些文件的最新版本。凡是不注日期的引用文件，其最新版本适用于本标准。

GB/T 8946　塑料编织袋

GB/T 8947　复合塑料编织袋

GB/T 10005　双向拉伸聚丙烯（BOPP）/低密度聚乙烯（LDPE）复合膜、袋

GB/T 731　黄麻麻袋

3 草籽的包装材料与包装规格

3.1 草籽包装的材料

聚丙烯、聚乙烯树脂、双向拉伸聚丙烯（BOPP）/低密度聚乙烯（LDPE）复合膜、黄麻等。

3.2 草籽包装袋种类

（1）塑料编织袋应符合 GB/T 8946 的规定。

（2）复合塑料编织袋应符合 GB/T 8947 的规定。

（3）BOPP/LDPE 复合膜、袋应符合 GB/T 10005 的规定。

（4）黄麻麻袋应符合 GB/T 731 的规定。

3.3 草籽的包装规格

3.3.1 草籽包装质量规格

0.5 kg、1.0 kg、2.5 kg、3.0 kg、5.0 kg、10.0 kg、20.0 kg、22.7 kg、25.0 kg、30.0 kg、50 kg 等。

3.3.2 草籽包装袋规格

（1）0.5~3.0 kg BOPP/LDPE 复合膜袋规格见表 1。

（2）5~50 kg 塑料编织袋、复合塑料编织袋、黄麻麻袋规格见表 2。

表 1   0.5~3.0 kg (BOPP)/(LDPE)复合膜袋规格表

0.5 kg/ (cm × cm)	1.0 kg/ (cm × cm)	2.5 kg/ (cm × cm)	3.0 kg/ (cm × cm)
24.0~26.0 × 16.0~18.0	33.0~36.0 × 22.0~24.0	53.0~58.0 × 35.0~38.0	57.0~62.0 × 38.0~42.0

表 2   5~50 kg 塑料编织袋、复合塑料编织袋、黄麻麻袋规格表

5.0 kg/ (cm × cm)	10.0 kg/ (cm × cm)	20.0 kg/ (cm × cm)	22.7 kg/ (cm × cm)	25.0 kg/ (cm × cm)	30.0 kg/ (cm × cm)	50.0 kg/ (cm × cm)
37.0~47.0 × 25.0~32.0	48.0~66.0 × 32.0~45.0	68.0~100.0 × 45.0~65.0	77.0~102.0 × 52.0~65.0	82.0~108.0 × 53.0~70.0	85.0~117.0 × 55.0~78.0	108.0~117.0 × 70.0~78.0

4 草籽包装标识、标签、封口

4.1 草籽包装标识

在包装袋上应标注草籽名称（品种名称）、学名、净重、生产或经营企业。

4.2 草籽种标签

4.2.1 标签的规格

标签应采用有足够强度并具有防水性能的材料制作。规格不小于 12 cm × 8 cm。

4.2.2 标签的文字要求

标签标注内容应当使用规范的中文，印刷清晰，警示标志应当醒目。采用小五号宋体字。

4.2.3 标签标注的内容

（1）草籽名称（品种名称）、学名、经营许可证编号，包衣草籽应当标明药剂名称、有效成分及含量、注意事项（并根据药剂毒性附骷髅或十字骨的警示，标注红色"有毒"字样；放到标签上端明显的位置；进口草籽的标签应当加注进口商名称、草籽进出口贸易许可证书编号；分装草籽应注明分装单位和分装日期）、生产或经营单位（联系电话、详细地址）。

（2）净重（kg）、执行标准、质量等级、质量指标（净度、其他植物种子、发芽率、水分）。

（3）在草籽包装时，将能表明该批草籽状态的标签，一张放袋内，一张固定在袋口。

4.3 草籽包装袋封口

（1）BOPP/LDPE 复合膜袋的封口用黏结剂或机械封口。

（2）塑料编织袋、复合塑料编织袋、麻袋采用封包机缝口：针距每 10 cm 14~15 针。

（张德英、赵素温、李淑君、阴竹梅、刘书燕、张聚美、吉木斯、云继业）

主要参考文献

安道渊, 黄必志, 吴伯志, 等. 2006. 青贮玉米栽培技术措施与产量品质的关系. 中国农学通报, 22(2): 192-200.
白春生, 玉柱, 薛艳林, 等. 2007. 裹包层数对苜蓿拉伸膜裹包青贮品质的影响. 草地学报, 01: 39-42.
鲍根生, 周青平, 韩志林, 等. 2010. 施肥对青藏高原燕麦产量和品质的影响. 中国草地学报, (3): 108-110.
宝音贺希格, 高福光, 姚继明. 2011. 内蒙古退化草地的不同改良措施. 畜牧与饲料科学, 32(3): 38-41.
柴继宽, 赵桂琴, 胡凯军, 等. 2010. 不同种植区生态环境对燕麦营养价值及干草产量的影响. 草地学报, 18(3): 421-425, 476.
陈宝书. 2001. 牧草饲料作物栽培学. 北京: 中国农业出版社.
陈林. 2010. 宁夏中部干旱带紫花苜蓿灌溉制度研究. 银川: 宁夏大学硕士研究生学位论文.
崔彦召, 黄克和, 徐国忠, 等. 2013. 不同乳酸菌剂对发酵全混合日粮霉菌毒素含量的影响. 上海交通大学学报(农业科学版), 01: 82-87.
德科加, 周青平. 2004. 三种加工调制方法对牧草营养品质影响的研究. 青海畜牧兽医杂志, 34(6): 9-10.
丁成龙, 顾洪如, 冯成玉, 等. 2007. 播种期与播种量对多花黑麦草种子生产性能的影响. 中国草地学报, 29(4): 56-60.
丁敏. 2012. 青贮玉米高产栽培技术要求. 中国农业信息, (19): 70.
丁武蓉, 干友民, 郭旭生, 等. 2009. 近红外光谱技术(NIRS)在干草品质检测中的研究与应用. 光谱学与光谱分析, (02): 358-361.
董宽虎. 2003. 饲草生产学. 北京: 中国农业出版社.
董召荣, 田灵芝, 赵波, 等. 2008. 小黑麦牧草产量与品质对施氮的响应. 草业科学, 25(5): 64-67.
方芳. 2012. 青干草的调制与利用. 中国畜牧兽医文摘, 28(1): 154-155.
方庆旭, 郭永萍, 包宗武, 等. 2008. 包头地区青贮玉米栽培技术规范. 畜牧与饲料科学, (2): 27-28.
冯鹏, 王晓娜, 王清郦, 等. 2012. 水肥耦合效应对玉米产量及青贮品质的影响. 中国农业科学, 45(2): 376-384.
高东明, 王德成, 郝丽颖, 等. 2013. 割草调制机的调制机构设计与试验. 江苏大学学报, 34(3): 287-292.
高振生, 马其东, 牛志强, 等. 1996. 沿海滩涂地区苜蓿根瘤菌接种方法和效果的研究. 草地学报, 4(4): 288-292.
耿华珠. 1995. 中国苜蓿. 北京: 中国农业出版社.
顾洪如, 丁成龙, 胡来根, 等. 2002. 优质牧草生产大全. 第一版. 南京: 江苏科学技术出版社.
顾洪如, 李元姬, 沈益新, 等. 2004. 追施不同氮量对多花黑麦草干物质产量和可消化干物质产量的影响. 江苏农业学报, 20(4): 254–258.
顾雪莹, 玉柱, 郭艳萍, 等. 2011. 全株玉米与秣食豆单贮混贮效果的研究. 草地学报, 19(1): 132-136.
郭艳萍, 邓波, 娜日苏, 等. 2011. 添加剂Siloguard对全株玉米青贮饲料品质及有氧稳定性的影响. 吉林农业大学学报, (4): 424-428.
海龙, 于艳萍, 包玉杰. 2006. 青干草的调制方法. 吉林畜牧兽医, 8: 29-30.
韩建国, 马春晖, 毛培胜, 等. 1999. 播种比例和施氮量及割期对燕麦与豌豆混播草地产草量和质量的影响. 草地学报, 7(2): 87-94.
韩立英, 张英俊, 玉柱. 2010. 生物添加剂对全株玉米青贮饲料中黄曲霉毒素的影响. 中国畜牧杂志, 23: 63-66.
冀旋, 玉柱, 白春生, 等. 2012. 添加剂对高丹草青贮效果的影响. 草地学报, 20(3): 571-575.
焦彬, 顾荣申, 张学上. 1986. 中国绿肥. 第一版. 北京: 农业出版社.
金继运, 白由路, 杨俐苹. 2006. 高效土壤养分测试技术与设备. 北京: 中国农业出版社.
兰忠明, 张辉, 周仕全, 等. 2012. 氮磷钾配施对紫云英鲜草产量、养分含量的影响. 中国土壤与肥料, (1): 48–52.
李辰琼. 2011. 贵州省贵草1号多花黑麦草种子生产技术规程. 种子, 30(3): 122-124.
李静, 陶莲, 玉柱. 2010. 添加剂对华北驼绒藜青贮发酵品质和体外消化率的影响. 草地学报, 18(1): 93-96.
蔺蕊, 蒋平安, 周抑强, 等. 2004. 苜蓿土壤氮磷钾丰缺指标初步研究. 新疆农业大学学报, 27(1): 23-28.
刘爱红, 孙洪仁, 孙雅源, 等. 2011. 灌溉量对紫花苜蓿水分利用效率和耗水系数的影响. 草业与畜牧, (7): 24-27.
刘刚, 赵桂琴. 2006. 刈割对燕麦产草量及品质影响的初步研究. 草业科学, 23(11): 41-45.
刘高军, 韩建国, 魏臻武, 等. 2011. 施氮量对一年生黑麦草生长特性的影响. 草原与草坪, 31(1): 33-36.
刘贵河, 章杏杏, 王堃, 等. 2005. 硼、钼、锌配施对紫花苜蓿草产量和粗蛋白质含量的影响. 中国草地, 27(6): 13-18.
刘建新. 2003. 干草秸秆青贮饲料加工技术. 北京: 中国农业科学技术出版社.
刘淑新, 朱若蝉. 2011. 收获与调制过程对干草品质的影响. 畜牧兽医, (6): 46-47.
刘文辉, 周青平, 贾志锋, 等. 2010. 施钾对青引1号燕麦草产量及根系的影响. 植物营养与肥料学报, 16(2): 419-424.

吕世海. 2001. 北京地区大田苜蓿地杂草及其防治技术. 内蒙古农业大学学报, 22(2): 33~36.
马春晖, 韩建国. 2000. 高寒地区燕麦及其混播草地最佳刈割期的研究. 塔里木农垦大学学报, 12(3): 15-19.
南志标. 2001. 我国的苜蓿病害及其综合防治体系. 动物科学与动物医学, 18(4): 1-4.
南志标, 李春杰. 2003. 中国草类作物病理学研究. 北京: 海洋出版社.
聂志东. 2009. 近红外光谱法预测紫花苜蓿等牧草的营养价值. 北京: 中国农业大学.
欧阳延生. 2009. 江西省多花黑麦草种子生产技术规程. 热带农业工程, 33(3): 64-66.
潘福霞, 李小坤, 鲁剑巍, 等. 2012. 不同播期对紫云英生长及物质养分积累的影响. 土壤, 44(1): 67-72.
裴彩霞, 董宽虎, 范华. 2002. 不同刈割期和干燥方法对牧草营养成分含量的影响. 中国草地, 1: 32-37.
强胜. 2010. 杂草学. 北京: 中国农业出版社.
任继周. 1998. 草业科学研究方法. 北京: 中国农业出版社: 214-228.
任清, 赵世锋, 田益玲. 2011. 燕麦生产与综合加工利用. 北京: 中国农业科学技术出版社: 6-101.
单贵莲, 薛世明, 郭盼, 等. 2012. 刈割时期和调制方法对紫花苜蓿干草质量的影响. 草业学报, 34(3): 28-33.
石德军. 1999. 北欧4种燕麦在果洛地区的引种栽培试验. 青海畜牧兽医杂志, 29(2): 4-7.
时丽冉, 郭晓丽, 白丽荣, 等. 2010. 不同基因型小黑麦苗期耐盐性的评价. 麦类作物学报, 30(3): 17-23.
司振江, 黄彦. 2003. 蓄水保墒技术对改良盐碱土的功效. 黑龙江水利科技, (4): 69-70.
孙启忠, 王育青, 侯向阳. 2004. 紫花苜蓿越冬性研究概述. 草业科学, 03: 21-25.
唐积超, 梁兆彦. 1998. 多花黑麦草在广西冬闲田推广种植的现状与前景. 中国草地, (3): 65-68.
陶莲, 孙启忠, 玉柱, 等. 2009. 乳酸菌添加剂对全株玉米和苜蓿青贮品质的影响. 中国奶牛, (): 13-16.
王秉龙, 赵萍, 何俊彦, 等. 2005. 紫花苜蓿根瘤菌接种效果试验研究. 中国草地, 27(1): 80-81.
王关芝, 孙晓征, 刘继军. 2007. 地上水平式青贮窖墙体的优化设计问题探讨. 中国畜牧杂志, 43(5): 45-47.
王金梅, 李运起, 张凤明. 2006. 刈割间隔时间对苜蓿产量、品质及越冬率的影响. 河北农业大学学报, 29(3): 86-90.
王俊锋. 2010. 氮、水和温度对羊草有性生殖及克隆生长的影响. 东北师范大学博士研究生学位论文: 25-26.
王俊锋, 穆春生, 张继涛, 等. 2007. 施肥对羊草有性生殖影响的研究. 草业学报, 17(3): 53-58.
王庆国, 张大柱, 于强. 2005. 青贮窖的合理设计. 内蒙古草业, (3): 22-24.
王晓娜, 孙启忠, 韩海波, 等. 2011. 内蒙古青贮饲料质量研究. 草业学报, 20(3): 149-155.
王铮, 李俊年, 陶双伦, 等. 2008. 根瘤菌接种对紫花苜蓿生产性能的影响. 草业学报, 28(4): 54-55.
韦革宏, 朱毓华, 万晓红, 等. 2005. 紫花苜蓿根瘤菌种子处理剂的研究. 草地学报, 13(4): 287-290.
魏亦农, 孔广超. 2002. 六倍体小黑麦与普通小麦对干旱胁迫反应的比较研究. 石河子大学学报(自然科学版), 6(1): 8-10.
谢楠, 李源, 赵海明, 等. 2011. 饲用黑麦、小黑麦品种的抗旱性评价. 草地学报, 33(6): 82-88, 101.
徐长林. 2003. 高寒牧区燕麦丰产栽培措施的研究. 草业科学, (3): 21-24.
徐成体, 德科加. 1999. 牧草捆裹青贮技术的试验研究. 草业科学, (4): 12-14, 17.
徐春城, 玉柱, 张建国. 2009. 咖啡渣发酵TMR饲料的发酵品质及营养价值. 中国草学会饲料生产委员会第15次饲草生产学术研讨以论文集.
许庆方, 张翔, 崔志文, 等. 2009. 不同添加剂对全株玉米青贮品质的影响. 草地学报, 17(2): 157-161.
许庆方, 张翔, 董宽虎, 等. 2010. 不同品种玉米植株3种调制方法效果比较. 草地学报, 18(1): 67-72.
许庆方, 玉柱, 韩建国, 等. 2007. 高效液相色谱法测定紫花苜蓿青贮中的有机酸. 草原与草坪, 2: 63-65, 67.
薛福祥. 2009. 牧草病理学. 第三版. 北京: 中国农业出版社.
薛艳林, 玉柱, 白春生, 等. 2009. 添加纤维素酶和苹果渣对苜蓿草渣青贮品质的影响. 中国草地学报, 31(3): 88-91.
闫贵龙, 曹春燕, 刁其玉, 等. 2010. 青贮窖中不同深度全株玉米青贮品质和营养价值的比较. 畜牧兽医学报, 41(6): 697-704.
杨杰, 顾洪如, 翟频, 等. 2008. 凋萎程度与复合添加剂处理对多花黑麦草青贮品质的影响. 江苏农业学报, 24(2): 185-189.
杨丽娜, 宝音陶格涛. 2010. 不同改良措施下羊草群落生物量的研究. 中国草地学报, 32(1): 87-91.
杨青川. 2001. 苜蓿种植区划及品种指南. 北京: 中国农业出版社.
杨喜春, 岳志强, 张顾洪. 1990. 地上式青贮窖介绍. 黑龙江畜牧兽医, 8: 20-21.
杨晓亮, 王宗礼, 玉柱, 等. 2010. 不同的粗饲料搭配对TMR饲料发酵品质的影响. 草业科学, 02: 139-143.
杨允菲, 杨利民, 张宝田, 等. 2001. 东北草原羊草种种子生产与气候波动的关系. 植物生态学报, 25(3): 337-343.
于林清, 云锦凤, 郭九峰, 等. 2010. 苜蓿秋眠标准对照品种的幼苗形态与秋眠性、越冬率的关系. 华北农学报, 02: 182-187.
喻文虎, 扬鹏翼, 夏德荣. 1995. 红豆草和紫花苜稽根瘤菌接种研究. 草业科学, 12(3): 22-25.

玉柱, 贾玉山. 2010. 牧草饲料加工与贮藏. 北京: 中国农业大学出版社.
玉柱, 贾玉山, 张秀芬. 2004. 牧草加工贮藏与利用. 北京: 化学工业出版社: 44-70.
玉柱, 孙启忠. 2011. 饲草青贮技术. 北京: 中国农业大学出版社.
玉柱, 魏馨, 于艳冬, 等. 2009. 添加剂对尖叶胡枝子青贮发酵品质及体外消化率的影响. 阜业学报, 18(5): 73-39.
原国新, 张世君. 2001. 紫花苜蓿越冬刈割时间及留茬高度. 中国农村科技, 10: 14.
袁庆华. 2007. 我国苜蓿病害研究进展. 植物保护, 01: 6-10.
张洪生, 邵新庆, 刘贵河, 等. 2010. 围封、浅耕翻改良技术对退化羊草草地植被恢复的影响. 草地学报, 18(5): 339-343.
张红香, 王立, 周道玮, 等. 2007. 不同刈割时间收获后的羊草、芦苇水分和呼吸的变化. 中国草地学报, 11(6): 107-112.
张丽英. 2007. 饲料分析及饲料质量检测技术. 北京: 中国农业大学出版社.
张明均, 张子琴. 2008. 多花黑麦草在贵州地区的栽培技术. 农技服务, 25(4): 97-98.
张铁红, 林春山. 2011. 干草的收获与调制技术. 畜牧兽医, 4: 93-94
张翔. 2009. 玉米青贮饲料的研究. 山西农业大学硕士研究生学位论文.
张玉聚, 李洪连, 张振臣, 等. 2010. 中国农田杂草防治原色图解. 北京: 中国农业科学技术出版社.
张子仪. 2000. 中国饲料学. 第一版. 北京: 中国农业出版社.
赵功强. 2009. 半干旱地区旱作紫花苜蓿优质高产栽培关键技术研究. 宁夏大学博士研究生学位论文.
浙江农业大学动物科学学院. 1997. 青贮饲料质量评定标准. 上海奶牛, (2): 29-31.
郑凯, 顾洪如, 丁成龙, 等. 2006. 多花黑麦草早、晚熟品系生育进程中可消化养分变化的差异. 中国草地学报, 28(3): 56-61.
中国农业大学. 2012. 一种半悬挂式割草调制机: 中国. CN201120318054.4.
中国农业大学. 2012. 一种小型自走式苜蓿刈割压扁机. 中国 201210203705.4.
中国石油和化学工业协会. 2009. GB/T23349-2009 肥料中砷、镉、铅、铬、汞离生态指标. 北京: 中国标准出版社.
中华人民共和国农业部. 2000. NY 411-2000 固氮菌肥料. 北京: 中国标准出版社.
中华人民共和国农业部. 2004. NY/T 798-2004 复合微生物肥料. 北京: 中国标准出版社.
中华人民共和国农业部畜牧兽医司, 全国畜牧兽医总站. 1996. 中国草地资源. 北京: 中国科学技术出版社.
祝廷成. 2004. 羊草生物生态学. 长春: 吉林科学技术出版社: 545-547.
朱玉国, 董召荣, 陈程, 等. 2006. 追氮量对小黑麦再生草生长和草产量的影响. 安徽农业大学学报, 33(4): 547-550.
自给饲料品质评价研究会. 2001. 粗饲料の品質評価ガイドブック. 合志市: 社団法人日本草地畜産種子協会.
Allen M, Beck J. 1996. Relationship between spring harvest alfalfa quality and growing degree days. *In*: Proc. Twenty-sixth National Alfalfa Symposium, East Lansing, MI. 4-5 March 1996. Certified Alfalfa Seed Council, Council, Davis, CA: 16-25.
Bai Chunsheng, Yu Z, Wang C J. 2009. Effects different additives on the fermentation quality of alfalfa silage. Chinese Journal of Animal Nutrition, 21(5): 755-762.
Bai Y, Han X, Wu J, et al. 2004. Ecosystem stability and compensatory effects in the Inner Mongolia grassland. Nature, 431(7005): 181-184.
Charles G. 2008. Summers. Irrigated Alfalfa Management. University of California Agriculture and Natural Resources.
Dan Udersander. 2010. Alfalfa Management Guide. Madison: American Society of Agronomy.
Ding F, Qin Q, Feng G, et al. 2011. A study on sprinkling irrigation techniques for alfalfa in thin and arenaceous soil in Ili River basin. Xinjiang Agricultural Sciences. 47(10): 1571-1581.
Fischer. 1988. Interference of annual weeds in seedling alfalfa(medicago sativa). Weed Science, 35(5).
Frame J, Charlton J F L, Laidlaw A S. 1998. Temperate forage legumes. Cab International.
GB 20287-2006. 农用微生物菌剂质量标准.
GB 18877-2002. 有机-无机复混肥料.
Greenlees W J, Hanna H M, Shinners K J. 2000. A comparison of four mower conditioners on drying rate and leaf loss in alfalfa and grass. Applied Engineering in Agriculture, 16(1): 15-21.
Haigh P M. 1987. The effect of dry matter content and silage additives on the fermentation of grass silage on commercial farms. Grass and Forage Science, 42(1): 1-8.
Hakl J, Santrucek J, Fuksa P, et al. 2010. The use of indirect methods for the prediction of lucerne quality in the first cut under the conditions of Central Europe. Czech Journal of Animal Science, 55(6): 258-265.
Hannaway D B, Shuler P E. 1993. Nitrogen fertilization in alfalfa production. J Prod Agric, 6(1): 80-85.
Huo Z, Wei Z, Tang Y. 2012. A Remote Control System Based on Short Messaging Service for Intelligent Agricultural Irrigation. *In*: Tan Y H. Digital Manufacturing & Automation Iii, Pts 1 and 2: 1104-1108.
Kalu B A, Fick G W. 1983. Morphological stage of development as a predictor of alfalfa berbage quality. Crop Science, 21: 1167-1172.
Kanski J, Kowalski Z M. 2003. Protein degradability of forage feeds in the rumen estimated by NIRS. Annals of Animal Science, 3(Supplement 2): 21-24.
Knipe W C, Fox C, et al. 1989. Relationship between cold injury and fall growth in alfalfa. Proc. 21st Central Alfalfa Imp Conf,

26.

Mcdonald P, Henderson A R, Heron S J E. 1991. The biochemistry of silage(2nd ed). Great Britain: Chalcombe Publications: 340.

Moron A, Cozzolino D. 2001. Application of near infrared reflectance spectroscopy (NIRS) for macronutrients analysis in alfalfa (*Medicago sativa* L).

Nie Z, Tremblay G F, Belanger G, et al. 2009. Near-infrared reflectance spectroscopy prediction of neutral detergent-soluble carbohydrates in timothy and alfalfa. Journal of Dairy Science, 92(4): 1702-1711.

NY/T 930-2006. 饲料级甲酸.

Parsons D, Cherney J H, Gauch H G J. 2006. Estimation of spring forage quality for alfalfa in New York State. Forage and Grazinglands, (March): 1-7.

Peterson M D, Barnes, et al. 1989. A seven location study of the relationship between fall dormancy and winter hardiness in alfalfa. Proc. 21st Central Alfalfa Imp Conf: 22-23.

Rodney W H, Albrecht K A. 1991. Prediction of Alfalfa Chemical Composition from Maturity and Plant Morphology. Crop Science, 31: 1561-1565.

Rodriguez A A, Martinez J L, Macchiavelli R, et al. 2001. Microbial succession, fermentation end-products, aerobic stability of guinea grass ensiled with various doses of additive containing bacterial inoculant and fibrolytic enzymes. J Agr U Puerto Rico, 85: 151-164.

Savoie P, Bernier R M, Pedneault M L. 2003. Evaluation of apple pulp and peanut butter as alternative bunker silo covers. CANADIAN BIOSYSTEMS ENGINEERING, 45: 217-222.

Sulc R M, Albrecht K A, Duke S H. et al. 1989. Cold tolerance of nine alfalfa cultivars varying in degree of fall dormancy. Proc. 21st Central Alfalfa Improvement Conf: 24-25.

Weatherbum M W. 1967. Phenol-hypochlorite Reaction for Deter Mina-tions of Ammonia. Analytical Chemistry, 39(8): 971-974.

| 明黄绿色 | 黄绿色 | 黄绿色带若干褐色 | 黄褐色 | 褐色 | 褐黑色 |

图 1　青贮饲料色泽对比图